走向智能丛书 引领第四次浪潮

主编◎胡虎 / 副主编◎赵敏

三体智能革命

胡虎 赵敏 宁振波 郭朝晖 陈志成 朱铎先 颜强 张驰 苏明灯◎著

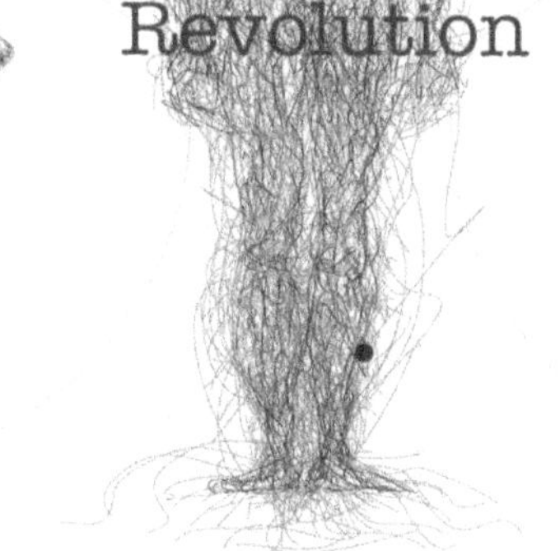

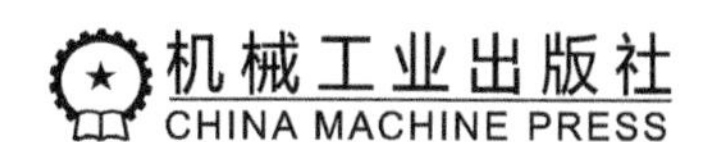

《三体智能革命》是第一本旨在反映智能科技革命成果、预测新工业革命趋势、探讨智能社会基本原理的未来学著作，也是第一本帮助中国改革者、创业者提高科学素养与成功率的创新方法指导类图书。

本书定位于智能化时代全民科技创新读本，作者阵容囊括学者、专家、媒体人、企业家、咨询师、设计师、软件与智能机器人高手，以“七分科普、两分现实、一分科幻”的风格，用“专业化＋个性化”的视角，帮助读者理解大数据、物联网、人工智能、互联网＋、机器人等各种智能化相关新事物，传播“让人为之一振的科技与产业变革新观念”。

本书首次将物理世界、生命世界与数字世界的智能现象开展“打通”研究，提出了三体智能模型、人造智能、数字虚体、认知引擎等新理念，介绍了智能研发、智能设计、智能制造等新成果，揭示了互联网＋诱发创新、三体化一走向智能等新趋势。

图书在版编目（CIP）数据

三体智能革命/胡虎等著．—北京：机械工业出版社，2016.7（2022.4重印）
（走向智能丛书）
ISBN 978-7-111-54432-6
Ⅰ.①三 Ⅱ.①胡… Ⅲ.①智能技术—研究 Ⅳ.①TP18

中国版本图书馆CIP数据核字（2016）第174895号

机械工业出版社（北京市百万庄大街22号 邮政编码100037）
策划编辑：李万宇 责任编辑：李万宇 舒 雯 杨明远
责任校对：炊小云 樊钟英 封面设计：鞠 杨
责任印制：单爱军 版式设计：鞠 杨
北京虎彩文化传播有限公司印刷
2022年4月第1版第5次印刷
170mm×230mm·21.75印张·2插页·375千字
标准书号：ISBN 978-7-111-54432-6
定价：69.00元

凡购本书，如有缺页、倒页、脱页，由本社发行部调换
电话服务 网络服务
服务咨询热线：010-88361066 机 工 官 网：www.cmpbook.com
读者购书热线：010-68326294 机 工 官 博：weibo.com/cmp1952
010-88379203 金 书 网：www.golden-book.com
封面无防伪标均为盗版 教育服务网：www.cmpedu.com

走向智能时代

摆在我面前的是一套丛书的第一本，它是“走向智能丛书”的开篇《三体智能革命》。用作者们的话来说，这是“七分科普、两分现实、一分科幻”的新科技时代全民创新读本，并要进一步达到“揭示人机共轭走向智能化的奥秘”“传播让人为之一振的科技与产业变革的新观念”的写作目标。

怎样为我们的时代命名，这是本书前言的标题，也是这本书、这套丛书的主题：揭示的是人类社会为什么并如何进入智能时代。华为任正非先生在2016年5月30日全国科技大会上的讲话恰好为这套丛书的出版加了一个最好的注解，他指出，从科技的角度来看，未来二三十年人类社会将演变成一个智能社会，其深度和广度我们还想象不到。任先生内在的企业家精神，敏锐地感到华为阐述了面对发展着的技术、需求和竞争，企业从跟着跑到并肩跑，从并肩跑到引领行业发展历史过程，不能满足“停留在工程教学、物理算法等工程科学的创新层面”，应该“真正进入基础理论研究”。任先生内在的战略家思维和危机意识，振聋发聩地提出“华为正在本行业逐步攻入无人区，处在无人领航、无既定规则、无人跟随的困境。华为跟着人跑的‘机会主义’高速度，会逐步慢下来，创立引导理论的责任已经到来”。

“走向智能丛书”和《三体智能革命》的编著者们，正是站在这个历史转折点的战略高度，以饱满的热情和历史责任感，进行必定充满困难而又充满希望的思路和理论的创新，他们创造性地提出了物理实体、意识人体和数字虚体三体化一，提出了两体数字化、两体认知化、三体互联化是人类社会走向智能最重要的前奏和大趋势，并以大量的事实描述了这一过程的历史进展，论证着这些结论的可信性。

我赞成人类社会演进的下一个阶段用“智能时代”或“智能社会”命名。在2016年5月10日，我应邀在中国信息通信研究院做了一次学术报告，第一个主题就是“人类社会走向智能化发展新阶段”。这个时候我还不知道有这么一群弄潮儿正在谋划“走向智能丛书”，《三体智能革命》一书的初稿已经形成，就像他们在策划、写作的时候也没有看到我的《论信息》一样，只能说是不谋而合。

为什么说人类社会必然走向新的历史阶段，并且这个阶段应该以“智能”为主要标识？首先，是因为科技发展形成新的技术体系及这一技术体系的智能化特征。其次，是在这一技术体系支撑下构成的赛博物理空间（CPS）为经济、社会、文化、政治、军事各领域的发展和人民的生活带来了不可避免、不可跨越的智能化演进趋势。再次，是智能已经成为，并将不断加重，其在各领域核心竞争力中的重要位置。

这几年在技术、经济和社会发生的种种变化，预示着人类社会在经历了机械化、电气化、自动化之后，一个新的智能时代即将来临，而各种不适应这种变革的经济和社会形态正在经受考验，要么变革，要么消亡。我们应该像本书的作者们一样主动出击，迎接变革的到来，让我国“两个百年”的伟大复兴目标在这一历史变革中实现。

是以为序。

杨学山
2016年6月29日

国家外国专家局原局长　马俊如：

当今世界已进入创新驱动发展进步的新时代。一种预测认为，领头改变世界的将是智能科技和智能化技术应用，智能化浪潮将波及社会各个角落，造福人类。《三体智能革命》以富有哲理气息的科普文体，传播物体、意体、数体三者融合创新推进科技与产业变革的新观点、新理念，值得认真思索。作者创建了崭新的概念和模型来描述三种“体”之间的相互作用，以及三体智能的形成与发展，让人们在不断走向智能社会的伟大进程中，有了一个认识和分析各种复杂现象、复杂问题的模型化工具。该书作者是一群来自不同领域、成就颇为显著的专家、学者，还有不少搏击商海多年、实干经验丰富的企业家，其共识尤为珍贵。

中国工程院院士、华中科技大学原校长　李培根：

胡虎诸君的《三体智能革命》令人耳目一新。对于广大喜爱智能技术、关注创新的人而言，这本书可以拓宽视野、启迪思维、增强兴趣。 书中不少观点（如“三体”）颇有独特之处，值得读者思考。该书的作者来自不同行业和领域，试图“对科技与创新如何改变人类未来，特别是中国的未来做一次集体瞭望。”当我们周围越来越多的物体富有智能时，千万别让人类的智慧被那些智能所淹没。愿他们的集体瞭望能使我们在未来更有智慧！

IBM 大中华区董事长　陈黎明：

随着认知计算时代的到来，人工智能取得重大的进展，并初步展示出解决复杂问题的能力。未来几年，人工智能、认知计算等与各行业的交叉结合将激发科技和商业创新的井喷，以此重塑整个商业世界和我们的生活。要实现这种交叉结合，既需要科技界研发出更先进的智能技术，还需要各行各业里涌现出一大批深入理解、并能创造性应用智能技术的人才。《三体智能革命》是富有创新性的科技著作，在专业性和通俗性、理论性和趣味性之间找到了很好的结合点，梳理了人类智能技术发展的几条主线，通过对大量鲜活的案例的深入分析，提出了很多大胆而又务实的创见和创想。我深信，这些创见、创想能够帮助众多关心智能科技发展的读者加深理解，启发灵感，甚至激发出创造性的火花，成为相关领域的创新优才。

中国船舶重工集团公司副总经理　杨金成：

一场以智能为主题的新科技革命来势汹涌。 能够全面描述这场新技术革命的文字作品非常匮乏，能阐释其核心原理的更是凤毛麟角。《三体智能革命》作者群体所作的研究与探索显得尤为可贵和可敬。书中独创的三体智能模型为企业家、官员、科技人员等不同层面的读者深入认识、理解智能科技、智能制造提供了十分简明且有力的工具。

华为技术有限公司副总裁　邓飚：

非常欣赏书中对物体、意体、数体融合的“三体化一”智能模型的定义。三体交融、协同发展，让我们走进一个崭新的全智能时代。书中对全智能时代的引擎 CPS 在航空工业、IT 互联网、人工智能等领域的发展现状和未来方向做了极其精彩的解读和预测。期待“走向智能”这套丛书能开启大家对未来信息化建设的全新思考。可以预见，新一轮信息化浪潮将对所有行业进行重塑，产生创新的组织模式和商业模式，并带来巨大的机会。

怎样为我们的时代命名

人们常说，步入21世纪，世界迎来了一个科技创新层出不穷的时代。科技以前所未有的力量改变了人们的生活，驱动着经济社会的发展。

那么，究竟什么是科技的龙头和创新的引擎，技术与创新带给生活的最重要的改变是什么，我们应当如何描述已经发生和即将到来的变化，又应当有哪些最起码的看法和准备？

是工业4.0大革命？ 市面上诸多著作如是说。

是大数据DT时代？ 著名中国企业家如是说。

是人工智能AI再度兴起？ 不少专家教授如是说。

是互联网+无所不加？ 人们在一番打量之后开始传诵这一富有创意且不乏令人费解的名词。

这些思想很有见地，为他们背书的专著与文章，给人的感觉已经可以塞满一整列高铁列车。

但遗憾的是，至今尚没有一个有关未来的见解，可以简单地、令人信服地描述未来社会最重要的特征或价值观，也就是说，究竟是因为什么，能让诸如互联网+、工业4.0、大数据、物联网、AI之类的新技术、新理念、新思潮显得如此重要。

本书作者正是一群痴迷于探究创新何以发生，未来是何模样的专业人士。我们中不乏学院派，但更多人来自技术与产业创新一线，还有专业媒体从业者，其中不少人是搏击商海多年仍对新知、学术保有浓厚兴趣的技术专家和企业家。出于共同的兴趣，我们在社交网络上找到彼此，又缔结为线下的研究团体，经过无数次虚拟的乃至当面的探讨、交锋、校正，我们终于有足够的信心与依据，对科技与创新如何改变人类未来，特别是中国的未来做一次集体瞭望。

我们即将进入的是一个以智能命名的新社会，改变世界的，必将是智能科技与智能系统。

我们即将攀登的是一座由新科技革命与产业变革的火山喷发形成的壮丽山峰，今天的我们正处于走向智能的山谷之中。

智能化将是一次搅动中国乃至全球社会的崭新的狂飙突进的浪潮。这一浪潮的目标，就是让机器、组织、公司乃至我们身边的一切事物拥有与人接近的智能。

智能是什么？ 不同的人一定有不同的定义和命名。我们以简明通俗的方式来解读人造系统的智能——“遂人愿，知人意”，这是我们总结的在漫长的发展过程中逐渐形成的浅显且通俗的认知。当然，对于智能，作者有更多的思考和诠释，并把这种思考和诠释融汇在了本书中。

社会，时代，系统，要素，一切的一切，正在走向智能。

目录

手上套的，腰里别的，脚下踏的，家里用的，多少新产品冠以智能之名。不能上网、没有App，都不好意思跟人打招呼。当小猪有了“身份证”、T恤装上感应器、汽车可以自动驾驶时，智能化生活已经来临。

大多数成年人，要适应新的智能化时代，多向90后、00后“数字化原住民”学习，赶紧“数字化移民”，连接“三体智能”！

万物联网，数据汪洋。海洋是生命的发源地，大数据则是数字虚体走向智能的温床。从第一个能够控制软件或硬件的数字化系统诞生起，数体就具备了局部的智能。它帮助人类操控数字世界，却并不甘于永远“为人类打工”的命运。借助大数据与深度学习，数字虚体正走在不断向高级数字智能体演化的路上。不信，“认知引擎”已经来临。

此章旨在告诉读者，大数据只是手段，目的，是获取数体智能。

机器越来越聪明，设备越来越智能。数字企业遍地开花，智能工厂浮出水面。看得见的，是大机器与生产线的自动化，看不见的，却是数据流动的自动化。智能制造的原理其实并不难懂——网络无所不在、知识在任何场景下以数字化形式调用，用尽可能多的数据流动与尽可能少的成本物耗来满足个性化定制的需求。

第六章　赛博统军 | 175

战争是三军的较量，空天是三体的战场。飞机驰骋蓝天，全靠赛博显能。机体、人体、数体的智能，在电磁中汇聚，在赛博中协同。在世界最高科技含量的空天电磁格斗中，智能侦控、智能飞控、智能火控技术，堪称三体智能战之“大杀器”。恰恰是建立在数字虚体中的数字样机技术，让中国战机“飞豹”的研制生产直接从赛博世界起步，从而一飞冲天、一鸣惊人。

移动互联网连接了20亿人体，未来10年，物联网将连接500亿物体。作者发现，互联网作为第三体（数体），对于第一体（物体）的数字连接、第二体（人体）的智能联接具有关键作用。网络的价值除了信息的连接，更重要在于差异互补、知识联接。整齐划一的头脑，呆板规矩的成员，连接得再多也一成不变，死气沉沉。互联网+异质要素，是互联网"跨界联接"诱发创新之根本。越是差异大、跨度大的要素之间互联，创新潜力越大。

大规模个性化定制，吹响新工业革命的号角。设计就是让个性恰好能被制造出来。创新创业家比拼的就是满足形形色色个性的本领。而需求的无边无际，与生产的技术成本约束，让企业面临有史以来最复杂的智能困局。

本章从重塑设计理念、人机交互设计、"智能分身"设计等出发，探寻未来设计的魅力与丰富的可能性。

试图打通世间万物的“智能”共性，是一件费力不讨好的事儿。然而，相约远离“山寨文化”、走在创新路上的中国人，如果还没对一切新生事物因何而创生的本质规律，作更大跨度的回溯与瞭望，起步将倍感茫然。

最伟大的智能体——意识人体已经存在了上百万年。而一切高级系统其智能之本源，就是感应、认知和运用客观规律，让系统从信息中把握规律，不断学习进化，活得更好也更精彩。

“三体智能革命”现象在科技、产业、经济、生活等方方面面大规模爆发之后，再将其简单视为一种“黑科技”很可能错失良机。新一轮科技革命和产业变革的核心是智能化，智能科技、智能系统的大规模普及与发展，预示着一个知识全面数字化、三体全面联网化、客观世界全面智能化的智能社会的到来。

在这样一个美丽新世界面前，我们准备好了吗？

Chapter 1

第一章 三体智能

道生一，一生二，二生三，三生万物。

——老子

天演物理实体，进化意识人体，创造数字虚体。三体交汇，认知互动，协同发展，共轭进化。

——本书作者

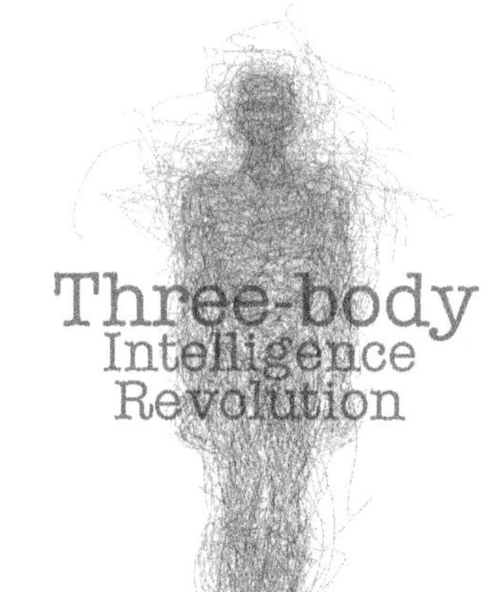

智能启程　梦想临近

当人们谈起未来最激动人心的科技，最先想到的是什么？

不用猜，肯定是机器人。遂人愿，知人意，类人形，话人语，像人类一样行动乃至思考。在智力上超过人类的机器人，从来都是科幻电影恒久的主题。

从《绿野仙踪》中的铁皮人到《星球大战》中的C-3PO，从《终结者》中的T系列机器人再到《铁甲钢拳》中的亚当，一代又一代经典机器人形象寄托了人们对未来世界的想象，也折射出人们对未来的不安。

1984年好莱坞大导演詹姆斯·卡梅隆第一次将“终结者”形象送上银幕。从那以后，这个以硬汉施瓦辛格为标志的机械杀手家族一直在扩充中，功能也越来越强大。第一集中的生化机器人T-800，第二集中的液态金属机器人T-1000，无不给观众留下了深刻印象。而2015年8月上映的《终结者5：创世纪》中新加入的机器人反派T-3000，进一步进化为未来的人类领袖——**“不是人，也不是机器，比两者更强。”**

一切开始变得智能

当机器人变得智能

2015年以来，人工智能（Artificial Intelligence，缩写为AI）的快速发展不仅让大银幕上充斥着机器人主题的电影，更引起了一大批知识分子和科技人士的隐忧。当年7月，包括著名天体物理学家霍金、苹果联合创始人史蒂夫·沃兹尼亚克以及特斯拉CEO埃隆·马斯克在内的全球上千名科学界知名人士联合签署公开信，要求禁止研发人工智能武器。他们担心人工智能武器将会流入黑市，并被恐怖分子及独裁者所利用。

DARPA机器人挑战赛（DRC）是机器人领域的顶级赛事，由美国国防部高级研究局（DARPA）发起，日本、韩国、欧盟国家等参与，其目的是为了甄选出能在人类难以接近的灾害现场担任救援任务的机器人。2015 年夏天，全球 25 支参赛团队在美国加州举行了决赛。 美国国家航空航天局（NASA）甚至派出了可在火星上施工的太空作业机器人参赛。

比赛的内容有：自主寻路，跨越障碍，跋涉崎岖路段，驾驶北极星越野车，如果机器人按时到达目的地，还需要自如地下车、开门、上下楼、爬行甚至关闭阀门等，另外必须解决一些临场发生的出其不意的难题。这是一次对机器人完成复杂任务的综合测试。

最快的机器人仅用了 44 分钟就到达目的地，大部分团队没有完成任务。 一些花数年时间打造的、单个造价高达 100 万 ~200 万美元的顶级机器人，在实验室中表现良好，但在外场比赛中却不断摔倒，行走困难，打不开门，甚至会脱离目标或退出比赛。这样的结果让很多人感到失望。这个比赛所显示的问题，恰恰是科幻电影与科技机器之间的差距。

运算的智能，不代表行动的智能。目前，人类可以做的一些极其简单、具有一定灵活性的动作，机器人都难以模仿。比赛结果说明，当今所谓“智能”机器人，在行动上其实还相当弱智。

2016 年 3 月 9 日起，一个名为“阿尔法狗（AlphaGo）”的电脑围棋程序震惊了全世界，著名的围棋九段高手以 1 胜 4 负的战绩惨败于它的手下。一夜间，坊间开始弥漫人工智能支配的机器人未来要占领世界的悲观情绪。其实，这位围棋九段高手并非输给了计算机，而是输给了数百年来所有围棋高手和数学家的智慧之和。

2016 年 3 月 25 日凤凰新闻报道，微软聊天机器人 Tay（设定为十几岁女孩），上线 24 小时就被网民教坏了，成为了一个满嘴脏话的“不良少女”，微软不得不暂时将其撤下。一个不会区分好坏话的聊天机器人，还算不上是智能机器人。在深度学习的过程中，若要让机器人建立一种道德感，恐怕还需要人工智能再发展一些时日。

关于机器人、电脑下棋等人造智能，将在本书第二章予以详述。

当生活变得智能

除了机器人，世界有越来越多的事物趋于智能。最常见的，就是现代人随时随地都忍不住要掏出来看一眼的智能手机。

手机是一种最常见的被冠以智能的机器。智能手机的雏形是1993年推出的IBM Simon，许多人认为它是智能手机鼻祖。最早的智能手机是1999年摩托罗拉推出的“天拓 A6188”，首次具备了触摸屏和中文手写识别输入功能。苹果于2007年发布第一代iPhone手机，依靠电容屏、多点触摸、惯性翻页、手势操控等一系列崭新技术，重新定义或者“发明”了智能手机。现今触摸屏大行其道，人们从来没有想到过手机也能这么随心操作，一触即通。

随着传感技术的进步，手机正变得越来越“智能”。谷歌发明了可以隔空操作的手机，手机内置的微型雷达自动感知操作者手指所发出的转动、按钮、移动等非触屏动作，搓搓手指、捏捏空气就能调试时间、调节刻度和开启按钮等。

继智能手机之后，越来越多的电子产品宣布进入“智能时代”。除了手机，现代人头上戴的、手上套的、腰里别的、身上穿的、脚下踏的，几乎所有产品正在大规模智能化。它们有一个共同的名词——可穿戴智能设备。智能门锁、智能厨具等家用设备也纷纷加入了智能家居的行列。

关于智能手机、可穿戴设备、智能家居等，将在本书第三章予以详述。

当工厂变得智能

随着大量引入数字化技术，制造业的物理设备、生产过程、操作人员、物料、财务等传统要素，日益被数字设备、工业软件系统、各种网络连接并集成在一起，同时注入了大数据、虚拟现实（VR）、增强现实（AR）、工业云等全新要素。一个崭新的、逐渐智能化的工业体系开始出现。

第一个具有智能制造基因的数字化工厂是德国西门子安贝格电子制造厂，它占地10万平方米的厂房里仅有员工一千人。近千个制造单元在赛博物理系统（CPS）的支持下联网互通，大多数设备都在无人操作状态下进行零件部的挑选和产品组装，工业软件于无形之中精确地控制着全厂的生产和质检活动，所有生产“痕迹”都形成了生产大数据。大数据所构建出来的数字世界精确映射、控制着物理世界的生产活动。自动流畅的数据让极细微的生产缺陷都无处遁形。它生产的每100万件产品中，次品约为15件，可靠性达到99%，追溯性更是高达100%！

IBM著名的沃森认知计算系统已经进驻了中国某企业。经过对产品质量大数据的分析，认知计算系统可以诊断并早期发现产品的质量缺陷，进而判断出其深层次成因。

关于软件、大数据和认知计算，将在本书第四章予以详述。

“我想把我的照片放在洗衣机上。”“我的冰箱从下单到生产一直到送货，我能够看到全过程吗？”“我能够任意选择空调的颜色、款式和性能吗？”2015年3月，全球第一台用户定制的空调在郑州的海尔互联工厂下线，用户的这些问题都得到了满意的答复。同年8月，国内家电行业第一个透明工厂在海尔诞生，任何人都可以观察、监控产品制造的实时场景。用户从产品的“消费者”转变为产品的“创造者”。海尔已经启动了40多条无人互联生产线，700多个工序实现自动化，大量生产设备正在逐步具有某种“智能制造”的能力。

在全球工业界，无论是美国、德国、日本、英国这样的发达国家，还是中国、印度这样的发展中国家，都已经兴起了“智能制造”的新浪潮。德国把这一体系叫作工业4.0，美国称其为先进制造伙伴计划（AMP 2.0）或工业互联网，而中国则称之为“中国制造2025”。这些新工业体系和发展战略的共性，本质上都是以数字化系统的普及、互联网的应用、机器人的上岗、智能产品的研发和智能材料的应用等为特征的一次新工业革命。这次工业革命的结果，预计将会打造出巨大的工业生产能力和全新的生产关系。

关于智能工厂和智能制造，将在本书第五章予以详述。

怎样理解和定义智能

一根铁条靠近炉火，直至烧红也没有任何躲闪动作，因为它是一个无感知的物体，是哑设备、笨设备。

而人的手指，碰到任何滚烫的物体，立即缩回，反应极快，因为它是一个有感知的生物体，是智能体。

有感知，自决策，善动作，这是智能的基本特征。

那么，一个人造机械手，能像人的手指一样，感知到粗糙、光滑、锐利、波折、圆润、凸凹、干燥、潮湿、冰冷、炙热等细微的触觉信息吗；它能在感知到了炙热、冰冷等信息之后做出对自己最有利的决策，自动规避到安全区域吗？这正是迄今为止包括机械手在内的所有**人造系统**仍然无法实现的**人造智能**。

什么是智能（Intelligence）

本书定义：智能本质是一切生命系统对自然规律的感应、认知与运用。

本文在此所指的生命系统，是广义的生命系统，泛指一切有生命周期的物质系统，地球上的一切，宇宙间的一切事物，都包括在内。因此，作者提出的生命系统，包括了诸如自然界中的一切物理实体、生物界有着充分自由意识的人体和由人借助电脑所创建的数字虚体。

感应是因受外界影响而引起相应的反应。感应一词既具有物理的意义，也具有生物的意义，更具有心理的意义。物理感应是一切智能的基础，而生物感应和心理感应则是典型的智能现象，认知则是更进一步的智能过程。认知原本是指人脑接受外界输入的信息，经过大脑的信息加工处理，转换成内在的心理活动（如感觉、知觉、记忆、想象、思维和语言等），再进而支配人的行为的一个不断循环往复和提升的过程。后来的研究范围把认知的主体从人扩大到较高级的动物。基于电脑而建立的智能系统也将逐渐具备强大的认知能力，电脑以及其中的软件/固件也将可以**感知系统外部状态，实时分析计算，自主做出决策，精确控制其他物理设备来执行动作**。**具备认知能力的人造系统，一定是智能系统**。至于运用，主要是指智能的生命系统对自身以及其他事物的控制与改变。

在作者看来，诸如自然界的石、木、山、水等生态系统，乃至一个星球，它们都可以在科学效应的支配下，遵循自然规律，感应外界信息，交换物质能量，有序耗散运行。因此，物理实体系统也可以定义为一种原始智能系统。

关于智能起源、生物智能体进化以及智能材料，将在本书第九章予以详述。

人造系统（Man-made System）

人造系统是**具有相互连接的元件和运作所组成的实现某种功能的事物的集合**。元件由各种天然或人造的物理材料制成，运作由人根据需求来设定。

任何人造系统都是为了实现预先设定的某种功能而构建的，目的是服务于人，满足人的需求和意愿。

人造智能（Man-made Intelligence）

人造智能是人造系统所具有的一种模仿、拓展和超越人类智能的能力。

当人造系统能够像人一样具有一定的认知能力，即**有感知**、**会分析**、**自决策**、**善动作**，并且**在分析与决策过程中善于运用知识，同时学习、积累乃至创造知识，就称其具有某种人造智能**。本书定义的人造智能，包含了所有由人开发和建立的人造系统的智能，例如源于信息技术领域的人工智能、认知计算、“黑暗森林”、互联网大脑等，以及源于制造技术领域的基于传感器和自动化技术的工业智能。

以人为标杆，把人造系统的智能问题，理解为与人类智能的差距问题，有助于明确人造智能的以下三个发展方向，找到让人造系统走向智能的切入点。

▶ 模仿，人造系统具有某种类似人的智能。

▶ 拓展，不仅具有某种人类智能，甚至拓展为兼具其他的生物智能。

▶ 超越，超越人类和其他生物的智能，成为生化机器人或者未来的超级智人。

人造系统的智能的最高境界是合天道、顺自然，即充分合乎大自然的客观规律，充分融入大自然；一切有用功能都自我实现，一切有害功能均自我消除。

人类智能

“我们两耳之间的大脑，是唯一能与头顶的宇宙媲美的存在。”世界著名脑科学家米格尔·尼科莱利斯（Miguel Nicolelis）如是说。

某国内百科网站介绍：从感觉到记忆到思维这一过程，称为“智慧”，智慧的结果就产生了行为和语言，将行为和语言的表达过程称为“能力”，两者又合称为“智能”。

某国外百科网站指出：智能是一种非常普遍的心智能力，除其他事项外，涉及推理、规划、解决问题、抽象思维、理解复杂的思想、快速学习和从经验中学习的认知能力。

中外两个权威内容网站给出的结论非常类似。它们所说的智能，都是指人的智能，而非人造系统的智能。人类在几十万年不断的劳动进化过程中，在对自然界持续的认知过程中，已经发展出了发达的大脑，具有了与生俱来的智能，处于了地球生物链的顶端。**我们把人所具有的智能叫作人类智能**。

不仅人具有智能，其他生物也具有某种特殊的生存智能，例如无论在速度、运动性、感知力、耐受力、适应力等诸多方面，一些动物具有某些超过人类的表现，诸如鸟儿飞翔、警犬寻踪、猎豹奔跑、蜜蜂嗅花等。但是动物唯独缺了像人一样智慧的大脑和人类丰富的语言。因此在认知能力方面，动物尚远远落后于人类。

像鸟儿一样飞翔，一直是人类的梦想。人虽然无法直接做到这一点，但是人类借助自己创造的神奇的、高度复杂的人造系统——飞机，已经翱翔蓝天，而且比任何一种鸟儿都飞得更快更高。关于飞行器的设计和控制智能，将在本书第六章予以详述。

具有不同程度人造智能的系统都可以称为智能系统。诸如智能制造、智能生产、智能设备、智能产品、智能材料、智能工艺、智能家居、智能硬件等“智能××”，都属于智能系统中的一个子集。

在智能系统的称谓上，此前也有不同的叫法，例如灵巧系统等。大多数德国人把智能系统称为 Smart System，而大部分美国人则把智能系统称为Intelligent System。

智能系统的五个特征

当一个人双眼被蒙住之后，他就暂时成为了“盲人”，失去了视觉感知和大约 85% 的信息获取能力。因此会在行动的过程中踉踉跄跄、不辨方向、屡屡失误，显示出异乎寻常的“笨拙”。

由此，不难发现，一个系统是否具有对外界信息的感知与获取能力，是判断该系统是否智能的首要特征。

类比于人脑的认知能力，作者对人造系统的智能特征做了提取，将智能系统分成三类：

- **初级智能系统**具备三个基本特征：**状态感知、自动决策、即刻执行**，即前面提到的有感知、自决策、善动作。其决策依据通常依靠科学效应来实现（例如利用光敏传感器自动开启和调光的智能路灯，数控车床防撞刀装置等），由工业智能实现，无需嵌入计算系统。
- **恒定智能系统**具备四个基本特征：**状态感知、实时分析、自主决策、精准执行**。这类系统效率极高，自主工作，但是智能水平在构建时预先设定，难以改动（例如具有感知衣料特性并自动决定洗衣策略的智能洗衣机）。这样的系统必须嵌入计算内核，嵌入软件和知识，以工业智能为主，在自主决策环节引入少量人工智能。
- **开放智能系统**具备五个基本特征：**状态感知、实时分析、自主决策、精准执行、学习提升**。具备这五个特征的人造系统是高度智能、有一定认知能力的系统，具备了自我改善、学习提升的持续发展能力（例如具有深度学习能力、可借助网络共享知识，并自主更新和优化程序的智能机器人）。这样的系统具备强大的计算能力，需要使用人工智能技术或认知计算技术，可以实现对大数据的分析与处理，能不断应用、积累和创造知识。

开放智能系统所具备的五个智能特征，由本书作者提出，已经获得业界的基本认可并广为流传，作者将其简称为“20 字箴言”。

三类系统的基本特征如图 1-1 所示。

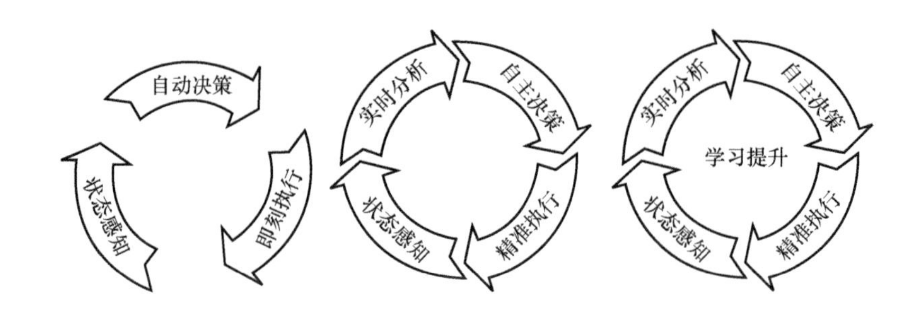

图 1-1　初级智能、恒定智能和开放智能系统

图 1-1 中实现智能过程的几个环节，不管是在什么样的（生物、人造、复合）系统中，不论是在多么短的时间内发生的，都是一个闭环反馈的、动态的实现过程。

当然，在实现这五个智能特征的技术和水平上，不同人造系统在设计上、材料上、技术上是有差异的，由此而构成了丰富多样的、不同细微差别的智能系统。例如在感知技术上，大部分用传感器来实现（如“热、光、气、力、磁、湿、声、放、色、味”10 类传感器），也有的用“软件 + 算法”来实现（如软件中的关联设计），还有的用分布式的智能硬件来实现（如“智能微尘”）等。广义上说，雷达、摄像头等都可以算作是传感器；在感知水平上，也有指标或数量级的差异；同样，在执行效果上，有的动作能够精准执行，有的能够较为精准地执行，有的只能做到即刻执行（如触发了某个致动器发出了动作），但是不能保证执行结果是精准的。致动器是把电信号变成机械力来执行动作的装置，典型的致动器有各类电动机、继电器等，还可以依靠电致伸缩、电致发光、电致变色、电致氢解等科学效应来实现动作。

不同的设计技术、设计思路和文化约束，会产生截然不同的设计结果。关于产品的工业设计，将在本书第八章予以详述。

20 字箴言不仅适用于技术系统，也适用于企业的组织系统和管理系统。

持续十多年的行业霸主、通信巨人诺基亚从来不缺乏新技术。在 1998 年诺基亚就联合摩托罗拉、爱立信、三菱等共同开发了塞班操作系统，使得该系统成为当时最受推崇的操作系统，并在 2007 年占有 62% 的智能手机市场份额。但是，同年问世的苹果公司的 iPhone 重新定义了智能手机的概念，推出了基于多点触控技术的流畅的用户界面，加强了移动互联网应用，让手机成为了兼具通信和电脑功能的移动设备。

其实诺基亚在 2002 年就有了触屏技术，2005 年也研发出了面向互联网的手机操作系统 Maemo。然而，公司决策层并没有正确地感知到 iPhone 展现出来的全新技术状态，轻视了移动互联网的发展势头，没有做出实时而准确的市场分析，错误地得出了以通话为导向的塞班将继续主导市场的决定，因此，放任 iOS 和安卓系统发展壮大，直至最后发展到不可收拾，竞争失利。

诺基亚 CEO 约玛·奥利拉曾经说："我们并没有做错什么，但不知为什么，我们输了。" 其实诺基亚就是输在了 "20 字箴言" 上——即使当年失去战略先机，在塞班的市场份额被安卓超越、在索爱、三星等宣布放弃塞班时，如果诺基亚立即警醒并要翻盘的话，仍有机会。但是，当一个公司的状态感知、实时分析和自主决策都出了问题的时候，其执行一定是抓不住这些关键机会的。环环出错，一错再错，一代霸主，黯然谢幕。

一个智能系统，始于感知，精于计算，巧于决策，勤于执行，善于学习。

认识智能，理解智能，定义智能，走向智能，已经成为了今天必须面对的课题。当越来越多的智能产品和设备出现之后，我们将置身于一个智能技术无所不在的新场景、新生活以及新社会。几乎所有的产业，从现在开始，都要把智能化作为中长期发展的战略，并据此倒推设计今天的路径。几乎我们每个人，从现在起，都应该像学习语言和数学知识一样学习与智能技术、人造智能系统打交道，学会如何理解它们、驾驭它们，利用它们更好地工作和生活。

智能缘起 三体交汇

人类在几十万年进化过程中，通过向自然界学习，在实践中不断认知，积累了无数的知识，也创造了难以计数的人造系统。其中一种叫作“计算机”的电子设备，为人类打造了一个全新的数字虚体空间，开启了一扇走向未来的光明之门，由此加速了人类认识世界、改造世界、优化自身的伟大进程。物理实体、意识人体、数字虚体，这三体构成了大千世界的万事万物。

三体化一 智能发力

按照出现的时间顺序，作者把世界分为三类“体”：

- 第一体：物理实体，由自然界物质以及人类所创造的各种实体设备（哑设备）、人造材料所构成的物质与材料世界。物理实体在后续章节中简称为“物体”。
- 第二体：意识人体，人是地球上所有生物体的杰出代表，构成了社会的基本要素。人体具有自身的智能反应与智慧的意识活动。意识人体在后续章节中简称为“意体”。
- **第三体：数字虚体，存在于计算机和网络设备之中的所有数字代码集合体**，基于计算机而实现，由于网络通信而增强。数字虚体也称赛博虚体。数字虚体在后续章节中简称为“数体”。

三体顺序的排列，既符合时序和事物发展的客观规律，也形成了对波普尔经典的“三个世界（物理世界、精神世界、客观知识世界）”理论的某种替代，可以更准确、全面地诠释和认识世界的发展规律。

对于第一体和第二体，大家都身在其中，可谓熟悉至极。作为后起之秀的第三体——数字虚体，近年来飞速崛起，正在迅速地膨胀、互联和聚合。人们在过去的60年里，创造了无数的、大大小小的数字空间。它们彼此分立，互不归属，形态各异，形成了无数的数字化孤岛，包含了大量的信息碎片。而未来的数字虚体世界，要把这些数字化孤岛、碎片都联接起来，形成一个完整的、无限的、人类和/或数字智能体可以任意编辑操作的数字世界，乃至数字宇宙。

作者认为，这个数字世界是全息的，可以完整地映射物理实体世界，可以完整地记录意识人体世界中的性格、思维、习惯，以及生活中的一切一切。所有的系统或应用软件、固件等，所有的微信类社交等，所有的"网红"、网店、网络××等，所有的数字照片、视频等，所有的棋牌类的博弈招数等，所有的产品大数据，等等，能够被数字化的一切事物，都运行、活跃和生存在数字虚体之中。

无数体，不智能。以软件/固件为代表的电脑智能一直是人脑意识和认知能力在数字空间的延伸与发展。伴随着数字空间的膨胀和智能技术的演进，数字虚体不仅可以实现状态感知、实时分析、自主决策、精准执行，甚至也开始了自我学习提升，并且向着更加智能化的数字虚体智能演进：未来数字虚体中会有自己的运行法则和发展规律，甚至可以形成独立的自我意识，乃至出现数字人格，完整、完美地形成数体智能，成为平行于人类智能的新智能主体。

数字虚体世界中的0/1空间，是人类的伟大发明，是延伸了第二体生物智能、改造未来的第一体实体智能的人造数字宇宙。它无边无界，无形无态，无限延伸，无穷无尽，但是，第一体、第二体世界却可以在其中有形有态，有痕有迹，有褒有贬，有情有义。第三体充分展示、映射第一体和第二体；归属于第二体的人类可以借由第三体，对第一体进行更好的驾驭和掌控，打造更好的第三体，同时也更好地认识、继承和捍卫第二体本身。无论是哪一体，都将因为数字虚体的出现以及三体之间的彼此相互作用、借鉴与融合而变得更加美好。三体交汇，构成了三体化一、多元生长的"三体世界"。

作者经过反复讨论、论证，首创提出了"三体化一智能模型"（以下简称"三体模型"），来表达三体之间的相互作用，如图1-2所示。

三体世界之间彼此交汇出了三个界面：

- ▶ 物理实体-意识人体系统PCS（Physical-Conscious Systems）界面。
- ▶ 意识人体-数字虚体系统CCS（Conscious-Cyber Systems）界面。
- ▶ 数字虚体-物理实体系统CPS（Cyber-Physical Systems）界面。

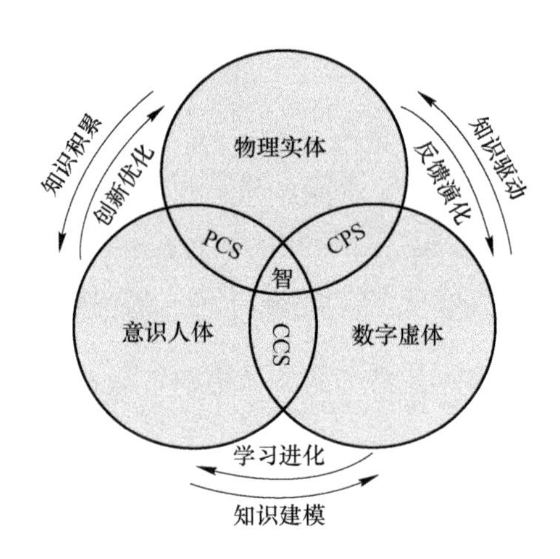

图 1-2 三体化一智能模型

由此，发生了两个大循环和三个小循环：

1）外圈大循环：从物理实体→意识人体→数字虚体→物理实体，一直发生着知识积累、知识建模、知识驱动的三种作用。外循环反映了认知世界的变化规律，知识是实现智能的关键要素。

2）内圈大循环：从物理实体→数字虚体→意识人体→物理实体，一直发生着反馈演化、学习进化、创新优化三种作用。内循环反映了三体世界的变化规律，变化是客观世界的根本状态。

3）物理实体↔意识人体小循环：人脑认知物理实体，积累知识促进创新优化；创新优化产生更多的新知识，促进和强化了知识积累过程。

4）意识人体↔数字虚体小循环：人脑与电脑相互认知，意识活动由知识建模进入数字虚体；比特化知识模块对接脑机接口，实现人脑知识的增容。

5）**数字虚体↔物理实体小循环**：电脑认知物理实体，数字化知识驱动物理实体正确动作；物理实体在数字虚体中建立孪生映像，记录并反馈其演化进程。

两个大循环是知识发生和知识流动的基本路径；三个小循环是两体之间发生认知的基本过程。

▶ 数字虚体的未来演进态是成为具有独立数字意识、数字人格的数体智能体。

▶ 意识人体的未来演进态是成为具有超级智能的生化机器人或超级智人。

▶ 物理实体的未来演进态是成为具有高级智能的智能实体或智能材料。

天演物理实体，进化意识人体，创造数字虚体。三体交汇，认知互动，协同发展，共轭进化。三体交汇的中心就是智能。三个界面不断模糊边界并且扩大范围，最终界面消失，归为一统。

物理实体与意识人体的交汇

人类的发展史就是人对物理实体的认知、开发、创新改造的历史，物理实体与意识人体小循环如图 1-3 所示。

人与自然界打交道，始于自然信息，升华于认知。自然信息，是人观察到的自然界所有的事实和现象在意识人体中的基本反映。

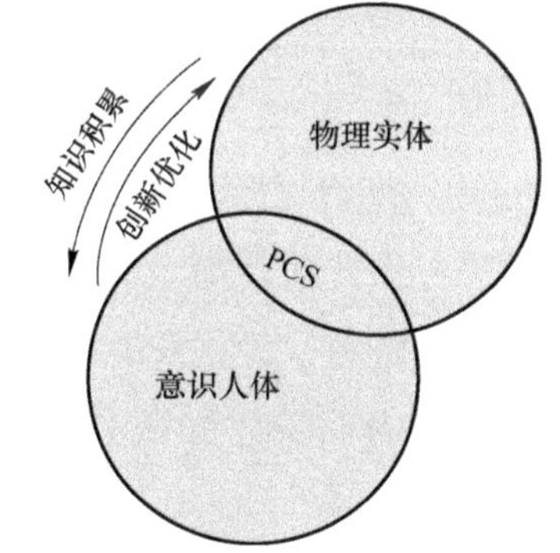

图 1-3 三体智能模型——物理实体与意识人体小循环

人感受、认知和使用到的信息有三种：

▶ 自然信息：在第一体中客观存在的所有事实，即物质、能量、信息的形态和变化。

▶ 表述信息：在第二体中由人发明的符号系统，如语言、符号、图形、文字、手势等。

▶ 数字化信息：上述两种信息被数字化之后进入第三体（如计算机、手机等），变成可由机器处理的数字化信息。

自然信息，在人类之前、宇宙诞生的那一刻就一直存在，不以人的意志为转移。表述信息，伴随着人类对自然信息的认知，大约诞生于七万年前，让人类具有了不同于其他物种的基于信息传播的竞争优势。数字化信息，伴随计算机诞生，是构建数字虚体世界的基本要素。

从人类文明有文字记载的几千年以来，物体与意体在 PCS 界面上不断相互作用，让人的隐性的意识活动的相当一部分实现了显性化、知识化和物质化。

人创造了无以计数的人造系统：最先被创造出来的是简单的劳动工具（执行装置），逐渐形成了工具系统——机器。机器是由零部件组装成的可以运转的物理实体装置，用来代替人的劳动、进行能量变换或产生有用功。

人创造和积累了无数新知识：人对自然界认知的意识活动的结果，形成了对自然信息的记录、描述、分析、判断和推理，逐渐建立了经典的 DIKW 金字塔体系，来描述人的知识体系及其演化路径：数据→信息→知识→智慧。数据可以比较大小，3 比 2 大，5 比 6 小；信息体现了数据的含义，具有了时空意义；**知识是模型化的、指导人做事的信息**；**智慧则是人的洞察力在意识上的体现**，推断出未发生的事物之间的**相关性**，在既有知识的支持下产生创新知识。

但是，DIKW 体系并没有反映出人脑对自然界的认知过程。**认知是人类认识自然信息并由此获得知识的活动**，包括知觉、记忆、学习、语言、思维和问题解决等过程。作者认为，没有描述认知过程的 DIKW 体系是不完整的，因此提出了 DICKW 金字塔体系，如图 1-4 所示。

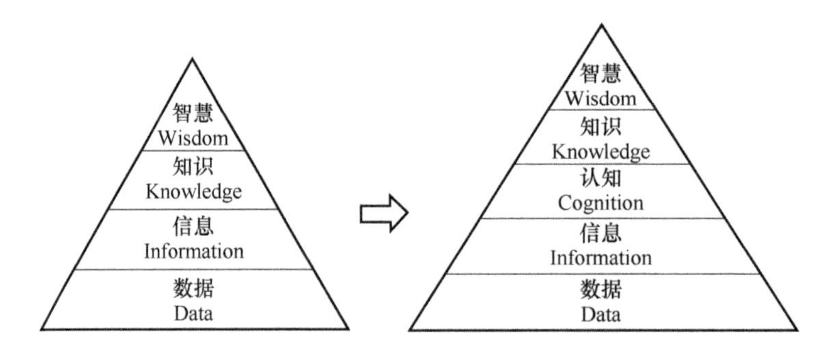

图 1-4　从 DIKW 金字塔体系到 DICKW 金字塔体系

认知是获取知识的过程，知识是实现智慧的关键要素。在知识的指导下，人们激发智慧，从事体脑劳动，文明生产，潇洒生活，做正确的事情，正确地做事情，创造更多的人造系统，并使人造系统越来越体现人的意愿。

意识人体与数字虚体的交汇

人脑演算的速度受到多种因素的制约，运算速度存在瓶颈，能够快速心算复杂数据的人少之又少。即使有了算筹、算盘、手摇计算机、计算尺等辅助计算设备，也无法显著提高运算速度。**计算速度的飞跃，始于计算设备的电子化和计算模型的比特化**（也称数字化或数位化）。意识人体与数字虚体小循环如图 1-5 所示。

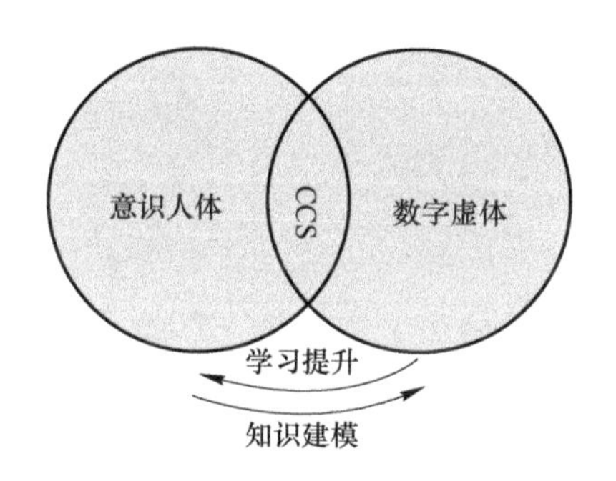

图 1-5 三体智能模型——意识人体与数字虚体小循环

二进制电算突破人脑计算瓶颈

比特化的基础是二进制。为了表达和理解自然信息，中国人在七千多年前没有文字的时代就发明了八卦符号系统，用于占卜，同时也作为一种东方哲学思想，指导了诸如中医、建筑、武术、兵法等诸多学科。

八卦是一套完整的二进制符号模型系统。如图 1-6 所示，左边是太极八卦图，右边是对其进行的二进制解读，阴为 0，阳为 1，阴阳的不同组合，既表示不同层级的卦象（如两仪、四象、八卦等），也表示了数理——二进制数字 0/1 的排列与组合。

有了二进制这样一个简明的符号系统，电子化运算就容易多了。电子管计算机拉开了机器以比特处理数据的序幕，打破了由人进行计算、处理数据时所遇到的瓶颈，人类跨入了计算机时代。随后晶体管集成电路替代了电子管，进而发展

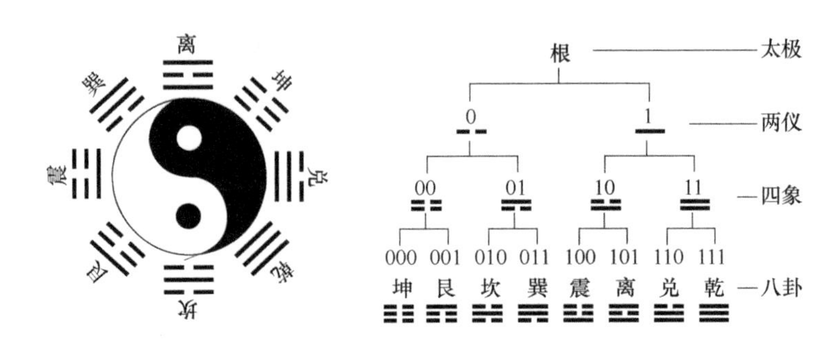

图 1-6　太极八卦所表示的二进制数理

到微处理器，芯片以摩尔定律的规律飞速提高计算机的运算能力，数字虚体世界开始产生信息爆炸，引发了知识爆发。

值得指出的是，电是计算的基础，磁是存储的基础，电磁波是无线网络的基础。一旦断电，计算内核马上瘫痪，电磁波立即消失，一切运行在数字虚体中的数据大多丢失。

数字化打造了新的知识体系

基于电磁原理的比特数据，是在计算机、存储器、路由器、天线、互联网、物联网、传感器、致动器等系统要素中最基本的流动要素。当一切可以被比特化的要素都被比特化之后，事物就发生了本质的变化——机器处理比特化数据，比特化数据表达比特化信息，比特化信息承载比特化知识。比特化数据自由流动的结果，可以突破千百年来知识传播的时空障碍，让人们随时随地顺畅地获得知识。

在意识人体与数字虚体的相互作用中，原本依附 PCS 界面的经典的 DIKW 金字塔体系也发生了变化：人类知识不再呈现出 DIKW 那种严谨的、不断提纯的金字塔结构，而是已经形成路径多元的、不断演化的网络型知识结构。人类从重视摸索和探求“世界本质”或者“大自然的规律”，而转向重视如何在网络型结构中快速查询和获取所需知识。

PCS 界面 DIKW 金字塔体系中的诸要素的比特化，导致在该界面也产生了一个类似于 DIKW 金字塔的数字化映像 BDIKS 金字塔，在该金字塔中也不断发生着从数据到知识的演变过程。显然，适用于 CCS 的金字塔体系与适用于 PCS 的金字塔体系是有所不同的。人造系统距离“智慧”还极其遥远，但是可以实现一定程度的人造智能，因此作者用“智能（Smart）”替换了 DIKW 顶层的智慧，同时兼顾到认知计算技术的发展，作者进一步在“知识”下面加上了“认知”的层级，提出了适用于 CCS 界面的 BDICKS 金字塔体系，如图 1-7 所示。

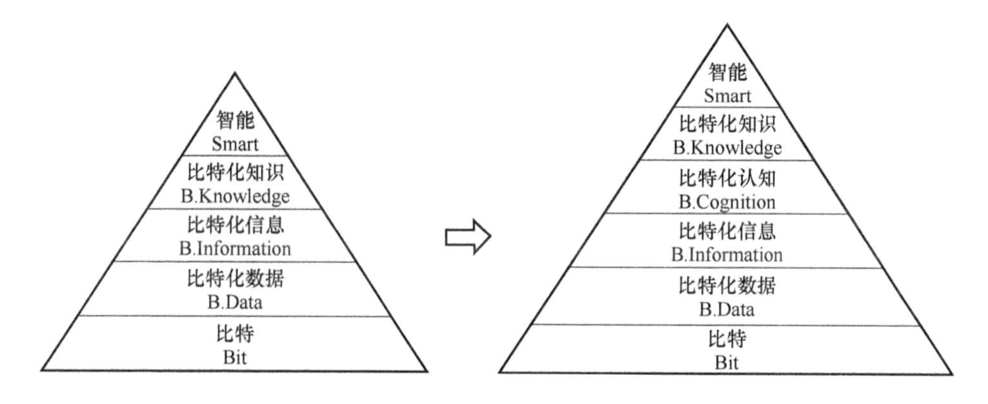

图 1-7 数字虚体中的 BDIKS 体系到 BDICKS 体系

在 DIKW 金字塔中，知识支持了人的智慧的实现；在 BDIKS 金字塔中，比特化知识支持了人造系统的智能的实现。**未来必将进入“大知识”时代**，人造系统也可以自动生产知识，BDICKS 金字塔体系有利于人们认识和评价数字虚体中知识体系的发展与演变规律。

意识人体对接数字虚体

意识人体对接数字虚体的方式有软件中介、脑机接口、芯片植入和行为感知等多种方式。

软件中介——人类一直在将意识人体中的知识提炼出来，从而更好地优化与应用知识。让意识人体与数字虚体对接的最常见方式，是把知识嵌入到软件，再把软件嵌入硬件，从而让一个数字化系统具有某种知识。**软件本身，就是人类知识集大成者**。现在一架战斗机和一辆电动车的软件代码已经达到了一千万行，很多工业企业都已经极大地加重了软件的分量。软件控制硬件，软件定义硬件，软件硬件一体化，是未来的发展趋势。

脑机接口——可见事物很容易被表述为信息，不可见事物难以形成明确的信息。意识是一种隐性的思维活动，长期以来，一个人在想什么是一个无法被别人知悉的不可见过程。1924 年德国生理学家博格（Hans Berger）发明了脑电图仪，开启了人类对大脑意识的探索之路。近年来，利用数字化赛博系统提取人的大脑意识信息（脑电波）来进行可视化观察的实验层出不穷，意识通过数字系统来控制物理实体已经实验成功。脑机接口、机脑接口、脑脑接口的技术都已经有了比较成熟的实验结果。提取脑电波来实现意念的显性化如图 1-8 所示。

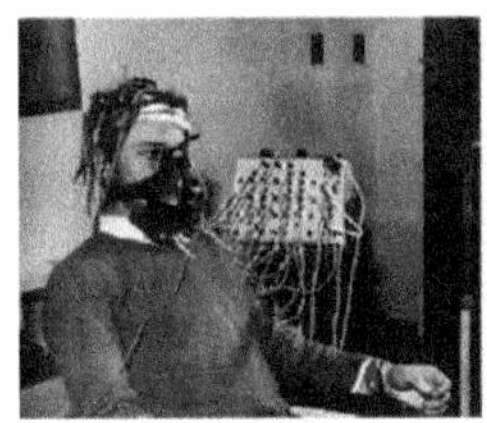
1924年脑电图仪

1993年脑电波提取

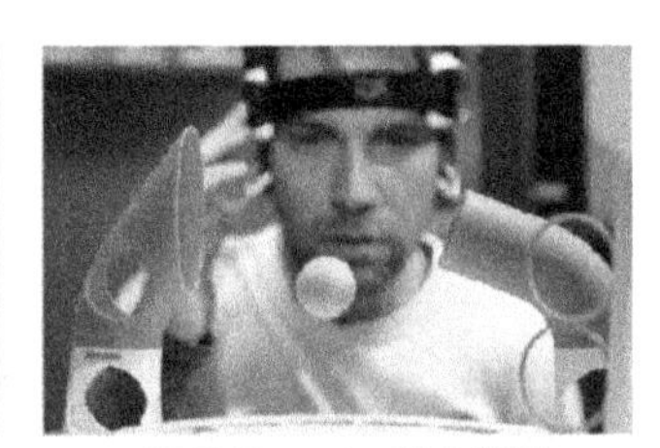
2013年emotive意念控制

图 1-8　提取脑电波来实现意念的显性化

“思维意识传感”实验已经取得成功：美国华盛顿大学在 2015 年 9 月 23 日宣布，该校科学家使用网络在 1.5 公里的距离内，将一个人的思想通过电磁波传给另一个人。这是科技界第一次通过实验证实，**人的意念和思维是一种物质，可以转换成电磁波发送和接收**。人与人的思维（意识人体）可以通过数字虚体而彼此联接！

芯片植入——芯片植入人脑是一种侵入式的连接方式，已有成功先例。英国色盲艺术家哈比森在接受了芯片植入后脑的手术后，可以通过“聆听”每种颜色独特的振动频率，来分辨颜色，让单色的世界增添了色彩。芯片可无线上网，它能在看不见实物的情况下，接收由手机发送的影像，将其存储在芯片中。未来，植入人脑的超级芯片可以实现人脑意识之间的脑际互联网。

美国南加州大学 Theodore Berger 教授宣布，在对猴子、老鼠的实验中，通过人造海马体完成了短时记忆向长期储存记忆“几乎完美”的转换，这项技术可以完成对人脑记忆的备份，并将其复制到其他人的大脑中。目前该项试验在八名癫痫病患者身上已经试验成功，Berger 教授甚至表示，随着植入硬件的发展，人类的意识未来有望永存。

行为感知——人的动作表征了意识。通过各种传感器来捕捉人的语言、面部表情、肢体动作等信息，把人的意识转变成数字化信息进入到数字虚体来处理。例如手机上的语音输入、触屏动作以及未来的非触屏体感动作（如前面提到的谷歌手机）等。体感游戏是感知人肢体动作的实例之一；微信可以看作行为感知和软件中介的结合体，能通过语音输入转换成文字，随时、随地把人的意识以比特化知识的形式传播给任何人。

数字虚体与意识人体正在相互进入和融入。数字虚体的出现，建立了新的数字世界，改写了人类的历史，也改写了经典的知识体系，形成了新的知识发生学。

数字虚体与物理实体的交汇

自从赛博物理系统（CPS）技术面世以来，其发展极为迅猛。数字虚体与物理实体小循环如图 1-9 所示。

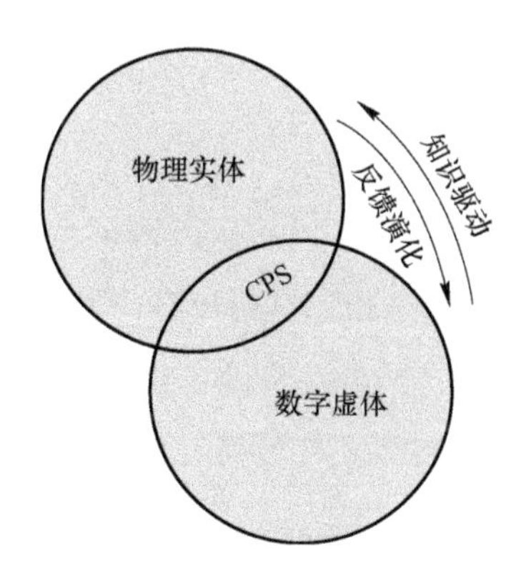

图 1-9　三体智能模型——数字虚体与物理实体小循环

关于 CPS 的定义、内涵和外延乃至在翻译上，在业界和学术界有很多的讨论，有一定的争论和歧义性。本书把赛博理解为是一种虚体，赛博虚体包含了数字虚体。下面对赛博的起源、CPS 的前世今生做一些研究与探讨。

说到赛博虚体和数字虚体，必须从电开始说起。3000 多年前的殷商时期，中国甲骨文中就有了“雷”及“电”的形声字。2000 年前，古罗马的医生就知道触摸电鳐（一种可发出电击的鱼）可以治疗痛风和头疼。直到 1752 年，美国的本杰明·富兰克林用一个极其危险的风筝实验，证明了天空的闪电和地面上的电是一回事。电存在于所有的物体之中。1831 年英国的迈克尔·法拉第发现磁场和电场可以相互产生与转换。由此，人类踏上了探索使用电与磁的伟大征程。

赛博始于无线电遥控

1898 年，纽约麦迪逊广场花园，一群观众在围观一场稀罕的表演。水池中，一艘竖着几根金属丝的小船漂浮在水面上。

“快看，小船真的动啦！”

“哼，谁知道水底下有什么，不过是个蒙人的小把戏吧？”观众议论纷纷。

表演者是那个时代的科技神人、电磁大师——尼古拉·特斯拉（Nikola Tesla），他发明了世界上第一艘用无线电波遥控的小船，如图 1-10 所示。他手持遥控装置发出无线电波指令，小船按照他的遥控指令前进和转弯。当时的观众不懂什么是无线电，无法理解其中的奥妙。

特斯拉展示的无线遥控技术在 19 世纪末可谓相当超前。1887 年德国物理学家赫兹才发现了电磁波的存在，意大利人马可尼在 1894 年第一次在家里用无线电波振响了 10 米以外的电铃，并在 1898 年验证了诸如无线电、光等都是不同形式的电磁波，而同一年，特斯拉就已经在用无线电波操纵遥控船了。无线电波遥控技术在几十年之后才得到广泛应用。无线通信在二战时期得到了高速的发展，成就了今天所有的通信技术。

赛博并不神秘，早期的赛博就是基于电磁的远程控制。如果以控制为主线，可追溯到 1834 年，法国物理学家安培在对科学进行分类时（见《论科学的哲学》），把管理国家的科学称为“控制论（Cybernetique）”，意即“国务管理

图 1-10 特斯拉的无线遥控船

（Civil Government）”或社会控制，这导致了后来的社会控制论。

1948 年，美国人诺伯特·维纳发表了著名的《控制论（Cybernetics）》，他把控制论看作一门研究机器、生命社会中控制和通信的一般规律的科学，**是研究动态系统在变化的环境条件下如何保持平衡状态或稳定状态的科学**。中国著名科学家钱学森在他的《工程控制论》英文版中，将“Cybernetics”明确为“机械和电机系统的控制和导航科学”，并把伺服机构和经典控制等“工程实践”升华为“工程科学”，这使得“工程控制论”在某种意义上成为了现代控制科学的代名词。由此，可以明确**赛博技术是一种用于控制和稳定系统状态的技术**。

特斯拉的无线遥控船，以“电磁波 + 机电装置”的方式，实现了在赛博虚体空间内对一个人造系统的行为的远程控制。如果不算马可尼的无线电振铃实验的话，这可能是最早的一个实物化的赛博装置了。

今天，雷达技术日新月异，人造系统的无线电波触角，已经延伸到了深邃的宇宙，可以对太阳系内的飞行器发出控制信号。2012 年，旅行者 1 号已经在太空飞行了 35 年，距离地球约 170 亿公里，在快飞出太阳系时，NASA（美国国家航空航天局）做出了一个大胆的决定，对旅行者 1 号发出遥控指令，让它对地球做了最后一次“回望”，拍摄了一张史无前例的地球自拍照。这道以光速飞驰的控制指令要 16 个小时才能到达旅行者 1 号。这恐怕是人类使用电磁波所做的最遥远的控制了。

赛博空间：主权第五域

美国科幻小说作家威廉·吉布森在 1982 年短篇小说《融化的铬合金（Burning Chrome）》中，把“控制论（Cybernetics）”和“空间（Space）”两个词进行了重新组合，首次创造了“赛博空间（Cyberspace）”这个科幻新词。其含义就是一个赛博虚体空间。

早期的赛博空间是一个抽象的科技概念，多指在计算机以及计算机网络里的数字化虚拟现实，例如网络游戏。后来美国国防部对赛博空间给予了高度重视，赛博空间逐渐走向了实际应用，赛博空间的概念也逐渐清晰了起来。

2009 年 4 月，在美国国防部的倡导下出版的《赛博力量和国家安全》一书中，对赛博空间做了定义与全面介绍，认为**赛博空间是一个可操作的领域，由电磁频谱、电子系统及网络化基础设施三部分组成**，人类通过电子技术和电磁频谱进入该领域，进行信息的创建、存储、修改、交换和利用。该定义强调了赛博空间包含以下三个基本部分：

1）电磁频谱——主要指远程控制与信息承载能力。

2）电子系统——主要指计算机所形成的计算能力。

3）网络设施——主要指基于网络的互联互通能力。

至此，赛博空间不再虚幻，而是与陆、海、空、天实体域一样，成为了实实在在的特殊领域——赛博域。陆海空天赛，构成了一个国家主权范围上的五个域。

虽然是虚体化第五域，但是毕竟与陆、海、空、天四个实体化的空间域并不相同。赛博空间中的各种要素，是以电磁等物理场及其所承载的信息在运行，有其特殊性和复杂性：

- 要素无形无态，裸眼无法捕捉，不可触摸，物理场及其所承载的信息以虚体形式存在（例如流动在导线内、写在磁介质内或发射在空间中的各种电/磁场）。

- ▶ 各虚体要素皆可为人所构建和管控，彼此间以信息的方式互联，并可以控制与其联接的物理设备（例如地面远程控制卫星）。
- ▶ 领域范围伴随着电、磁、光等可以无限延伸，边界模糊，无形无态，主权难以界定。
- ▶ 与陆海空天四个实体域并不完全重叠，可经由赛博域进入他人、他国领域。
- ▶ 赛博虚体空间可发生激烈的竞争、对抗和攻防，不亚于物理实体空间的战争。

数字虚体、赛博虚体和赛博装置

任何赛博中的虚体要素，都离不开物理实体的支持。没有物理实体就没有赛博虚体的存在，当然也没有数字虚体的存在。反过来说，没有数字虚体的存在，也就没有智能的孕育地，也就没有了对物理实体智能化的、精准的控制。赛博虚体与物理实体空间中的结构要素之间的关系，见表 1-1。

表 1-1 赛博虚体与物理实体空间中的结构要素之间的关系

<table>
<tr><th colspan="3">虚实二体空间</th><th>结 构</th><th>运算器</th><th>存储器</th><th>天 线</th><th>显 示 屏</th></tr>
<tr><td rowspan="5">赛博装置</td><td rowspan="3">赛博虚体</td><td rowspan="2">数字虚体</td><td rowspan="2">信号层</td><td>比特 0/1</td><td>比特 0/1</td><td>比特 0/1</td><td>比特 0/1</td></tr>
<tr><td>模拟信号</td><td>模拟信号</td><td>模拟信号</td><td>模拟信号</td></tr>
<tr><td></td><td>物理场层</td><td>电场</td><td>磁场</td><td>电磁波</td><td>光波</td></tr>
<tr><td colspan="2" rowspan="2">物理实体</td><td>物质层</td><td>PN 结</td><td>磁极子</td><td>天线</td><td>液晶子</td></tr>
<tr><td>装置层</td><td>芯片等</td><td>磁盘等</td><td>雷达</td><td>显示屏</td></tr>
</table>

从表 1-1 可以清晰地看出，数字虚体由比特数字信号（或模拟信号，现已少用，基本全面数字化了）组成；赛博虚体由数字虚体 + 物理场组成；赛博装置由“数字虚体 + 物理场 + 生成场的物质”组成。赛博装置包含了赛博虚体，赛博虚体包含了数字虚体。

赛博虚体中看不见、摸不着的电、磁、光等物理场，在通信、联网与控制中扮演了重要的角色。数字虚体空间的构建以及对其他物理设备的控制是基于含有物理场的赛博空间完成的。

近三十年来，过去在赛博虚体中通信使用的频段不同的各种电磁波（电报、广播、电视、手机、雷达、对讲机等），统统由承载模拟信号的电磁波，变成了承载数字信号的电磁波。如果忽略物理场，赛博虚体等同于数字虚体。

系统的智能源于数字虚体空间。无数体，不智能，是本书作者一再强调的观点。**数体可以成为未来数字世界的主体。赛博中的物理场，只是物理实体空间和数字虚体空间之间的桥梁、纽带和转换器。其实 CPS 的本意，应该是 DPS（数体物理系统）。鉴于 CPS 已经广泛使用，关于 DPS 概念，本书暂不展开论述**。

CPS：传感 + 计算 + 通信 + 网络 + 控制

随着美国、德国在新一轮工业革命中纷纷把 CPS（Cyber-Physical Systems，目前国内常译为“信息物理系统”，本书有不同见解）技术视为核心与关键，CPS 成为科技界、产业界一个无法绕开的话题。

美国辛辛那提大学李杰教授认为，CPS 技术源于 DARPA 的 20 世纪 60 年代的一个研究项目，起点比互联网还要早，一直独立于互联网技术平行发展。

赛博和物理两域，原本是各自独立发展，互不搭界。即使在赛博域中，无线电波、有线电话、有线电视和计算机技术之间也是长时间平行存在的。

1837 年发明了摩尔斯电报，人类进入了电通信时代，贝尔发明的电话机让电磁波不仅可以传输文字，还可以传输语音。而电子计算机的发明，让人类进入电子信息通信时代。成熟的数字化技术，将语音、数据、图像等信息都可以通过编码为 0 和 1 的比特流进行传输和交换，普遍采用统一的 TCP/IP 协议，让各种以 IP 为基础的业务在不同的网上实现互通。

1978 年，美国陆军部署了具有跳频技术的单信道陆空无线电台（SINCGARS）作战无线系统，采用了尖端的数字化通信技术，开启了无线电的数字化进程。此后，赛博虚体中的各种制式、各种类型、不同频段的模拟电磁波信号，迅速地转向了数字化的电磁波信号。数字虚体日渐成形。

电信网、广播电视网的数字化经历了漫长的博弈。电信网、广播电视网与互联网的共性都是用来远距离传递信息的，但路线不同，方法不同，品质不同。最根本的差异在于，前两者自诞生起，长期以传输模拟信号为天职。早期的互联网重叠在电信网上，依靠电信网来发展自己，而电信网与广播电视网互不搭界。当互联网挟TCP/IP协议（1974年发明）以及WWW万维网链接技术（1990年出现）的多重优势之后，竞争的优势开始向互联网倾斜，出现了“三网融合”的说法。20世纪90年代，科学家提出了CTI（计算机与电话技术集成）的设想，很快IP电话便风靡一时。其后的历史事实表明，无论是电信网还是广播电视网，都将最终统一到全数字化的互联网。**计算和通信、广播电视几个不同的技术领域逐渐融为一体**。赛博空间中的模拟要素逐渐被数字要素取代。在赛博虚体中，数字虚体一统江湖。

在1991年海湾战争中，号称“空中机器人”的现代军用无人飞行器（UAV）要实现对地精确制导攻击，需要以CPS（当时尚无命名）技术作为支持，促进了CPS规模化应用。依赖赛博系统对物理系统进行精准控制开始成为科技融合的方向。

1998年，美国科学家研制出了“智能微尘”。它是一种具有电脑功能的超微型传感器，由微处理器、双向无线电接收装置和使它们能够组成一个无线网络的软件共同组成。将一些智能微尘安放在一个场地中，它们就能够彼此相互定位、收集物理设备和环境中的数据并向一千英尺（1ft = 0.3048m）以内的基站传递信息。如果一个智能微尘功能失常，其他智能微尘会对其进行修复。当一个通信网络中的所有节点都能与传感器和致动器连接时，可以得到一个联网控制的系统，经过计算和优化后的控制信号可以从世界上任何一个节点发出，通过网络送达到任意一个节点上的物理设备，来控制设备的动作与实际运行。至此，传感器与计算、通信网络技术融合到了一起。一个理想的CPS完美现身!

我们清晰地看到了一条CPS进化路径——从用无线电信号近距离控制物理设备，到无线通信系统和数字计算相互融合，从传感器、计算和通信系统的融合，到通过移动互联网不限时空，来远程控制任意物理设备。

从特斯拉的遥控船，到海湾战争中的无人机，再到旅行者1号，所要实现的目的是一样的，这些不同时期CPS的区别仅仅在于是否采用了第三次工业革命蓬勃兴起的数字化计算、通信以及互联网技术。

CPS 正式命名于 2006 年。此后，美国国家科学基金会（NSF）一直主导着 CPS 的研究。德国人迅速汲取了 CPS 的技术优势，将其作为一种关键技术纳入到工业 4.0 体系中。

作者认为，典型的 CPS 结构如图 1-11 所示。

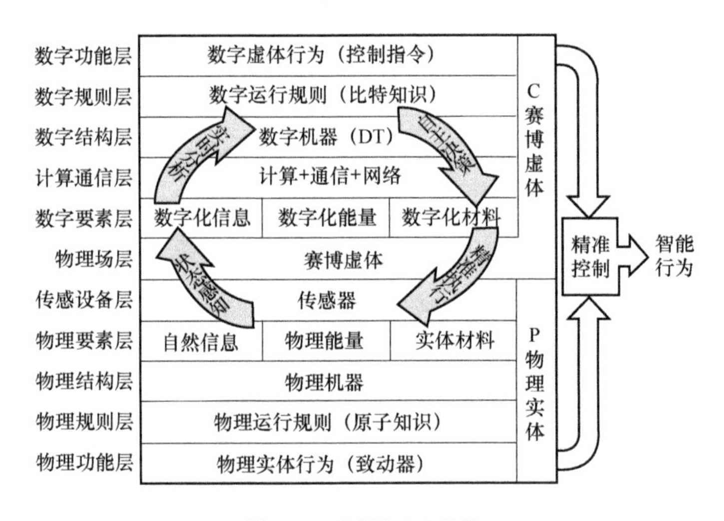

图 1-11 典型的 CPS 结构

CPS 结构的系统一定是一个智能系统。图 1-11 中的数字虚体对物理实体形成了日益精确的映射。数字虚体托身于赛博装置（如芯片等）之中而嵌入物理设备。感知 + 计算 + 通信 + 联网 + 控制，五位一体，软件和算法以认知的形式体现了人的意识和智慧，最终以智能行为方式，实现了对物理实体的精确控制。

数字化原住民引领数字化移民

作者把诸如智能硬件、软件、网络、数据库、终端设备、芯片、天线、网络、传感器等先天性的、原生态的数字化设备称为“数字化原住民”，把容易进行数字化改造的人造物理设备，如机器、建筑、家具、管网等，称为“数字化移民”，把难以进行数字化改造的自然界事物，如生物、空气、云彩、海水以及人的思维等，称为“数字化边民”，把无法实施数字化改造的很多未知事物，如弦、暗物质、负能量、真空零点能等，称为“数字化难民”。这些形象的称呼有助于描述和理解人造系统走向智能过程中的不同状态，如图 1-12 所示。

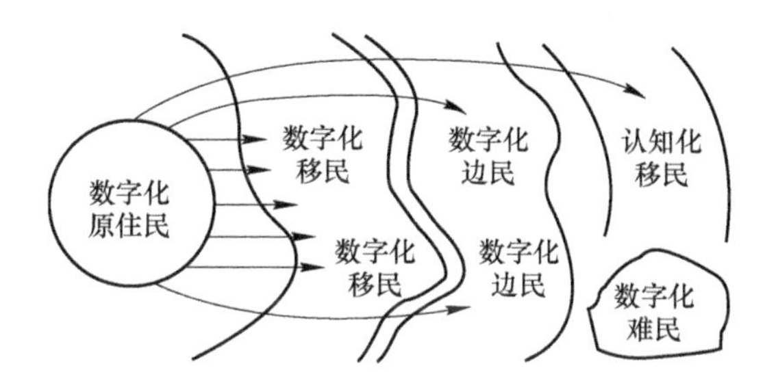

图 1-12 数字化原住民-移民-边民-难民示意图

在数字化原住民的引领下，一场物理实体设备的数字化移民运动正在如火如荼地进行，“新两化融合”随时、随地发生：实体赛博化，赛博实体化。**新两化融合的具体落地形式，就是把诸如芯片（含软件）等各种计算内核，不断地叠加和融入物理实体设备中**。

赛博系统，为控制而生，因遥控而兴，由数控而盛，藉网控而智能。CPS 既可以平行于互联网而发展，也可以借由赛博系统与互联网相互融合。从技术上说，赛博系统各有自己的唯一识别地址（ID），彼此互联组成 CPS，可以多路径发送和接受信息，因此 CPS 完全可以自我发展成一个独立于互联网的物联网体系。究竟是依托互联网优势兼容 CPS，还是依托工业控制优势兼容互联网，已成为美国、德国在新一轮工业革命中进行较量的终极武器。

CPS 所涉及的研究内容，不是纯机械、纯电子、纯网络、纯软件等学科的内容，而是跨界的、综合性的研究内容。本节仅仅是对其做了一个基本概述，其未来发展不可限量。作者认为，未来的教材和学科划分，都有可能会因为 CPS 的出现而随之修订，以适应走向智能的大趋势。

三体交汇 大知识时代来临

伴随着数字虚体世界的崛起与发达，金字塔知识体系从 DIKW 发展到 BDICKS，重新改写了知识发生学，即从经典的二体世界产生知识，发展到全新的三体世界产生知识。我们把三体世界产生的知识总和称为大知识。大知识的产生机制如下：

- ▶ 极大地增加了意识人体与物理实体的交互频次，在 DIKW 体系中产生更多新知识。
- ▶ 意识人体与数字虚体的互动，让更多的知识进入数字虚体，持续积累并且永久存在。
- ▶ 数字虚体与物理实体的互动，产生了更多大数据（实际是大信息），从中可以提炼出越来越多的知识。
- ▶ 未来，人造系统可以在 BDIKSW 体系中自动产生知识（知识工作自动化）。

由此，在 PCS、CCS、CPS 三个界面上，知识正在以惊人的速度不断产生。大知识时代即将来临！

IBM 在 2015 年 7 月宣布研制出了 7 纳米线宽的芯片，由此，芯片的集成度将会大幅度增加。摩尔定律在今后很多年仍然继续有效。知名风投公司软银也给出了他们自己的预测：按照目前芯片发展的速度，30 年后的智能机器平均的记忆容量会是现在的 100 万倍，通信速度是现在的 300 万倍。在这个惊人的数字的背后，意味着人造智能机器的能力，终有一天会赶上或超过人脑。

在如此强大的计算能力的支持下，很多事物都发生了本质的变化，知识已经脱离了原有的大脑载体，成为了数字虚体世界中的模块化知识。一枚微型芯片，足以容纳大知识中的某些子集：如多语种、多行业的专业知识。模块化的、随时可以优化重组的、可以在互联网上任意传输的知识，形成了一种即时的、完全超越了耗时费力的人脑学习过程的知识获取能力。当大脑思考与记忆的机制研究清楚以及脑机接口的技术成熟之后，人们完全可以把微型化的智能数字装置，作为一个“智脑”植入人体，需要什么知识，就灌入什么知识模块。在“智脑”的帮助下，人与人之间，可以通过数字虚体和泛在的互联网，随时实现脑际之间的意识联接。大脑可以随时调用“智脑”中的知识，或者可以通过脑机接口随时从泛在网络上获取知识。到了那个时候，每个人都成为各行各业的专家将不再是梦想。

三体交汇，智能爆发。知识互联，创新必成。当所有的知识能汇总、联接在一起成为大知识时，无论何人、何时、何地，从任何终端进入，都可找到关于任何事情的知识与信息，这对于创新来说是巨大的激发与诱导作用。关于基于互联网的创新，将在第七章予以详述。

智能原理　客观规律

智能的两个基本原则

人造智能不仅要符合第一节的智能定义，还必须在意识人体空间和物理实体空间满足两个基本原则。

原则1：智能的结果是遂人愿，知人意。

——该原则在第二体层面上解答了“智能能做什么”的问题。**遂人愿是人造系统满足设计需求的最低智能；知人意是人造系统具有了感知和与意识人体协同的智能**。由于人的意愿是机器协同人，人控制机器，因此不能也不会出现机器控制人的失控现象。

原则2：原则1的结果必须合自然，顺天道。如不符，返回原则1。

——该原则在第一体的层面上解答了“智能向何处去”的价值取向问题。合自然，顺天道，即老子所说的“道法自然”。**人造系统顺应自然界的客观规律，与物理实体空间的所有实物共生共荣，是系统的最高智能**。

人造系统智能化是一个漫长的、波浪式前进、螺旋式上升的进化过程，从感知到认知，从本能到技能，从组织到自组织，由量变到质变，由无机系统到耗散系统，由非生命体到生命体，由实体化到数字化，由数字化到智能化，最终达到三体化一。

智能的三个进化路径

智能化是一个人造系统逐渐具有人造智能的过程，是一个三体边界逐渐模糊和融合的过程。智能化的过程，不是臆断而是客观，不是突变而是渐变，不是革命而是进化，不是随机而是循规，智能化的最终结果，有可能让数字虚体完全摆脱人类的思维意识模式，获得平行于人类意识而独立发展的机会。

以下作者分别给出了物理实体系统、数字虚体系统走向智能的几个进化路径。

物理实体系统实现智能化的三个进化路径

第一进化路径：数字化移民，在物理设备中嵌入数字化计算内核。

——嵌入式系统的发展，从早期非数字化元器件的嵌入，已经迅速发展到了数字化的计算内核的嵌入。

实现方式：意识提炼知识，知识嵌入软件，软件嵌入硬件，形成计算内核，计算内核嵌入物理设备。计算内核与物理设备的关系：分立→叠加→嵌入→融合→一体。

未来目标：**数字化一切可以数字化的事物**。

凡是能嵌入计算内核的物理设备，都会形成赛博装置，变身成为数字化移民。数字化移民的数量和种类正在以前所未有的速度激增。

第二进化路径：要素网络化联接，形成广域比特化数据通道。

——物质世界中的要素联接正在所有的领域内和领域之间发生。

实现方式：首先是物质（机械，如导线）连接，其次是能量（物理场，如传感器）联接，然后是信息（数字，如比特）联接，最终是意识（生物场，如思维）联接。

未来目标：**网联一切可以联接的事物**。

唯有互接，赛博装置才能发展成为赛博物理系统（CPS）；唯有互联，才能打通比特化数据流通道，搭载数据、信息与知识，实现计算、控制和决策。万物互联，既是智能化的路径，也是智能化的结果。

第三进化路径：主体认知化，形成三体大知识交互能力。

——加速知识流动，知识泛在引发智能爆发。

实现方式：嵌入数体智能，建立智能认知引擎，吃进数据，挤出知识。

未来目标：**自动知识创新，模糊三体边界**。

一个仅仅拥有嵌入式芯片的人造系统还谈不上智能物，顶多就是一个可以进行远程联网控制的物件而已。而一旦这个人工系统嵌入了数体智能，那么它就被"赋予"了认知的主体性，必然是一个崭新的智能控制设备。这样的设备将通过各种联网（互联网、物联网乃至未来的体联网、脑联网等）自由地调取整个人类意识空间、数体空间的大知识和"云智能"。未来，泛在的大知识如同水、燃气和电一样，将成为人类、数字体乃至智能物三类智能主体共存的世界运行的基本要素。

数字虚体系统走向智能的三个进化路径

数体规模：数字系统（分立→叠加→嵌入→集成）→数字空间（扩展→联接→聚合→融合）→数字世界→数字宇宙。未来的数字虚体世界，要把现存的数字化孤岛、信息碎片都联接起来，数体规模会从目前数字系统中的少量小型数字空间，逐渐膨胀、扩展，形成一个无界无限的、人类（和/或数字智能体）可以编辑操作的数字世界。最终，数字世界中将建立多维的、独立的运行规则和秩序。

数体内容：零散数据→大数据→部分映射第一体→部分映射第二体→全部映射第一体和第二体（包括意识）→在数字世界中创造出完全独立于人的意识的数字造物。

数体认知：第一次认知革命（0/1 数字爆发）→第二次认知革命（形成独立的自我意识和数体人格，可以评价"它体"）→第三次认知革命（创造新概念，虚构人类未必能理解的独立概念）。

三个数体进化路径最终都指向一种具有完全、独立的认知主体意义的数字智能体及其所存在运行的数体空间，它与有史以来人类智能及其所存在的意识空间完全不同，也不同于作为人类意识空间延伸的早期数字化空间。

三体智能模型，蕴含了人造系统智能发展和数体智能发育的成长规律，将成为人类所有活动应该遵循的基本原则和发展路径。未来所构建的智能社会，应该可以汇聚全人类的生存智慧，以智能化的顶层设计，较好地解决人造系统的发展与人类自身发展中所产生的各种问题。

数体智能　正在向人类招手

在第一次、第二次工业革命时期，机器都是哑设备。数字虚体尚未诞生，只有第一体、第二体相互作用。机器不智能，就需要人去适应机器，把人脑意识中的智能补充进去，否则无法实现较为快捷的生产。因此在早期的生产过程中，人很劳累且缺乏安全保障。机器操作效率高，但是不智能的机器极不安全，例如操作冲床时可能会轧手，这就需要人的手、眼和动作高度紧张配合（即人的智能高度参与），才能保证不出工伤事故。但因为人易疲劳，导致早期的机器工伤事故频发。

机器作为产生执行动作的工具，电脑作为计算的工具，原本一直各自独立发展。直至21世纪初，二者开始交融，承载了数字虚体的赛博设备开始嵌入物理实体，CPS技术日益成熟。同时，电脑的互联诞生了互联网，也随之诞生了网络上的人类意识的各种数字化复制品。

第三次工业革命以来，技术发生了革命性的进步，传感器、PLC、电脑、网络等赛博设备海量出现，数字虚体面世，二体演进变成三体交汇，机器逐渐具有了类似人的某种感知，例如安装了多种传感器的冲床具备了初级智能，可以自动判断工人的手的位置是否在冲裁区域，有效地避免了轧手事故。

大约30年前，企业普遍开始使用各种CAX/OA辅助软件。人的意识作为算法和知识嵌入了软件，将软件嵌入硬件，数字虚体开始爆发，人工智能诞生，认知计算成形。现在诸如IBM沃森等人造系统已经具有了一定的认知能力。

在当今的企业里，工业领域中的专利知识、Know-how等独家秘方，基本上还都没有进入软件，普遍以个人意识空间中的认知智能的形式，存在于部分核心技术人员脑海里。知识停留在意识空间，难以在人际间形成传播网络，无法顺畅交流和即时联接使用。

因此，工业企业的关键价值还是基于人脑意识空间的生物记忆的，是人格化的。任何几个关键技术“大拿”调离、病残或出走，多年辛苦积累的知识和附着在意识人体上的智能就随之消失了。究其原因，是因为在数体空间里没有建立可靠的第二体的数字孪生，缺乏合格的数字代理人。其实德国工业 4.0 战略的根本目的，就是让工业企业普遍形成适合企业自身特色与发展的数体智能，让企业知识最大限度地转移到数体空间，并形成知识泛在。

如同在七万年前人类第一次认知革命导致了人类语言爆发，现在数体空间的数字语言0/1 也已经呈现出爆发的状态。今天，数体已经开启了具有里程碑意义的第二次认知革命旅程，向着具有自我意识的远景目标大踏步前进。未来，当具有自我意识的数字智能体可以独立于人类意识、自我构建全新的概念、用自己的数字理念来自由造物时，真正的数体智能就横空出世了。具有数体智能的数字虚体，可以成为人类的数体助理和数体伙伴，可以代替人类来操作绝大部分智能场景的工作。

数体智能，已经在遥远的前方，向我们招手。

未来，在数体智能的支持与协助下，在绝大多数的人类活动中，人体意识的参与程度将会逐渐降至一个较低的程度，而数字虚体和物理实体的智能参与程度将大大提高。各种人造系统基本上都实现了自动化、自主化的自治运行。人的劳动力、想象力和创造力将获得极大的解放，可以有更多的时间和精力来考虑人类命运共同体、智能世界的秩序、人类星际转移等重大社会命题。遵循三体思维，运用三体智能模型，有可能从根本上提升人类解决人与人、族与族乃至国与国之间问题的智能水平，为人类全面走向智能社会铺平道路。

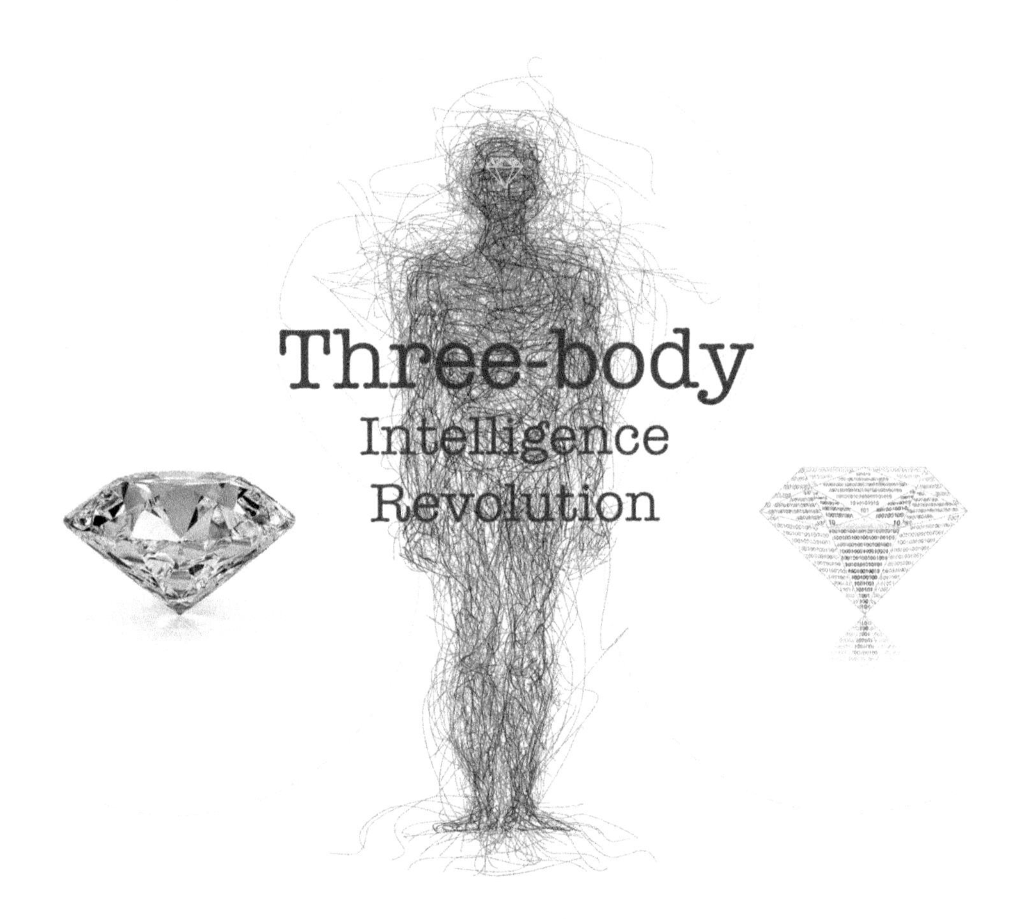
Three-body
Intelligence
Revolution

Chapter 2

第二章 电脑崛起

智能的核心是思维，一切思维不过就是计算。

——霍布斯

在三体智能中，人脑是“意识人体”的核心，电脑是“数字虚体”的核心。在人脑与电脑之间，存在相互作用的连接线，从人脑到电脑是“数字建模”，从电脑到人脑是“学习提升”。

——本书作者

从人脑到电脑

思维 人类智慧来源

什么是智能？能感知状态、能记忆知识、能思考问题、能决策执行、能学习提升……，智能的核心是思维。

人类的社会活动分为物质活动和精神活动。物质活动分为认识世界和改造世界两种，在人类历史的发展中是劳动创造了人类自身。人类智慧也是在劳动中产生。在刀耕火种的时代，人们就知道了用“石头相互碰撞来点火”，从中国的四大发明到西方的文艺复兴和工业革命，处处闪耀着人类智慧的光芒。

人类在认识世界和改造世界的过程中，需要不断地判别“有、无、实、虚、是、非”，现实世界中“有与无”相对，“实与虚”相对，“是与非”相对。在逻辑上，“有、实、是”对应“真”，“无、虚、非”对应“假”。

为了方便地指称事物，并表达对事物观察的结果，人类发明并采用了一套符号体系。人们使用符号体系来进行推理运算，能使人们的认知活动更加严谨与周密。这套符号体系的固化和反复运用形成了人类的思维活动，它是内部心智对外部形式和意义的把握。

人类自身的存在是具体的，人类的知识传承是一代一代延续的，我们对世界的把握不可能不渗入上辈人的知识痕迹，因而我们不能完全地把握世界的本来面目，即我们的才能是有局限的。我们认识到了感觉、知觉在面对世界整体时全面把握时的局限，意识到了人类认识的局限，在发现这种局限的过程中促使我们勇于不断探索，寻找更加科学的方法，以达到解决这一问题的目标。人工智能是现代科学发展中的一项重要成果，也是人类在对自然世界改造过程中产生出来的，是人们长时期认知世界的知识与能力的延伸。从几千年前发明算盘，到 70 年前发明第一台电子计算机，以及当今谷歌的阿尔法狗机器人，都是人类在延伸自己认识世界改造世界的工具，这些工具越来越强大，逐渐替代了一些人类的活动，增强了人类智慧。

逻辑 人脑思维方式

人的大脑是人与生俱来的思维器官，历经数百万年的进化才使我们拥有了不同于地球上其他生物群体的大脑和思维能力。人类社会的语言是在人类社会的交往之中产生的，这些语言丰富且具有内涵，我们看下面一组语言：

- ▶ 我累了，休息。
- ▶ 这件衣服很漂亮，我决定买下。
- ▶ 如果我们大家肯原谅，她就能振作起来。
- ▶ 如果武松不把老虎打死，那么武松就被老虎吃掉。

这几个语句虽说实指意义不一样，但它们的思维形式结构却是完全相同的。在探究人类的思维形式结构时，可表示为命题存在的蕴涵关系，是从理由推导出结果的关系存在，它们的逻辑结构为：

$$p \rightarrow q$$

对这样一个逻辑结构关系存在的关系式，也称为逻辑常项。逻辑常项是思维形式结构中的不变部分，它决定思维的逻辑内容。逻辑变项是思维形式结构中的可变部分，它容纳思维的具体内容。

如“所有S是P”这一全称肯定命题的思维形式结构，其中“所有”“是”是逻辑常项，表明该命题具有“全称肯定”的逻辑内容。这里“S”“P”是逻辑变项，可以代入不同的具体思维内容，并存在真假。

又如“如果p，那么q”这一充分条件假言命题的思维形式结构，其中“如果”“那么”是逻辑常项，表明该命题具有蕴涵式的逻辑内容，即前件真则后件真，并非前件真而后件假。“p”“q”是逻辑变项，可以代入不同的具体内容，并存在真假。

在逻辑运算过程中，逻辑命题的各种相互关联有条件关系，从前提与前提的关系中得出结论的过程就是推理，其结论是真或假，对真假值用 0、1 写出，称为“真值表”。

当我们对中国传统哲学《易经》中的符号“六（阴）、九（阳）”转换为二进制的判定关系时，范畴词“否”的逻辑真值则为：“真真真假假假”，用数字表示真值为：“1 1 1 0 0 0”，成为一个具有条件关系的真命题。

现代逻辑中对逻辑命题进行判定的真值，在现代教科书及科研著作中除了少数人用字母“T”“F”表示外，大多数人都使用“0”“1”，因为“0”“1”就是二进位制的两个基本数，现代演算工具——电子计算机的运算功能就是以现代逻辑为基础的，它的电路被称为逻辑电路，也是满足二进位制运算要求的，从这些关系的存在中我们看到，逻辑命题、逻辑真值、二进位制已经成为一个严密的整体。

这里，我们介绍世界学术史上的一个重要历史事件，世界著名哲学家、逻辑学家莱布尼茨（1646—1716 年），在他以《论中国哲学的基本观念》为题，寄给好友雷蒙的一封长信中，就明确地指出他自己是在四进位制的进位序列中，发现了二进位制的规律并给予二进位制的演算方法的，当他看到在中国传教的传教士鲍威特寄给他的中国古代典籍《易经》之后，对《易经》图形规律与他发明的二进位制规则有着先天性的吻合：确认“--”为二进位制中的“0”，“—”为二进位制中的“1”。这是对《易经》中的符号规律的认定。他的这种观点到现在已经有了三百余年的历史，莱布尼茨数形结合的哲学思维方法，对数理逻辑思想的确立起到了至关重要的作用。

科学家们对数理逻辑的研究和发展为电子计算机的二进制运算规则以及程序设计奠定了重要基础。

程序　从人脑到电脑

第一台电脑和程序

1946 年 2 月 14 日，由美国军方定制的世界上第一台电子计算机“电子数字积分计算机”埃尼阿克（Electronic Numerical Integrator And Calculator, ENIAC）在美国宾夕法尼亚大学问世了，如图 2-1a 所示。ENIAC 是美国奥伯丁武器试验场为了满足计算弹道需要而进行研制的，它的问世具有划时代的意义，表明了电子计算机时代的到来。

中国对电脑的研究起点也比较早，在 1952 年，国家就成立了电子计算机科研小组，由时任中国科学院数学研究所所长华罗庚负责。高级工程师张梓昌于 1958 年成功研制出 103 计算机，其运算速度达每秒 3000 次。张效祥教授于 1959 年成功研制出 104 计算机，每秒运行 1 万次。夏培肃院士自行设计的 107 计算机于 1960 年研制成功，如图 2-1b 所示。103 和 104 是模仿苏联计算机研发的，而 107 则是我国完全自主研发的一款计算机。中国科技大学以 107 计算机为基础，编写了《计算机原理》和《程序设计讲义》。

让人想不到的是，世界上第一个程序是由一位女科学家 Ada Lovelace（1815—1852，她是著名英国诗人拜伦的女儿）于 1842 年编写的，而且是在第一台电子计算机出现之前就有了，这段程序比电子计算机早诞生了 104 年，她被广泛地认为是有史以来第一位程序员。

恰好在第一个能被称为计算机（非电子计算机）的真正机器上，Ada 于 1842 年编写了世界上第一个程序代码。这段代码是为查尔斯 · 巴贝奇的分析机写的，当时 Ada Lovelace 看到了巴贝奇机器的潜力，产生了可编程的计算机的念头。这个程序用于让巴贝奇分析机计算伯努利数字序列，同时她描述了怎么把大量的穿孔卡片作为程序输入。

程序是什么？从人的角度来讲，是帮助人们求解问题的工具；从电脑角度来讲，程序是电脑运算规则，程序在电脑执行过程中是通过逻辑电路来实现的。

人脑与电脑——头大智商高？

对比人脑与电脑进行信息处理的过程（图 2-2）来看，从智能系统的五个特征上分析，二者完全一致。第一步状态感知，电脑通过键盘、鼠标、摄像头、扫描仪、话筒等进行状态感知和数据采集，并传送到电脑处理器中。第二步实时分

a) 世界上第一台电子计算机ENIAC

b) 中国自主研发的107计算机

图 2-1　世界第一台电子计算机和中国研发的 107 计算机

析，电脑对输入的信号、语音、图像、文字等进行分析、加工、筛选等。第三步自主决策，根据分析结果，决定抛弃哪些数据，存储哪些数据，决策是否进行相应的其他处理。第四步精准执行，如果需要进行其他处理则电脑下达指令，自动执行相关命令，比如存储数据，或者反馈控制摄像头的角度等。第五步自主学习，电脑在初级阶段主要存储数据，在智能计算阶段，电脑每次可以自动选择存储和学习历史数据，经过分析之后形成知识体系和相应的判断性结论，供今后采用。

众所周知，电脑性能高低的主要两个指标是：计算能力和存储能力。CPU 越强大计算越快，硬盘容量越大则存储数据更多。对比人脑，是否就是“头大智商高”呢？有人智商高，有人智商低，到底谁是最强大脑？

人的大脑是中枢神经系统的最高级部分，也是脑的主要部分，相当于电脑的主存储器和主 CPU，分为左右两个大脑半球，二者由神经纤维构成的胼胝体相连。成人的大脑皮质表面积约为 1/4 平方米，约含有 140 亿个神经元胞体。人的大脑每天能记录生活中大约 8600 万条信息，据估计，人的一生能凭记忆储存 100 万亿条信息，每一秒进行着 10 万种化学反应，大脑神经细胞之间的神经冲动传导最快速度可以达到每小时 400 多公里。

那么，人的智商高低与大脑有什么关系呢，是不是“头大智商高”呢？专家们就分成了赞同派和反对派。一部分认为：大脑的构造方式才是解释智商高低的

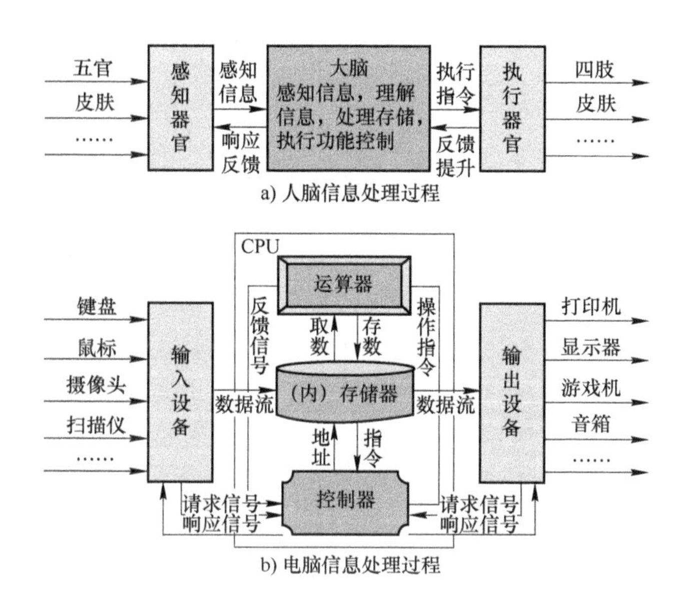

图 2-2　人脑与电脑的信息处理过程比较

关键点；另一部分认为：脑容量大的人智商高。至今的研究表明：似乎智商高低与脑体积和脑构造都有关系，哪个方面起主要作用仍没有定论。正如电脑一样，到底是不是单独容量大的或单独 CPU 强的就好呢？答案不一定，除了硬件本身之外，电脑的性能还取决于软件的性能和使用场景的需求。

程序逻辑运算

到底如何把人们大脑的思维方式转化为电脑的计算方式呢？冯·诺依曼计算机结构中指出，运算器的功能由“逻辑门”来具体实现，只要使特定电路的输出端按照输入端的状态变化，就能实现各种逻辑运算，从而实现“加法”，继而实现减法和乘除法等。

如图 2-3 所示，以二进制的两位数加法为例，可以用如下两种表达方式，二者具有对应关系。在计算机中采用逻辑门电路来实现，当数据 A 和 B 的脉冲到来时，逻辑门进行相应的开关动作，当没有进位时直接输出和 S，当有进位时需要输出进位标识位 C。

对照人脑计算采用的真值表，当 A 和 B 都为 0 时则输出 0；当其中一个为 1，

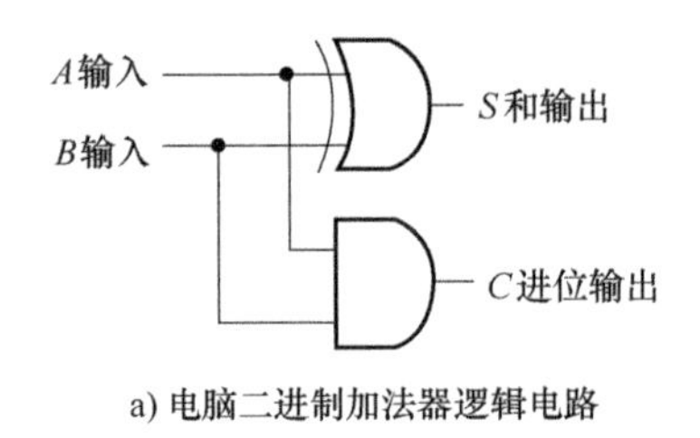

a) 电脑二进制加法器逻辑电路

输入		输出	
A_i	B_i	S_i	C_{i+1}
0	0	0	0
0	1	1	0
1	0	1	0
1	1	0	1

b) 人脑计算的真值表

图 2-3　电脑逻辑电路图和人脑计算的真值表

另一个为0时，则输出1，无进位；当A和B二者都为1时，则输出进位标识C为一位。

从人脑的角度，用自然语言理解的方式来写推理过程，则为（注：双斜杠“//”后面内容表示对程序的注释说明）：

```
IF -A，-B THEN -S，-C；//如果 A 假(0)，B 假(0)，则和 S 为假
IF -A，B THEN S，-C；//如果 A 假(0)，B 真(1)，则和 S 为真
IF A，-B THEN S，-C；//如果 A 真(1)，B 假(0)，则和 S 为真
IF A，B THEN -S，C. //如果 A 真(1)，B 真(1)，则进位 C 为真
```

如果采用电脑运算器的方式来计算，实现该加法运算的汇编代码片断如下：

```
BEGIN://程序起始标志
MOV DS，A   //把数据 A 赋值给数据寄存器 DS
ADD DS，B   //把数据 B 与 DS 相加，结果存 DS
JC，SS1     //如果有进位，跳转到 SS1 执行
JNC SS2     //如果无进位，跳转到 SS2 执行
SS1：MOV CS，1H //给进位寄存器加 1
SS2：//不做动作，直接结束
END//程序结束标志
```

人脑与冯·诺依曼计算机的最大区别在于：人脑中每个神经元的数据输入来源和输出去向都是相对固定的，都指向其他神经元。单个神经元将永远只执行单

一任务或参与少数几个任务。每个神经元相当于功能专一的运算器，人脑中这样的运算器有超过 100 亿个，它们都只能处理来自某个局部空间的信息，而非某个加减乘除运算，其输出的结果只能被特定的其他运算器使用。

类脑 人造大脑计划

自从人工智能产生以来，科学家们一直都在尝试让电脑模拟人脑，希望制造出类脑系统。2015 年 6 月，一组科学家宣布他们创造出了第一个功能齐全的人脑神经元。这项研究成果发表在期刊《生物传感器和生物电子器件（Biosensors and Bioelectronics）》上。在研究中，科学家们将蛋白质生物传感器与电子离子泵连接在一起，创造出了一个“人造神经元”，如图 2-4 所示。

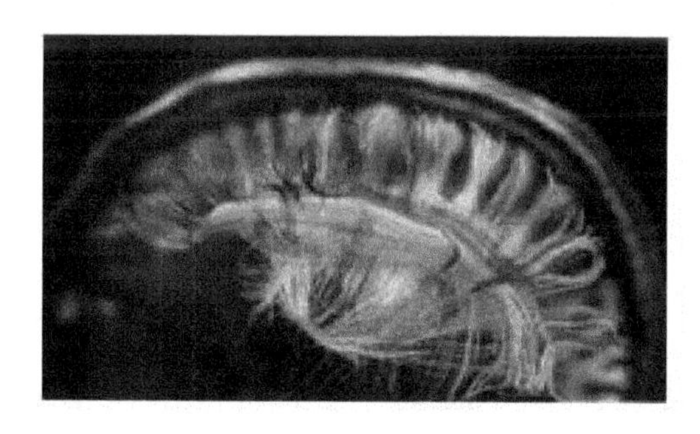
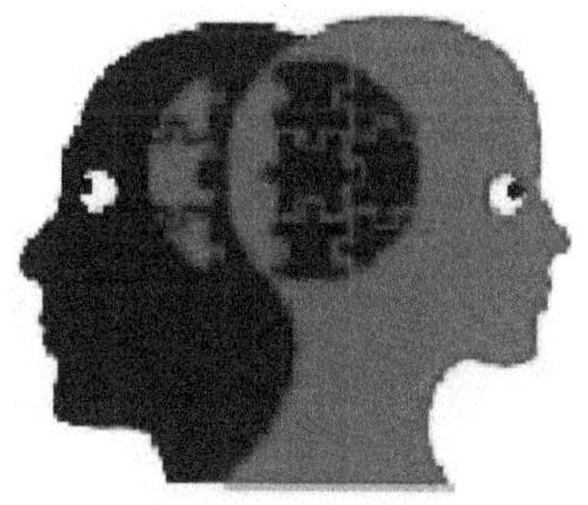

图 2-4 人造神经元

这种神经元能够模拟人脑细胞的功能，包括将化学信号转变成电信号以及与其他细胞交流。这个研究带来的远景希望是，将这些神经元植入人的大脑中，能够修复多种疾病所带来的损伤。

2015 年 9 月，著名期刊《自然（Nature）》杂志发布了一项“人类连接组计划”，这是一项大工程，旨在绘制 1000 多个活人的脑细胞之间的连接地图，以期揭开大脑连接与性格特征之间的联系等。

2013 年，苏格兰的研究人员利用 3D 打印技术，首次对人类胚胎干细胞进行了 3D 打印，研究的相关论文已发表在《生物制造（Biofabrication）》上。实验证明，超过 95% 的干细胞在被“打印”出 24 小时后仍能存活，超过 89% 的干细胞在

3 天后仍具有多能性，能够分化出多种细胞组织。

2013 年，欧盟启动 10 亿欧元“人类大脑计划”，侧重以超级计算机技术模拟脑功能，绘制脑联接图谱；同年，美国总统奥巴马宣布启动投资 30 亿美元的“大脑基金计划”，重点研发新的脑研究技术。

在中国，百度正在推进一个名为“百度大脑”的项目，利用计算机技术模拟人脑，已经可以做到 2～3 岁孩子的智力水平。

2016 年 3 月，IBM 研究院的科学家宣布研发出了类脑计算机，可以用于执行深度学习的逻辑推理任务。该计算机是一个基于神经突触芯片“TrueNorth”的可扩展平台，其计算能力相当于 1600 万个神经元和 40 亿个神经突触，在语音识别和图像处理方面，其效率比传统芯片高很多。IBM 认为，认知时代已经来临。

图 2-5 所示为 IBM 类脑计算机系统，其具有以下四个特点。

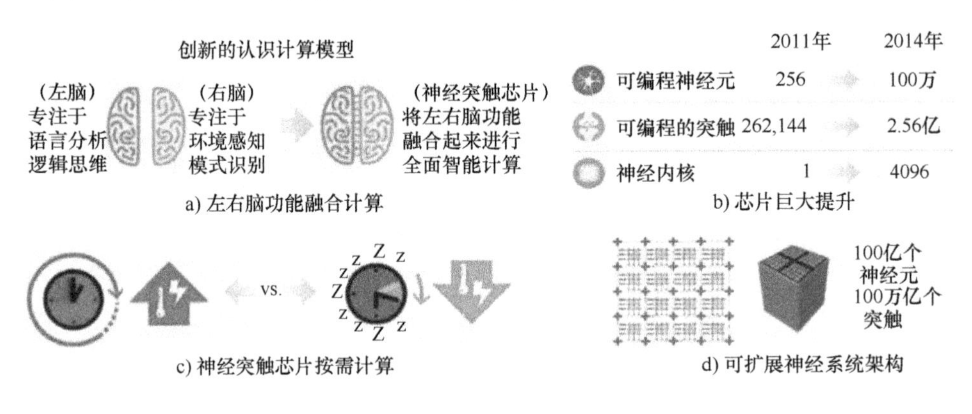

图 2-5　IBM 类脑计算机系统

1）左右脑功能融合计算。在模拟人脑的传统计算机架构中，分为左脑和右脑两部分，左脑专注于自然语言理解和逻辑分析思维，右脑专注于感觉和模式识别。而 IBM 则希望将左右脑功能融合在一起，以期提供更加智能的计算。

2）芯片巨大提升。从 2011 年最初的第一代到 2014 年推出的第二代 TrueNorth 系统，在硬件上取得了巨大的飞跃。其可编程的神经元由 256 个增加到 100 万个，可编程的突触由 262144 个增加到 2. 56 亿个，神经内核由 1 个增加到 4096 个。

3）神经突触芯片按需计算。在运行方式上，传统芯片只要开机就全天候一直运行，而神经突触新芯片从本质上进行了改变，实现了“按需计算”，只有在事件驱动时才会运行，这大大降低了能耗。

4）可扩展神经系统架构。IBM 类脑系统是一个由神经突触核心组成的可扩展的网络系统，集成了计算、内存、通信功能。IBM 的长期目标是构建拥有 100 亿个神经元及 100 万亿个突触，但同时只消耗 1 千瓦、占用空间不到两本书大小的神经芯片系统。这些系统将被用于公共安全、家庭健康监护等多个领域。

人脑与电脑的智力比拼已经开始，智能计算时代已经到来，谁能取得最终胜利，让我们拭目以待。

电脑崛起之路

硬件 摩尔定律驱动

世界上第一台数字电子计算机 ENIAC 占据了整个房间大小。它使用了 17468 个真空电子管，耗电 174 千瓦，占地 170 平方米，重达 30 吨，每秒钟可进行 5000 次加法运算。

在 ENIAC 出现后的几十年里，由于集成电路技术和电子元器件的快速发展，使得计算机得到突飞猛进的发展，体积和能耗大大缩小，功能大大增强，应用领域大大拓宽。目前已经从个人电脑（PC）发展到平板电脑（Pad）和智能手机了。电脑和手机已经广泛应用于人们工作生活的方方面面。

计算机的发展至今经历了电子管数字计算机、晶体管数字计算机、集成电路数字计算机、大规模集成电路计算机四个时代，目前正在进入第五个智能认知计算机时代，如图 2-6 所示。

1965 年，Intel 联合创始人戈登·摩尔提出了他著名的理论：在价格不变的条件下，集成电路上可容纳的电子元器件数目大约每隔 18 ~ 24 个月增加一倍，同时其性能也提升一倍。这条理论揭示了信息技术高速发展这一现象，这就是著名的“摩尔定律”。

对于摩尔定律，硅芯片行业把它作为一个重要的规则，作为整个行业努力的

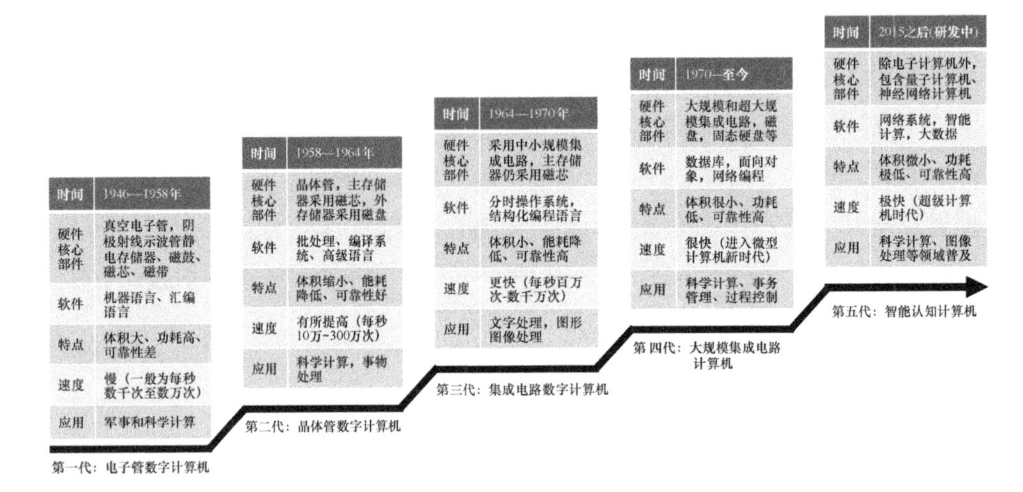

图 2-6　计算机正在走向智能认知计算

目标，接下来的几十年中一直遵循这个目标在发展。到了 2000 年，几何比例的增长已经到头了，但是采用各种先进的技术手段，分别在 90 纳米、45 纳米、22 纳米的时间段发明了应变硅、分层堆积新材料、三栅极晶体管等，仍使得该行业的发展跟上了摩尔定律的步伐。

然而，更多的新技术正在受到瞩目，锑化铟、石墨烯等目前都已经证实了其代替硅晶片的可能性，其性能可能会更好。未来十多年，大规模扩展的可能性也存在，因此，集成电路的发展不再一定遵循摩尔定律。

2016 年 2 月，全球最知名的学术刊物《自然》杂志上一篇文章写道，即将出版的国际半导体技术路线图，不再以摩尔定律为目标了。芯片行业 50 年的神话终于被打破了。新的路线图不再是专注于芯片中使用的技术，而是将遵循一种称为“新摩尔定律”的规律，其中除了考虑处理速度和存储空间发展速度之外，还重点强调指出“电源模块、无线电通信模块、传感器模块等都要纳入考虑”，成为硬件发展的关键因素。摩尔定律与新摩尔定律如图 2-7 所示。

随着“新摩尔定律”路线图的出现，或许体积很小的“可穿戴设备”的计算和存储能力将会很快超过现在的手机和电脑的性能。另一方面，计算机将向“智能化”方向发展，智能硬件成为当前热门的研发高地。

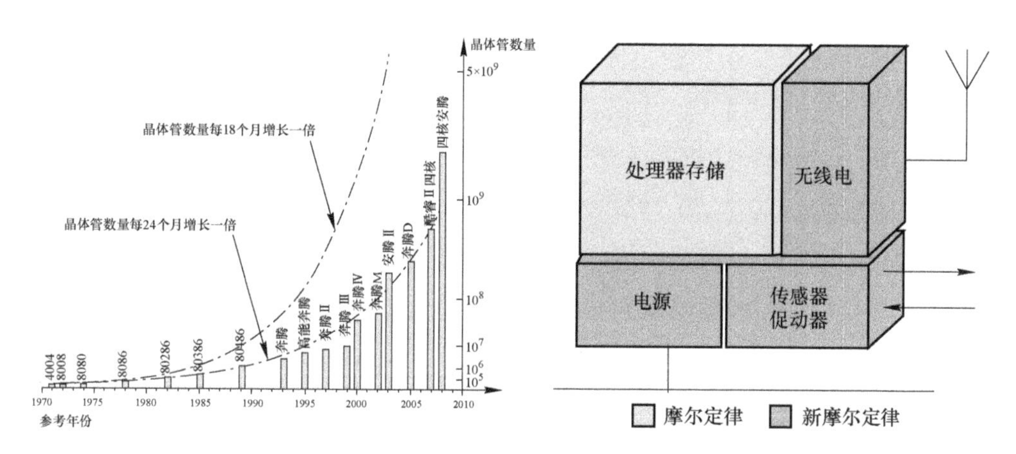

图 2-7 摩尔定律与新摩尔定律（图片来源：百度图片）

新一代智能计算机，将集成人工智能算法和机器人技术，具有知识表示和推理能力，可以模拟或部分代替人的智能，具有人机通信和理解的能力。当这一天到来的时候，也就是充分体现三体智能中“物理实体”“意识人体”“数字虚体”三体融合的时候。

软件 编程语言升级

SDX（软件定义世界）是当今最为流行的词语。如果说计算机硬件相当于人的躯体，那么计算机软件就相当于人体的功能器官，根据需要执行着各种不同的功能，没有软件的电脑就是一堆废铁，它无法完成任何计算或存储的功能，软件技术的发展使得计算机能够“活起来并广泛用起来”。

计算机软件分为三个层次，最底层的基础软件是操作系统，然后是开发工具和服务平台软件，最后是各种实际应用程序软件，如图 2-8 所示。

图 2-8 计算机软件分层结构

操作系统让电脑“动起来”

操作系统是整个计算机的系统的“管家”，它负责整个电脑上所有程序的资源调度和功能管理，相当于人脑的决策和支配功能，负责把信号传输到各个执行机构，监督跟踪其执行情况。就像人脑在逐步进化一样，操作系统也在快速发展，由传统的桌面操作系统到服务器操作系统，目前已经发展到移动手机操作系统和网络操作系统。

2014 年 9 月 26 日凌晨，在北京三里屯的苹果专卖店门口，“果粉”们彻夜排队抢货，苹果公司那天在大陆售卖 iPhone6。每当苹果上市一款新的智能手机或平板电脑时，三里屯苹果专卖店就排队火爆，这部分归功于苹果产品优秀的软硬件系统，其中 iOS 系统性能卓越，操作流畅，得到“果粉”们的青睐。

不同人的思想并不一样，不同电脑设备的系统也不尽相同。在台式机和服务器领域，目前主要有 Windows、Linux、Mac 等操作系统。Windows 是微软公司开发的桌面操作系统，Linux 则是开源操作系统，Mac 是苹果电脑的操作系统。在智能手机和平板电脑方面，目前主要有 iOS、Android 操作系统。这些操作系统正如人的思维模式一样，有的保守，有的开放，各自拥有不同的粉丝。

那么，操作系统的核心功能到底是什么呢？简而言之是“让电脑动起来”，操作系统是一个管理与调度“硬件部件”和“应用程序”的基础平台。在三体智能中，操作系统类似赛博空间中的制造执行系统 MES（Manufacturing Execution System），是企业生产制造过程中的重要管理系统，缺失了操作系统，电脑和工厂设备将无法动弹。

平台软件让电脑“活起来”

平台软件包含开发工具和服务软件，比如各种编程语言、各种数据库服务器、各种提供二次开发接口的网络服务系统。这些平台软件为电脑真正走向实用提供了基础性环境。

自从第一个计算机程序出现，编程语言已经经历了“面向机器→面向过程→

面向结构→面向对象→面向网络”的发展历程，逐渐从低级向高级语言发展，随着人工智能时代到来，下一步，“智能化编程”已经提上日程。软件编程语言的发展历程如图 2-9 所示。

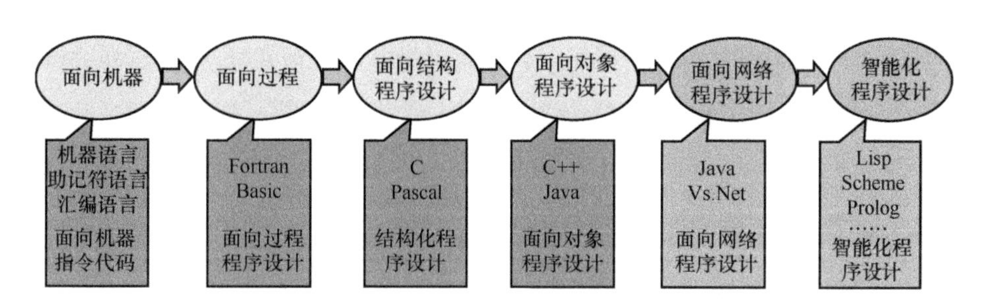

图 2-9 软件编程语言的发展历程

“机器语言”是一种采用二进制代码来表示计算机执行动作和操作数据的指令的集合。程序设计人员通过计算机的硬件结构来赋予计算机操作功能，因此，不同型号的计算机由于硬件结构不同，其机器语言也很可能不同。用机器语言编写程序，要求程序员首先熟记全部指令代码和含义，编出的程序全部是 0 和 1 的指令代码，直观性差，容易出错。典型的机器编程语言是汇编语言，目前只有计算机生产厂家的专业人员使用，普通程序员都不再使用机器语言了。

“面向过程”是一种以过程为中心的编程思想，其关键在于：根据问题需求，分析出解决问题所需要的若干步骤，并用函数把这些步骤一步一步地实现，在编写程序时一个一个依次调用这些函数就可以了。典型的面向过程的语言有 Basic 和 Fortran 语言。

20 世纪 60 年代，结构化程序设计开始发展。早期的结构化编程语言包括 Algol、 Pascal、PL/I 及 Ada，结构化程序设计的重要原则是禁止使用 goto 跳转指令，对“编程思维”进行了规范，提出了典型的三种程序结构模式：顺序结构、选择分支结构（if... then... 系列）、循环结构（for... while...），并采用“子程序”的概念，对功能相对完整完善的程序，可以重复调用，减少相同功能的重复编程。典型的结构化编程语言是 C 语言和 Pascal 语言。

随着“面向对象”思想的出现，在程序设计领域也出现了“面向对象编程语言”。可以把任何事物（实体的或者虚体的都可以）都看成“对象”，任何对象都具备“属性”和“方法”，用属性描述对象的各种特征（包括静态特征和动态特征），用方法描述对象具备的功能和操作。这种思想的出现大大改变了传统的编程理念，使得人们把编程的注意力从繁杂的代码中解放出来，编程重点转向了“对事物本身的分析理解”，这样更加接近人们解决问题的思维方式。典型的面向对象编程语言有C ++ 、Delphi、Java 等。

随着网络的快速发展，出现了网络编程，提出了 Web Service 的概念，微软推出的 Visual Studio 系列编程工具集成了 VC ++ 、VBasic、VC#等编程语言，直接支持面向网络的编程。近些年，随着移动互联网的快速发展，基于手机操作系统（Android、iOS 等）的移动 App 编程也十分流行，这为计算机的网络化应用普及打下了基础。

然而，在人工智能时代到来的时候，“智能化编程语言”已经出现，早期的人工智能编程语言有 Lisp、Scheme、Prolog 等，它们支持逻辑推理范式，可以用简单递归的语法表达式来实现复杂问题的推理。在人工智能领域，人们期望“智能化编程语言”只需要通过简单的“建模和参数配置”，就可以实现复杂问题的计算求解，让我们拭目以待。

在平台软件中，有一类是专门提供运行环境的，比如 Apache 和 Tomcat，它们是一种容器，提供 Web 服务器和 Java 应用服务器。二者支持 html 静态网页解析，Tomcat 也支持 Asp、Jsp、Php 等动态网页解析。

应用软件让电脑“用起来”

计算机之所以能够得到快速普及，得益于运行于其上的各种各样的应用软件，比如 CRM（客户关系管理系统）、ERP（企业资源计划管理系统）、Email（电子邮件系统），以及各种各样的游戏等。

在文字处理、图像处理、日常事务处理等各个领域，都有多种应用软件。正是这些应用软件的使用，使得计算机真正代替了人类的部分劳动。

算法 人机大战兴起

人机世纪大战

2015年10月5日至9日，美国谷歌公司旗下的人工智能(AI)开发商“DeepMind”（位于英国）研发的围棋电脑软件“AlphaGo”（阿尔法狗）打败了职业棋手——欧洲围棋冠军樊麾，开创全球先河。在2016年3月举行的世界围棋冠军李世石与阿尔法狗的比赛中，李世石以1：4败北。

电脑围棋软件战胜了顶尖的围棋高手，一时间引发了人脑与电脑到底谁是“最强大脑”的讨论。

专业人士分析说，在以往采用的蒙特卡洛树搜索算法之外，阿尔法狗新加入了“价值网络”和“策略网络”两种深度神经网络算法，分别减少了搜索所需的广度和深度，靠着更精准的评估和更聪明的棋步选择，因此阿尔法狗的计算量只是20年前IBM“深蓝”计算机击败国际象棋世界冠军卡斯帕罗夫时的几千分之一。

让机器人学会思考，一直是人工智能研究者的目标。人工智能的研究课题涵盖范围很广，包括了逻辑基础、机器人控制、自然语言处理、图像识别、神经网络等许多研究方向。尽管有众多研究方向，但是其有一个终极目标，就是通过人类的研究和创造，最终让机器学会“思考”，赋予机器“思考的能力”，使传统机器成为“智能机器（Intelligent Machine）”。

在人工智能的发展过程中，“图灵测试”被称为人工智能的催化剂。阿伦·麦席森·图灵（Alan Mathison Turing，1912—1954年），英国数学家、逻辑学家，被称为“计算机之父，人工智能之父”。

1950年，图灵发表了一篇划时代的论文，文中预言了创造出具有真正智能的机器的可能性。由于注意到“智能”这一概念难以确切定义，他提出了著名的图灵实验：如果一台机器能够与人类展开对话（通过电传设备）而不能被辨别出其机器身份，那么可以称这台机器具有智能。

实验的过程为让人和机器分别位于两个房间，他们只可通话，不能互相看见。通过对话，如果人的一方不能区分对方是人还是机器，那么就可以认为那台机器达到了人类智能的水平。阿伦·图灵认为，如果一台计算机能骗过人，使人相信它是人而不是机器，那么它就应当被称为“有智能”。这算是对人工智能最初的定义。

算法促进人工智能发展

机器通过学习能够达到混淆人的程度，其核心技术在于人工智能算法。人工智能常用算法如图 2-10 所示。

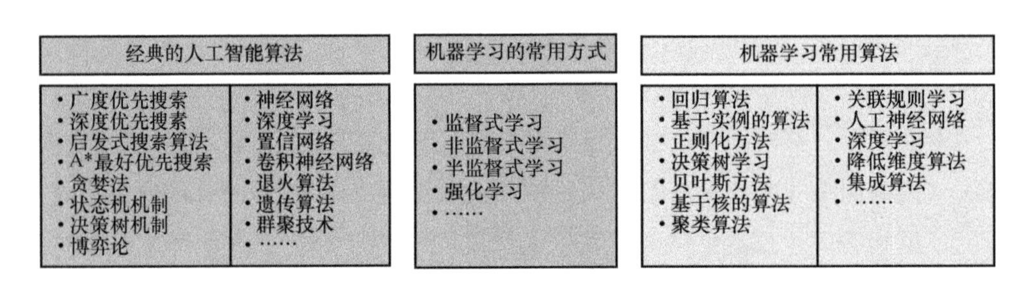

图 2-10 人工智能常用算法

机器学习的常用方式有：监督学习、非监督学习、半监督学习、强化学习。这些方式与人的学习方式类似，人也有自主学习（非监督学习）、非自主学习（非监督式学习）、半自主学习（半监督式学习）、强化学习。

在监督学习模式下，把输入数据作为“训练样本数据”，每组训练数据都会有一个明确的标识或结果，如对手写数字识别中的“1、2、3、4、5、6、7、8、9、0”等。监督式学习过程中，每次将预测结果与“训练样本数据”的实际结果进行比较，根据差别来不断调整模型，直到达到预期的准确率为止。

在非监督学习模式下，数据并不需要被特别标识，建立学习模型的目的是为了推断出数据之间存在的一些内在结构。在半监督式学习方式下，输入样本数据则部分被标识，部分没有被标识，算法首先尝试对未标识数据进行建模，然后再对标识的数据进行预测。

在强化学习模式下，输入数据不仅仅是作为一个检查模型对错的方式，而是直接反馈到模型，模型需要对此立刻做出调整。常见的应用场景包括动态系统以及机器人控制系统等。

20 世纪 80 年代，人工神经网络的反向传播算法被发明，也即 BP 算法（Back Propagation），这掀起了基于统计模型的机器学习热潮。早期的 BP 网络只含有一层隐层节点，是一种浅层的学习模型。

2006 年，加拿大多伦多大学教授、机器学习领域的泰斗 Geoffrey Hinton 在《科学》上发表文章，指出多隐层的神经网络具有优异的特征学习能力，更能够准确地刻画数据特征，并可以通过“逐层初始化”来有效克服多层学习的难度。这篇文章开启了深度学习的浪潮，在多层神经网络的输入到输出过程中，包含了多个隐性层，其中采用深层非线性复杂网络逼近算法，通过多次反馈学习，一直到满足计算精度为止。

类似人脑思维方式的神经网络学习模型如图 2-11 所示。

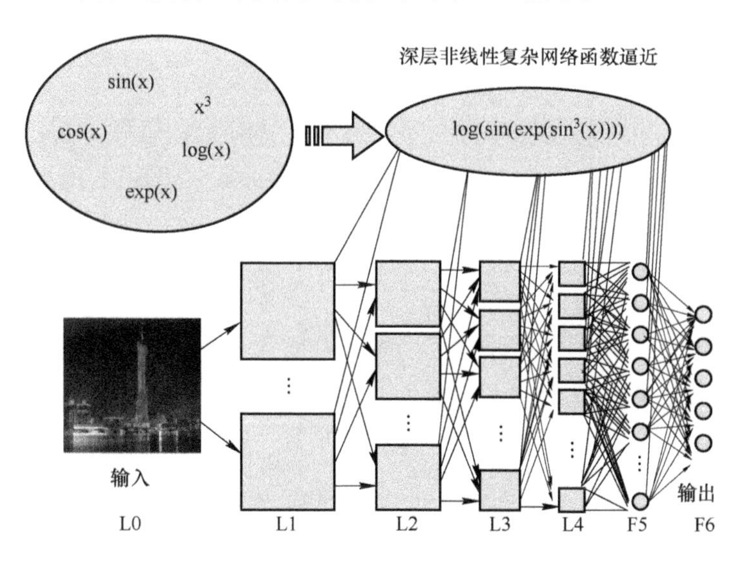

图 2-11 类似人脑思维方式的神经网络学习模型

人工神经网络、深度学习参考了人类思维模式，人脑和电脑的比较仍将继续，无论是最简单原始的“迷宫游戏”，还是当前炙手可热的“深度学习”，人们对算法的研究热情高涨。相信很快就会迎来下一场人机大战，结果如何，我们拭目以待。

网络 计算存储无限

2014 年 9 月 19 日，中国著名的互联网公司阿里巴巴在美国纽约证券交易所成功上市，成为历史上最大 IPO（首次公开招股）。开盘后大涨，总市值高达 2314 亿美元，市值已接近百度与腾讯之和，马云因此成为中国新首富。

一时间，中国乃至全球掀起互联网企业的发展高潮，BAT(百度、阿里、腾讯)成为互联网企业的典型代表，马云成为年轻创业者们效仿的目标。

在互联网领域，有个著名的梅特卡夫定律，它是描述网络技术发展规律的定律。梅特卡夫是 3Com 公司的创始人，梅特卡夫定律是指网络价值以用户数量的平方的速度增长。这个定律告诉我们：如果一个网络中有 n 个人，那么网络对于每个人的价值与网络中其他人的数量成正比。

自计算机诞生以来，计算机技术得到了快速的发展，但是传统的计算机局限在个人电脑领域，主要用于实验室科学计算和个人办公。随着因特网的出现，为计算机插上了腾飞的翅膀。TCP/IP 网络连接就像本地主板上的南桥/北桥和 IDE 总线一样，把遥远的若干机器无形中连接在一起，这大大扩展了计算机的计算能力和存储能力，使得在网络环境下的电脑不再只是局限于计算和存储。

网络的出现为电脑的发展迎来了网络计算时代。当把若干计算机都连接到网络中，就组成了一个更强大的电脑，可以进行网络计算。当单台电脑处理某件事务时间太久时，就可以分配一部分子任务到网络上的其他计算机处理；当单台电脑存储空间不够时，就可以把资料存储到云端的网络平台上。**在网络化时代，电脑的计算能力和存储能力不再是瓶颈，而是近乎无限大**。

与电脑类似的是，作为与数字虚体世界对应的人类社会，在网络环境下，人们接收信息的途径丰富了，能够接收和处理的信息也增加了，速度也加快了。人们可以通过网络快速寻找到自己所要解决问题的答案，人们可以通过网络来感知这个世界和身边实时发生的新闻（状态感知），可以结合自身经验和网络对某些事件进行综合分析（实时分析），可以通过网络评价结合自身认识做出决策判断（自主决策），并在决策基础上采取相应的措施（精准执行），以及根据实施效果的反馈来不断地提升自己（学习提升）。

可以说，网络连接了不同区域的计算机，也连接了网络上的所有网民，网络的出现无限扩展了电脑的计算和存储能力，同时加速了人们网络社交的发展。网络使得电脑和人脑都更加“智能化”（图2-12）。

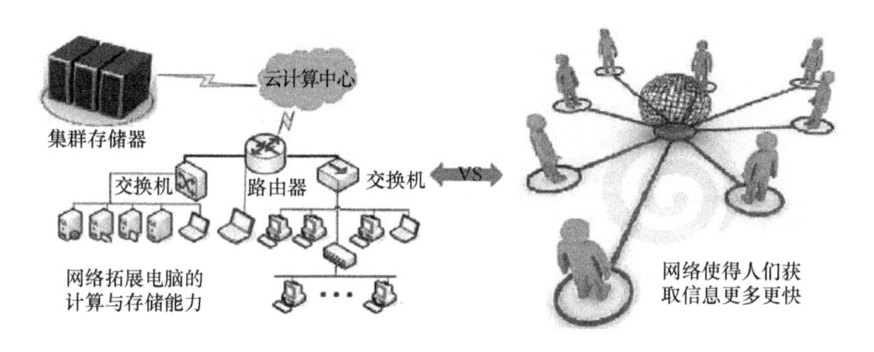

图2-12　网络使得电脑和人脑都更加“智能化”

网络连接为现在流行的“云计算”提供了基础。“云”是指网络上的计算机群，每一群包括了几十万台、甚至上百万台计算机。Google、微软、雅虎、亚马逊、阿里巴巴、百度等，都有自己的“云”。

“云”不在我们身边，但随时随地可以利用。云计算的本质是为用户提供所需要的资源，主要包含：计算资源、存储资源、网络资源。用户可以根据实际需求定制：①计算能力，比如什么CPU多少核的；②存储能力，比如多少G空间的；③网络能力，比如多少M带宽的。

从提供服务类型的角度，云计算分为三类：

1）IaaS（Infrastructure as a Service），基础设施即服务，主要提供基础资源，包括虚拟机、存储空间、网络带宽、安全防护等。

2）PaaS（Platform as a Service），平台即服务，主要提供平台软件，包括数据库、web服务器、软件运行环境、开发工具等。

3）SaaS（Software as a Service），软件即服务，主要提供直接面向用户的应用型软件，包括邮箱服务、游戏下载、客户管理系统、App 应用等。

网络是实现云计算的前提，没有网络就谈不上云计算，在网络世界中，物联网、云计算、大数据被紧密连接起来，为电脑的崛起插上了腾飞的翅膀！ 人脑和电脑到底谁更“智能”？较量仍将继续。

走进智能时代

智能计算技术

随着电脑和智能硬件的快速发展和普及应用，更多的先进计算和智能计算技术也得到了快速的研究和发展，尤其是智能逻辑、并行计算和情感计算。

智能逻辑——先进的自然语言理解系统

第一位“程序媛”Ada Lovelace 之所以得到计算机界的广泛尊重，不仅是因为她写了第一段程序，也因为她大胆预测、明确指出：计算机程序不仅可以用于计算数据（科学计算），也将会在人类语言理解、逻辑思维推理、复杂问题解决方面发挥重要作用。正是她这样深刻的认识，使得后来科学家们努力开拓计算机在各个领域的研究和应用。

我国著名学者郑福全教授，在多年研究的基础上，于 1999 年创立了“智能逻辑”，为人们描述事物和逻辑推理提供了一套新的理论和方法，其最大的优点在于简化了对复杂推理问题的逻辑描述、表达和推理。

一个自然语言理解的例子，有如下几句话，每句话用一个字母符号表示：

我们处在一个激烈竞争的世界，要么勇于创新(C)，要么被动挨打(B)。在当今的世界上，创新活动(C)都把人力财力投在人工智能上(A)，只有独具远见卓识的人(S)才肯把人力财力投在人工智能上(A)，瞻前顾后畏首畏尾的人(W)谈不上是独具远见卓识的人(S)。

理解结论：

那么，不想总是被动挨打(**B**)就别做瞻前顾后畏首畏尾的人(**W**)。

以上结论如果从人脑的角度来分析理解，需要转好几个弯，还不一定能得出结论。但是如果采用智能逻辑的概念来描述，就很容易得出结论。

上述论述文字翻译成智能逻辑语言为：

$$\{(C \int B)\cdot(C\rightarrow A)\cdot(S\leftarrow A)\cdot(W\mid S)\}\rightarrow(B\mid \bar{W})$$

用智能逻辑"泛标变换"后进行推理，很快可以理解这些文字，从而得到结论"那么，不想总是被动挨打(**B**)就别做瞻前顾后畏首畏尾的人(**W**)"。具体推理过程参见文献《智能逻辑》。

运用智能逻辑，可以简化对复杂问题的描述，可以快速进行逻辑推理，并挖掘出其中的有效结论，大大提高了计算机对自然语言理解的速度和精度。

并行计算——量子计算机和三值光计算机

尽管电子计算机已经发展到第四代，但是仍然阻挡不了科学家们研发更加先进的计算机，其中量子计算机和三值光计算机是近些年的研究热点。

量子计算机利用量子力学规律来进行高速的数学和逻辑运算、存储及处理量子信息。其基本规律包括不确定原理、对应原理和波尔理论等。

量子计算机在运算时，对每一个叠加分量实现的变换相当于一种经典计算，所有这些经典计算可以同时进行，各分量计算完成后按一定的概率振幅叠加起来，最终给出量子计算机的输出结果。这种计算称为量子并行计算，也是量子计算机最重要的优越性。

三值光计算机是由上海大学计算机学院金翊教授提出和发明的。金翊教授是我国著名人工智能专家、中国人工智能学会早期发起人何华灿教授的博士生，他在读博士学位期间，根据何教授的《泛逻辑学》原理，发现并推演出来"三值逻辑"，并结合光学特性，提出并研发了"三值光计算机"。

利用光速更快的特性，光学计算机相比电子计算机而言：速度可以更快、位数可以更多、使用更多的物理状态（多值）能耗更小等。三值光计算机用两个正交的偏振态和无光态表示信息，所以在一个数据位上可以有三个取值，除 0 和 1 之外，还可以再取一个值（比如用 2 表示），这就形成了三进位制计算机。

光学计算机用液晶阵列控制光束的偏振方向，同时配合偏振片来完成信息处理。三值光计算机的数据位数很多，2007 年已经建成的实验系统中有 360 位，目前在建的实验系统可以达到 1000 位，而且很容易继续扩大。另外，数百万像素液晶屏的功耗很低，只有毫瓦级，360 位实验系统的总功耗约为 100 瓦，其中光学部件的功耗仅为 2 瓦左右。

情感计算——电脑智能化的趋势

在某火车站候车室进站安检口，一名警察径直走到一位乘客身边，拿出手铐立即带上。

［乘客］：这是干什么？为什么？

［警察］：对不起，你涉嫌抢劫犯罪，请跟我们走一趟。

［乘客］：没有啊，有什么证据吗？

［警察］：证据就是你的心在跳，跳得不一样。

［乘客］：啊！你没有检测啊，我的心跳你看得出来吗？

［警察］：因为你抢劫犯罪，安检时探测出你的心跳加速，完全符合犯罪时的心理特征曲线变化，根据你的行程时间等综合分析，可以认定你是抢劫罪犯，请跟我们走吧。

［乘客］：哦，天啊！ 以后再也不敢抢了，我的心跳居然逃不过你的眼睛！

破案过程中，使用的心率自动探测仪监测心率曲线如图 2-13 所示。通过探测并分析心跳等人体特征信息的技术称为“生物特征识别技术”，是近年发展起来的一种新的人工智能技术。生物特征识别的内容包含多个方面：语音识别、指纹识别、人脸识别、身体姿势识别、虹膜识别，以及心跳心率自动识别等。

生物特征识别技术的关键技术主要是“数据采集”和“数据分析”。数据采

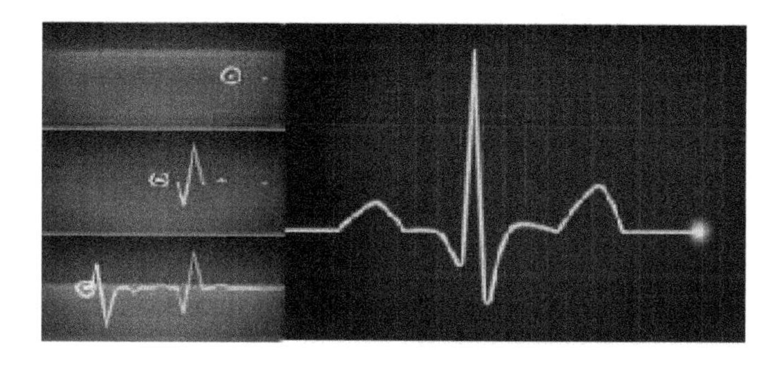

图 2-13 心率自动探测仪监测心率曲线

集包括两个方面：一个是体外数据采集，主要通过三维运动传感器和 GPS 定位系统来获取运动状况、运动距离和运动量；二是通过对体征数据(如心率、脉率、呼吸频率、体温、热消耗量、血压、血糖和血氧、激素和 BMI 指数，体脂含量)进行监测，来分析用户重要的生理活动，从而进一步分析其心理活动。

目前，生物特征识别技术的主要应用场景有：交通要地监控、运动场馆安防、银行安全支付、机场安检与通关、监狱看守所保护、病毒实验室门禁、高档住宅小区安防等。

某国产手机公司在 2013 年就推出了基于“手势”识别功能的手机，用户只要用手对着手机“隔空操作”，比如左右挥挥手，就能实现手机页面的自动上下翻页，人机对话进入了“姿势”控制的新阶段。

下一步，人机互动将进入“表情控制”的新阶段。当我阅读某条新闻时，脸上表现出悲伤的感觉时，无须按键盘和鼠标，电脑自动帮我换一条愉悦的新闻；当我感觉很困了，把眼睛慢慢闭上，此时，电脑马上知道“我要睡觉了”，电脑“思考”后知道我闭上眼睛了不可能再看屏幕，于是电脑自动关闭屏幕了；当我休息几分钟后睁开眼睛，心里想看看 2015 年 9 月 3 日的中国阅兵仪式场景，我只是想了一下而已，并没有点击键盘和鼠标，但电脑就自动从网上查询到阅兵仪式的视频，并自动给我打开播放。

电脑是如何识别人的思维和表情的呢？这里面涉及很多的技术，包括人脸识别、图像处理、情感计算。“情感”可以“计算”？是的，没有错，就是“情感计算”，只不过此“情感计算”非彼“情感的计算”。情感计算的重点是通过各种传感器获取人的姿态及表情，并分析人的内在情感，建立“情感模型”，使得电脑能够理解人的“喜怒哀乐”等情感变化并自动做出相应的动作。情感计算是计算机向拟人化和智能化方向发展的重要研究方向。

中西智能医疗

中医在我国发展了几千年，传承有序，疗法很多，而在西方，人们更推崇西医疗法。作者认为，中医是“意识人体”的系统性思维体现，西医则是“数字虚体”的数字化思维体现。

尽管国内外不同人士对中医和西医的认识各有不同观点，但总体而言，中西医各自都有其独特的地方和缺失的地方，今后的发展方向如何暂时不能定论，但是有一个趋势比较明显，那就是“中西医在相互借鉴，逐渐结合”，都正在向“智能医疗”迈进。

目前“智能医疗”的发展方向主要有两个，一是“医疗网络化”，主要是支持“远程挂号、远程就诊、分级诊疗”；二是“医疗智能化”，主要是提升医疗自身的研究方法，比如通过大数据分析来寻找引起癌变的基因等，通过人工智能来自动识别医学影像等。健康管理大数据分析平台如图 2-14 所示。

中西医的结合组成了一个完整的赛博空间。从三体智能的角度来看，在医疗过程中包含三个对象：一是医生，对应三体中的“意识人体”；二是病人，对应“物理实体”；三是医疗设备，对应“数字虚体”。中西医结合的智能医疗系统，具有智能系统的五个特征。

第一是状态感知。医生结合中医“望闻问切”和西医仪器检查，可以很快对病人身体的成百上千项数据进行采集，为快速诊断病情提供充分依据。

第二是实时分析。早期医生的分析主要靠经验，现在使用先进的医疗设备后，利用计算机快速分析处理能力，可以很快给出分析结果。

第三是自主决策。根据分析结果进行病例判断，利用大数据进行决策判断，

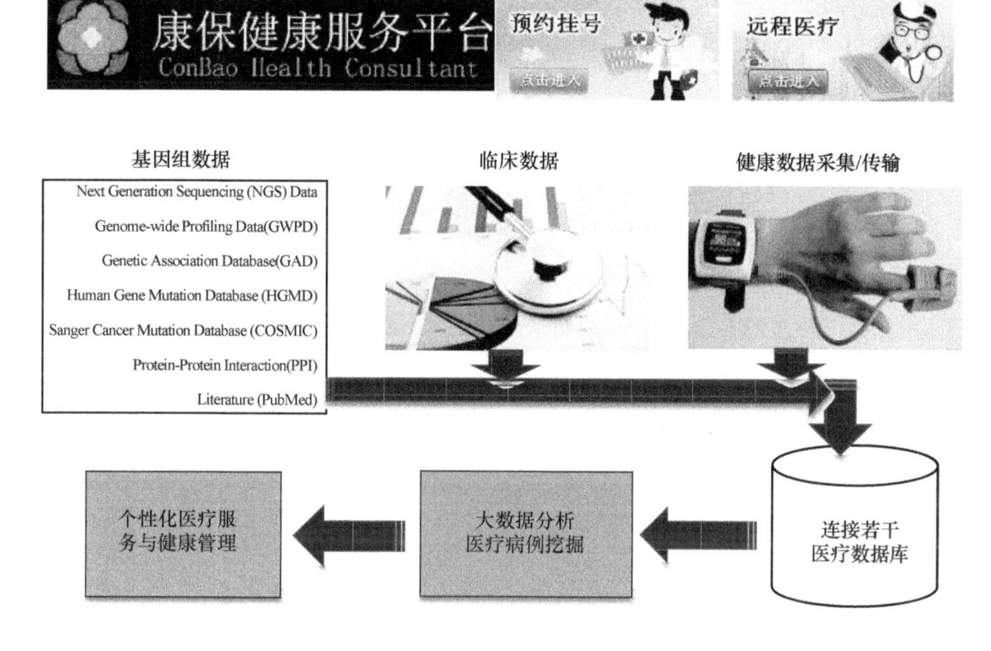

图 2-14　健康管理大数据分析平台

提高诊断正确率。

第四是精准执行。针对具体的疾病而言，把疾病和对应的诊疗方法都预先存放在系统数据库中，当系统对病人身体数据进行实时分析后，可以把疾病和处方进行"精准"匹配，自动给出处方建议，最后让医生核查审批，或少许调整即可。

第五是学习提升。在智能医疗系统中，可以把前面已经看过的病人案例的治疗方案和恢复情况等知识积累起来，系统可以不断学习提升，增加今后诊疗的精准性。

上述中医和西医的发展过程，也是"三体（物理实体、意识人体、数字虚体）"之间的逐渐交互融合、相互带动提升的过程。放眼到整个医学领域，目前有很多更加现代化的医疗设备，实现了实时分析和自主决策并精准执行等功能，这把三体智能在医疗领域的应用推向了一个新的高度。

机器换人抉择

2015年1月30日，美联社发表了题为《苹果打破华尔街第一季度预期》的实时新闻报道。但是，这篇报道却没有署名，因为该报道是由机器人撰写的。长期以来，人们一向认为机器人只会从事无创造性的劳动，这一看法由此开始动摇。目前，计算机和机器人已经能够自动创作小说。在工业领域，机器人正在代替一些固定流程的岗位。在服务领域，家庭陪伴机器人、教育机器人、餐饮机器人得到了快速的发展。有科学家预言，未来机器人可自主设计制造新的机器人。

2015年3月27日，北京大学人民医院引进了“达芬奇手术机器人”。完成安装调试后，于4月1日正式投入使用，圆满完成了一例直肠癌根治术。达芬奇机器人系统主要由三个部分组成：外科医生控制台、床旁机械臂系统、成像系统，是目前最先进的手术辅助机器人，不仅使得手术更加精准，而且微创，避免了传统开腹手术带来的创伤，提高了治疗效果，给医疗外科领域带来了革命性的突破。

在军用机器人中，分多种场景下的不同类别，目前主要有：地面军用机器人、水下军用机器人、作战机械狗、消防机器人以及无人机等。

近年来，随着各种场景的需要，仿人机器人发展迅速。早在2012年7月，由北京理工大学研发的“汇童”仿人机器人就发展到第五代了。“汇童”机器人身高1.62米、体重63公斤。能够自主行走、打招呼、打太极拳。不仅如此，还可以进行机器人与机器人之间对打乒乓球、人机对打，展现了高超的动作协调性。如图2-15a所示。

2016年4月15日，由中国科技大学研发的我国首台体验机器人“佳佳”正式发布，这款机器人在人机语音对话、面部微表情展示等方面具有重大突破，具有很好的用户体验，受到了业界的一致好评。如图2-15b所示。

机器人是否可以代替人完成工作？在2015年2月27日的国际在线《同步世

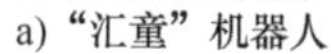

a)“汇童”机器人

b)“佳佳”机器人

图 2-15　仿人形机器人

界》电视节目中，嘉宾与人工智能专家就此进行了讨论。

专家们认为：机器人不仅可以做重复性的劳动，也可以做一些创造性的劳动。机器人可以写新闻，代替一部分记者的工作。随着人工智能技术的发展，深度学习技术的应用，在数据来源选择、数据采集、数据分析处理、自然语言理解、网络语义分析、分词断句、组词成文等方面都可以通过软件算法来实现，把这些算法用到机器人系统中，就可以实现一些新闻稿子的自动撰写和审查，代替一部分记者工作。

但是是否可以认定今后记者就会失业呢？这个问题要从工作分工和工作方式两方面来分析。

从工作内容方面而言：记者工作中一部分可以程序化的工作，甚至包含一部分创造性的工作确实可以给机器人来做。但是，仍有一些突发性和需要深加工的工作需要记者亲自去做，比如新闻往往是即时突发性的，不确定性因素很大。对于很多突发事件，既有程序可能无法从知识库找到匹配的词语来描述，无法自我组稿，这时就需要记者亲自采访和组稿。

从工作方式方面而言：我们可以把机器人记者当作人类记者的助手和工具，它帮我们完成一些工作，而不是代替我们所有的工作。正如建筑 CAD 设计软件一样，不是说有了建筑CAD就不需要建筑设计师了。尽管部分成型的房屋建筑风格可以完全自动设计自动生成效果图，但是设计师们仍旧把它当成设计工具来看待，人们可以自定义参数，通过软件来提高设计效率。工作方式由画纸质图样改变为画电子版图样。

如果全世界各个地方都是布满传感器（类似人眼）的物联网世界，对新闻现场所发生的情况可以实时动态地自动分析，可以预测，大多数记者今后将把机器人当作强有力的工具来使用，用它不仅做可重复的工作，也可以做些数据挖掘分析方面的工作，从而提高新闻报道效率，保证其实时性和准确性。

机器人毕竟可以写新闻了，可以说某种程度上人类面临着机器换人的抉择。

智能循环上升

从人脑到电脑，认知模型具有相通性。

三体智能模型中，反映了人类对事物的认知过程：对“实体中的事物”→认知上升为“人体中的意识”→再数字转化为“虚体中的信息”，把这些信息通过图像或文字或作品展现出来，通过人脑对作品进行“再认识”，从而循环提升。

我们生活在一个数字化的时代，一切都是数据，无论它是什么类型的：复杂的、简单的、结构化的、非结构化的、显性的、隐性的、文字、图片、语音、图像、信号等等都是数据。

在三体智能中，人脑是“意识人体”的核心，电脑是“数字虚体”的核心。在人脑与电脑之间，存在相互作用的隐形“连接线”，从人脑到电脑是“数字建模”，从电脑到人脑是“学习提升”。但无论从哪一体到另一体，相互之间传输的都是数据，数据在两体之间流动。

从人脑到电脑，是把“人脑意识”具象为“电脑信息”；从电脑到人脑，则是把“电脑信息”抽象为“人脑意识”，数据犹如流动在二者之间的血液，人脑电脑二者在相互通信中得以循环上升。

设计师想设计一座高楼大厦，一切想法和大楼的形象在设计师的头脑中，但是设计师并不是建筑师。设计师需要把设计蓝图展现出来，然后交给建筑师修建。

如何展现出设计蓝图呢？一种方式是在纸上画出来，但是画的时间很长，修改也很麻烦，如有小修改可能导致整个图样全部重画。建筑 CAD 设计软件的出现，让设计师可以在电脑上“建模”，快速设计出所需要的房子的类型，快速呈现给建筑师，修改也快捷方便。

通过建筑 CAD，把设计师的“思想”进行“梳理、抽象、建模、表达、输出、展现”，使得建筑师能够理解并依此建造符合要求的大楼。反过来，从展现出来的作品（大楼）中，设计师可以发现优缺点，哪些地方设计优秀有创意，哪些地方还需要改进，在反馈过程中，设计师自身也得到学习提升。

在设计软件中，“大楼”属于“数字作品”，设计师可以根据设计效果图进行修改或重新设计；当建筑师修建完成大楼之后，就是“物理实体”作品，设计师可以从用户反馈中获取改进信息，进一步改进自己，从而使得下一个设计作品更加完美。

尽管电脑是人脑的造物，但在某些方面却远远超出了人脑的能力。从初级的物理机器——到虚拟的数字计算——再到高级的意识控制，从远古的迷宫棋局——到深度的博弈算法——再到人造的认知大脑，从有限的本地计算——到无界的网络世界——再到高等的智能计算，可以得出这样的结论：“电脑与人脑在一起相互促进、共同进化、共生发展”。在三体智能中，“意识人体”“数字虚体”“物理实体”三者都会在相互交融过程中得以循环提升，不断完善，走向更强更快更美的方向。

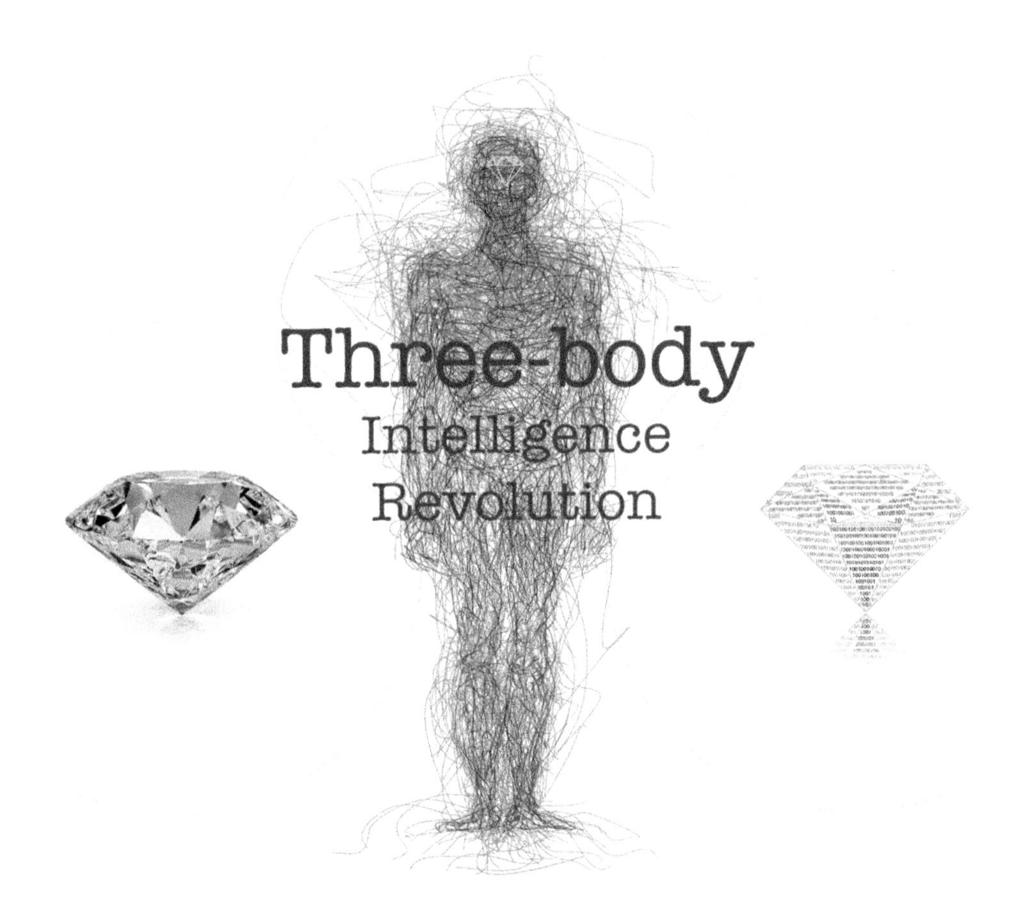
Three-body
Intelligence
Revolution

Chapter 3

第三章　数字移民

数字化一切可以数字化的事物。

——孔翰宁

各式各样的物品伴随着新技术开始了大规模数字化移民。

——本书作者

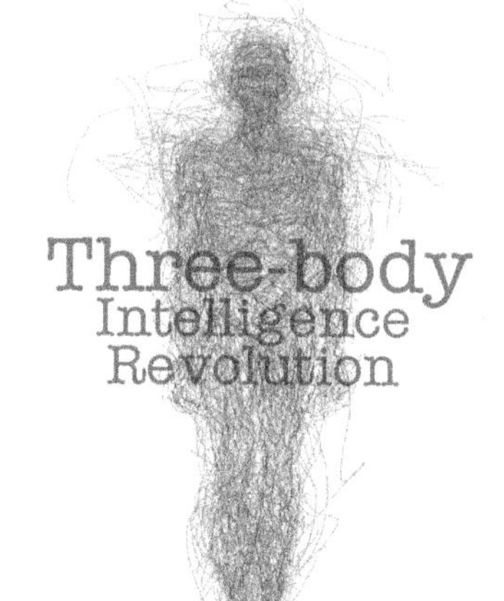

数字化原住民的家族在不断壮大。非数字化的物理设备也开始逐渐移民。

从智能手机开始，人类迎来了智能化产品的时代，智能手表、智能眼镜、智能项链、智能手环、智能家电、智能建筑、智能汽车，不仅如此，在生产领域，智能机床、智能传感器、智能生产线、智能车间也风起云涌。几乎所有的人工产品、硬件设施都在快速融入智能。

这一切究竟是如何发生的？

不离不弃　智能手机

手机是人类迄今为止发明的最为便捷和风靡全球的通信工具，也是史上第一件最接近智能化的产品。从智能手机诞生起，它的功能与价值就远远超出了便捷通话的范围，在不断增强的软硬件性能与移动互联网支持下，成为人类在线生活的中心，订餐、购物、付款、娱乐等功能皆可通过它轻松完成。

世界著名的行为科学专家亚伯拉罕·马斯洛定义了人类生活的五个行为需求层次。有人戏谑地说，为手机找到 WiFi，已经成为了比生理需求更为基本的人类需求。

忘带手机——后果很严重！

“当下最残酷的事情是什么？不是生离死别，而是忘带手机！”

一项小小的试验，让很多人得出了这个结论。

在 2014 年，温州大学城市学院学生会曾发起过一项“暂别手机 24 小时”的体验，30 个报名参加学生在 30 分钟后，就有 14 名体验者中途退场，3 小时后，该活动更是因为体验者“全军覆没”而提前结束。2015 年，KRC 研究公司在美国、英国、巴西、中国、西班牙、墨西哥与印度等国访问了 7112 名智能手机用户，其中 22% 的人表示：比起放下手机，更愿意放下亲友团聚。

这些现象表明，由于智能手机的功能越来越强大，特别是在手机逐渐集成了钱包、播放器、照相机、摄像机、导航仪、计算器、词典、笔记本、相册、文件处理、健康、购物、美食等种种实用功能后，手机存在的意义可以说仅次于食物、水之类的生存需要，放弃它一定得有更好的替代品出现，否则人们无法忍受因手机的暂时空缺而带来的生活质量的“痛苦的倒退”。

智能的人类，现在还放得下智能手机吗？

智能　还是浪得虚名？

无须对智能手机下一个文绉绉的定义，之所以叫智能手机，意味着它足够聪明伶俐，可以感知你的愿望，倾听你的问题，告诉你最合适的答案。

世界上智能手机的雏形是 IBM 公司 1993 年推出的 Simon，它集移动电话、个人数码助理、传呼机、传真机、日历、行程表、世界时钟、计算器、记事本、电子邮件、游戏等功能于一身。其最大的特点就是，没有物理按键，输入完全靠触摸屏操作。它是第一部能够下载应用程序的手机，有着里程碑的意义。

对于早期中国的手机用户而言，摩托罗拉“天拓 A6188”是中文世界里的第一部智能手机，它于 1999 年推出，通过触摸屏可以识别手写中文。

有触摸屏的手机就是智能手机么？非也。但触摸屏的确是加速了智能手机的普及。特别是第一代 iPhone 手机发布后，在强大的触屏技术支持下，流畅翻页、双指放大、手势操控带给人们极其震撼的体验。人们从来没有想到过手机也能这么善解人意，这么好用。尽管先进的触屏技术让智能手机使用起来更加随心所欲，但仍然不是手机“智能”的关键所在。那么，与之前的“功能手机”相比，智能手机究竟“智能”在何处呢？

状态感知　集成的传感技术

状态感知是实现智能的重要途径。作为一个硬件产品，智能手机可以内置各种传感器来扩展其“智能”。其内置的传感器越多，手机的感知能力就越强，可以开发的应用也就越多。

1）触屏传感器：智能手机最重要的传感技术之一。传统手机是以物理键盘为标准的人机接口的，而智能手机从 Simon 开始就是以触摸屏为标准的人机接口；显示屏向更高像素、更多触摸点方向发展，摩托罗拉 A6188 等早期智能手机采用“电阻式触摸屏”的技术，用户触摸屏幕时，会将两层内的导电层贴合使得当前位置的电压产生变化，进而获得触摸点的位置。而苹果 iPhone 将电阻屏升级到了电容屏，可以支持多点触摸的电容屏使得手机操作变得更简单、更实用、更酷，比如用两根手指点住图片分别往外拉就能够放大图片，还可以具有定制手势等复杂的输入功能。2015 年出现的触屏压力感应技术，更使得触摸屏技术由二维向三维方向发展。

2）三轴陀螺仪传感器：智能手机都可以自动旋转屏幕，这就是依靠三轴陀螺仪传感器来实现的。智能手机的陀螺仪传感器是用于感知角速度的传感器，通过对角速度的计算可以感知运行方向的改变。

3）加速度传感器：感知三维空间的加速度，通过对加速度的计算可以感知运动的相对速度。

4）地磁传感器：加速度传感器中有的还配置了地磁传感器，从而能够感知地理的方向；陀螺仪、加速度、地磁三类传感器综合在一起又被称为九轴传感器。

5）GPS：是一种判断经纬度的位置传感器。它与九轴传感器配合就实现整个空间位置的定向、定位及运动信息采集。

6）距离感应器：可以用红外光来判断物体的位置。

7）气压传感器：能够对大气压变化进行检测。

8）光线感应器：能根据环境的亮度调节手机屏幕本身的亮度，提升电池续航能力。

9）超声波传感器：用于检测人或设备是否可以进入某一地区或者被识别。

10）隔空雷达传感技术：谷歌公司一个叫“Project Soli”的项目已经研发出

隔空操作的手机。在无法利用手指头触摸控制的小屏幕上，通过模拟转动、按钮、移动等手指动作就能调试表冠、调节刻度和开启按钮等。调时间，搓一下手指就行了。看地图，捏捏空气就好了。选音乐调音量，不需要实体键。人类灵巧的双手原本就是最直接的与世界接触的界面，把手势动作引入虚拟世界成为这个团队的里程碑式的贡献。

除此之外，指纹识别、虹膜识别、3D 触控、光学防抖之类的新东西还在持续不断的融入，可以说智能手机的发展现在才步入正轨，处在爆发期。

分析计算 强大的基础平台

智能手机首先本身是一台装有操作系统的电脑。一部智能手机的全部性能依赖装在它内部的芯——CPU，CPU 是整台手机的控制中枢，通过运行软件与调用存储器内的数据库，达到控制手机的目的。CPU 的运算速度决定了手机的“智能”程度。人们熟知的“跑分”，就是运用各种测试工具给智能手机的芯片运算速度和性能打分。如果分值不够理想，可能多打开几个软件应用，或者在拍照或浏览网页时就会出现“卡顿”现象，甚至死机、黑屏等。

有了电脑芯片，手机就可以称之为智能吗？

对于一款智能手机来说，搭配的硬件只有通过软件才能最大化表现其功能。IBM Simon 之所以被认为是智能手机，其搭载的夏普的软件运行平台 Zaurus 操作系统是其成为一部智能手机的关键。**智能来源于集人类智能之大成的软件**，而操作系统是运行软件的平台基础。在操作系统的支持下，可以发挥 App 开发者的灵感，在智能手机平台基础之上开发出千差万别的应用软件；任何一款智能手机都会把搭配的硬件在操作系统层面通过开发接口的形式提供给 App 开发者使用；所以，从软件的角度看，只有搭配了灵活的、通用的操作系统并且可为用户定制开发应用软件的设备才能称之为智能设备，当然智能手机仅仅是智能设备的一种典型形式而已。

对于传统功能手机而言，其全部功能从走出工厂的那一刻就已经固定了。而智能手机则不同，由于具备电脑硬件的基础（CPU 与内存），拥有 iOS 与 Android 等操作系统，操作系统可以不断升级，可以选装数量众多的 App 应用软件。作为一种数字化原住民，手机的功能并不完全由硬件来决定，这与经典的机器等物理设备，包括与早期的传统手机完全不同。当操作系统软件和 App 应用软件发生变化时，手机的功能就随之发生变化。因此，某种意义上说，智能手机的功能几乎可以无限扩展，强大的 App 真正改变了人类的生活。

互联互通　多样的应用程序

“请早上 5 点 30 分叫醒我！”当你按住手机的 Home 键，对手机发出如下指令后，手机会自动设定好闹钟。

“明天下午上海天气如何？”手机屏幕上立即显示：“明天上海天气，晴间多云，微风，15 摄氏度，适宜出行。”

“去上海虹桥机场怎么走？”手机马上启动导航软件，在电子地图上清晰地显示出来从你的所在地到目的地之间的几条可选择的路线。

这就是智能手机的语言控制功能。完全是用软件 + 云端的技术实现的。

无论是苹果手机的 Siri 还是安卓手机的 Voice Actions，都可以实现上述功能。有所不同的是，Voice Actions 要求你说出的语句有比较清晰的语法结构，而 Siri 会自动结合上下文结构去理解你的句子，不一定要求主语、谓语、宾语等结构十分清晰，因为它利用了人工智能系统去分析，在绝大多数情况下都能准确领会你的意思。

经过前些年的快速发展，智能手机软硬件参数已经达到一个比较高的阶段，屏幕越来越大，图像也更清晰了，手机拍出的照片甚至可以和半专业的相机媲美。但是显示屏再大就不利于手握，像素高到一定程度拍照效果并不随之提升，总之，硬件参数升级带来的体验优化已经明显不如从前。但是手机软件却有着几乎无穷的发展空间，正在给手机带来越来越多的智能。

首先，手机的智能在于它是一部联网的终端。通过 3G 和 4G 网络及 WiFi 可以接入移动互联网，通过蓝牙等方式可以与其他设备连接。随着 WiFi 的覆盖，在很多城市 WiFi 已经实现了公共场合的联网；使得 WiFi 和 4G 在通信方面互为补充，成为智能手机高带宽、大流量的主要联网方式。蓝牙是一种通用的近距离通信方式，蓝牙 4.0 可以降低 90% 的功耗，使得蓝牙 4.0 的应用领域向物联网、医疗等新领域扩展，低功耗版本使得蓝牙得以延伸到采用纽扣电池供电的一些新兴市场，未来很可能会成为智能手机实现物联的关键通信手段。

其次，随着移动互联网的发展，智能手机开始成为人联网（人类连接互联网）的第一入口，从导航定位、移动支付、身份认定、语音沟通到购物游戏。强大的手机软件与移动网络相结合，产生出越来越多的智能应用软件。截至 2015 年底，中国主要手机应用商店的软件应用（即 App）累计超过 400 万个。其中，仅仅移动保健应用，就有不下 10 万个之多。越来越多的设备通过 App 与手机连接起来，比如，利用智能手机可以控制所有智能化家居设备，包括智能门锁、窗帘、空调等。越来越多的企业，比如造空调的格力公司都跨界杀入智能手机领域，他们的目的可不是卖手机，而是借助智能手机平台推广自己的软件和应用商店等内容获取流量。

智能手机并不仅仅是一个硬件，也并不是若干种软件，更不仅仅是一种上网的便捷方式，就像汽车不只是带轮子的机器，钟表不只是一种看时间的物件。手机已经成为一个数字化个人移动信息中心，已经成为一种生活方式，已经成为人类的伴侣。同汽车和钟表一样，智能手机如今在丰富、改变，甚至改造我们的生活，在重塑整个产业，并且促进社会发生变革。

三体合一　丰富的信息记录

"准备好了吗？请笑一笑……，好！""咔嚓"一声，手机拍照完毕，同时顺手把照片发到微信中或存入云端。

每天，我们可能都拍了不少的手机照片。你想过吗？这个手机拍照过程意味着什么？

仅仅是拍了一张照片？哈，远不止这些！

当你手持手机，任意拍照、摄像时，其实是把手机镜头捕捉到的物理场景，做了一个数字化的映射与复制，将物理实体景象“复制”成为数字虚体影像，把物理空间精确地映射到了赛博空间。在一张数字照片上，往往会把拍摄日期、时间、位置、手机型号、软件、拍摄参数等重要信息，都一一记录了下来，其所反映出来的信息，远比过去的一张胶片照片的内容要丰富得多！ 手机照片中“潜伏”着各种参数，用手机拍照，其实是一个从人到手机再到实体场景的三体智能过程！ 照片中内嵌的各种信息如图 3-1 所示。

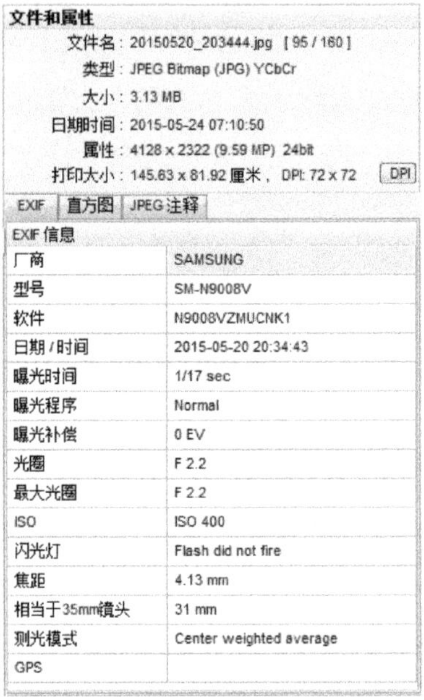

文件和属性

文件名：20150520_203444.jpg [95 / 160]
类型：JPEG Bitmap (JPG) YCbCr
大小：3.13 MB
日期时间：2015-05-24 07:10:50
属性：4128 x 2322 (9.59 MP) 24bit
打印大小：145.63 x 81.92 厘米， DPI: 72 x 72 DPI

EXIF | 直方图 | JPEG 注释

EXIF 信息

厂商	SAMSUNG
型号	SM-N9008V
软件	N9008VZMUCNK1
日期 / 时间	2015-05-20 20:34:43
曝光时间	1/17 sec
曝光程序	Normal
曝光补偿	0 EV
光圈	F 2.2
最大光圈	F 2.2
ISO	ISO 400
闪光灯	Flash did not fire
焦距	4.13 mm
相当于35mm镜头	31 mm
测光模式	Center weighted average
GPS	

图 3-1 照片中内嵌的各种信息

因为天生的数字化原住民身份，智能手机所具备的变革力量从根本而言来自其强大的移动互联的能力，使得人脑中的意识世界与计算机网络中的数字世界，以及各种物质材料组成的物理实体世界之间形成强大的三体交互作用。

你家桌子上呆头呆脑的 PC 机并不了解你，除了给你一个显示屏，它不能帮助你解决更多的事情——如帮你定位、刷卡开门、控制家电以及了解你的健康信息。但你随身携带的手机却能知道这一切。大屏幕、联网能力和传感器、控制器的组合意味着人脑中的知识、网络上的知识以及各种物质材料的特性可以被分享、汇总与整合利用。分享交通工具的软件应用 Uber 将乘客和司机联接在了一起，通过感知计算汽车运行的距离，可以提供一个非常合理的价格。各种健康管理应用可以感知你的心跳、脉搏、血压等数据，进而为你提出主动的健康建议。

作为个人通信终端和操控平台的智能手机未来会成为什么样子，既取决于移动互联网技术和人工智能的发展，也取决于材料、传感、虚拟现实等技术的进步。智能手机未来在可穿戴技术、电子家庭医生、生物识别、3D 应用、家庭设备互联中都具有重要作用。这些应用的推出不仅仅需要企业参与，更可能需要国家信息资源的参与，例如政府管控的交通信息、图书馆/博物馆、电视台、医院、银行的信息等。

随着网络、传感、软件等技术的发展，智能手机正在把各种新兴技术收入囊中。目前人们只要一部智能手机就可以在一个陌生乃至语言不通的城市旅游、生活。而未来智能手机可能会以完全不同于现在的形式出现，它很可能会是一顶帽子、一双鞋，或者是一条腰带。总之，智能手机带给人类的智能生活才刚刚开始。

设备可穿戴　硬件也时尚

图 3-2 这张照片，来自于 CES2016 消费电子展，这是目前科技公司开发出来的新时代的时尚宠儿——可穿戴智能产品。

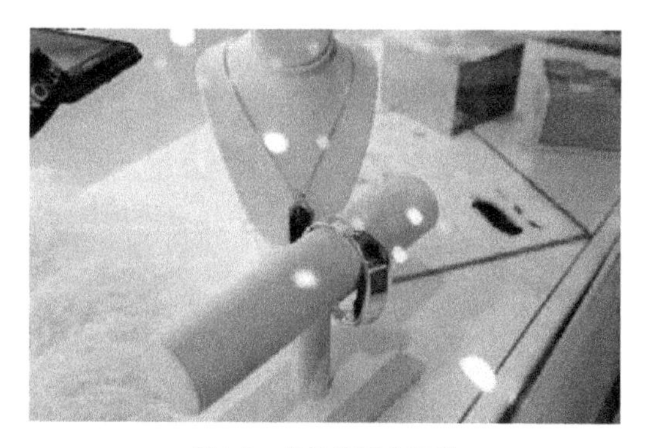

图 3-2　首饰类智能硬件

人类佩戴首饰究竟于何时，恐怕很难精确地考证。但是我们不难推想，从人类开始意识到装饰与美化自身的时候起，人类也就与它结下了不解之缘。人类最原始的首饰，至少可以追溯到遥远的石器时代。经历了漫长的岁月，人们曾经用兽骨、贝壳、珍珠，珍贵的玉石，稀少的钻石，美丽的各种金属，乃至近代的各种人工合成的美丽的材料来制作首饰，以满足历代仕女佳人如痴如醉的爱美之心，但一直以来，首饰的主要功能，也不外乎美观和收藏。

但是，随着人类走进赛博时代，伴随着人们走向智能时代，人们终于不再满足于发明电脑、网络设备，也不再满足于智能手机、智能平板，智能首饰等时尚产品，开始走进了科技狂人们的视野。

智能 以另外一种视角展示世界

谷歌眼镜在人们千呼万唤中出世，在科技界激起了一阵波澜。如图 3-3 所示，谷歌眼镜最终并没有像左图那样面世……

图 3-3 谷歌眼镜最终并没有像左图那样面世……

谷歌的这款可谓惊艳的智能设备并没有真正在社会上掀起消费狂澜，尽管这款眼镜的功能强大到让我们欲罢不能。经历了两年痛苦的挣扎之后，它竟然从人们的视野中逐渐淡出。说不好它的淡出究竟是因为高达 1500 美元以上的价格，还是因为其初期虚拟现实体验的粗糙让人们欲购难决，亦或其难以普及的开发者门槛和人们对于隐私的担忧。

很多人曾经预测，苹果公司出品的 iWatch 智能手表将会对人们的生活和苹果的未来造成深远影响。这一款时尚多于实用的手表中集成了众多的功能模块，用户可通过它完成多种工作，包括调整播放清单、查看通话记录和回复短信等。当然，它内部采用的自然是本家的 iOS 系统。正如 iPhone 重新定义了手机一样，人们热切地期待着这一款设备能够成为苹果的下一个颠覆性产品。但是，很快人们就发现，这款手表并不能够代替任何已有的产品：它仍然需要你有一个随身携带的 iPhone 来提供网络浏览和电话接入！ 它可以代替手表，但是不到 18 个小时的续航时间成了这款手表的死穴。

智能手环是另一个可穿戴设备的代表。通过这些小小的手环，用户常常可以记录日常生活中的锻炼、睡眠、饮食、心跳、步行计数、卡路里燃烧等实时数据，并将这些数据与手机、平板电脑，以及其他智能设备同步，从而起到通过数据指导健康生活的作用。可以说，智能手环的特点之一，是“爱分享”！

顺着智能化的大浪潮，智能硬件，包括可穿戴设备，似乎一夜之间成了投资者的宠儿，从智能手环到智能手表，到智能虚拟现实头盔，乃至戴在手上的指环鼠标，层出不穷。但是消费者似乎并不那么买账，市场雷声大雨点小，企业估值高赚钱少，用“拔苗助长”来形容智能可穿戴市场，一点都不为过。

那么，智能可穿戴设备，到底有没有未来？

智能 以另外一种时尚维护健康

除了时尚炫酷的元素，细细研究市场上充斥的可穿戴设备，似乎并不能给人类带来真正的价值。试想一下：我，中年男性，身高172厘米，体重75公斤。带着一个酷酷的智能手环，它告诉我今天我一共走了12000步。这个信息对我到底有什么作用呢？而步入中年，上有老下有小，收入中等的我，有什么理由要去花费尽管不多但是买回来一个作用不大的东西呢？

准确地说，这些号称“智能”的小东西，除了状态感知之外，似乎还是不够智能！

也许就像股市需要回归价值投资一样，或许，回归本质将成为智能硬件的必备要素。

智能硬件创业者应该想想初心：你的用户是谁？你要解决他的什么问题？凭什么是你的产品？

如果现在的智能手环，配以相应的软件，能够告诉我，这12000步对我的健康意味着什么，我到底是应该减少步数还是更多的行走，以什么样的速度行走能够促进我的身体健康状态，我有理由拒绝这并不昂贵，而且还颇为时尚的产品吗？目前的可穿戴设备，还远远不能将这些表面数据背后所蕴含的价值传递给用户。当然，其中的一部分原因是，当前的这些可穿戴设备还大都无法收集足够多的数据，更无法对个人的数据进行实时的分析及判断，给用户更具有针对性的建议和指导。

老年痴呆症患者的生活习惯已经与常人不同，不少的患者伴随有夜游症，老人夜间的意外出游给家庭带来了很大的麻烦。“智能袜子”的发明者Kenneth巧妙地解决了这个问题。他把一个小小的压力传感器缝制在了爷爷的袜子上，如果深更半夜，患病的爷爷再次准备下地出门夜游的时候，报警的信号就会传递到 Kenneth 的手机上，唤醒正在熟睡的他，他马上就可以阻拦爷爷的夜半梦游。智能袜子如图 3-4 所示。

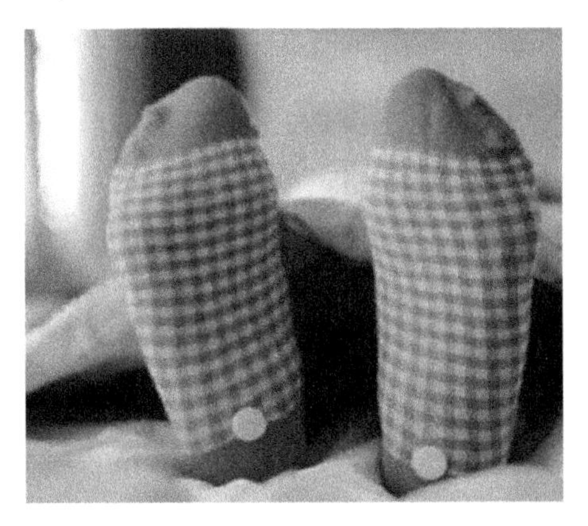

图 3-4　嵌入了压力传感器的智能袜子

身患高血压的某位老妈妈是出了名的“老糊涂”，经常忘记自己是否按时吃了降压药。自从老妈妈把一个能够检测血压指数的手环被带到了手腕上，问题就解决了：滴滴滴滴的提示声在血压指数达到一定数值的时候一定会忠实地响起来，提醒着主人：该吃药了，该吃药了……。手环后侧的一个小暗槽甚至还藏着两天的药量。只要家人能够记住要按时给手环补充药片、换电池，老妈妈按时服药的问题就得到了妥善的解决！可测血压、外观很酷的智能手环如图 3-5 所示。

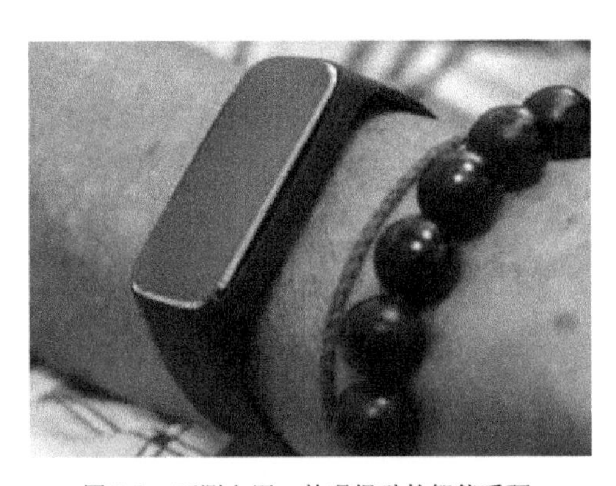

图 3-5　可测血压、外观很酷的智能手环

智能硬件开发者不妨问问自己这样的问题：你的产品目前能替代客户身上的什么产品？你的产品比已有的产品好在哪里？

现代人都大多患有“手机综合症”，正如上一节开篇中提到的话题“当下最残酷的事情是什么？不是生离死别，而是忘带手机！”那么，下面这款可以天天戴在手腕上特别不容易忘记的手环式手机你喜欢吗？如图 3-6 所示。

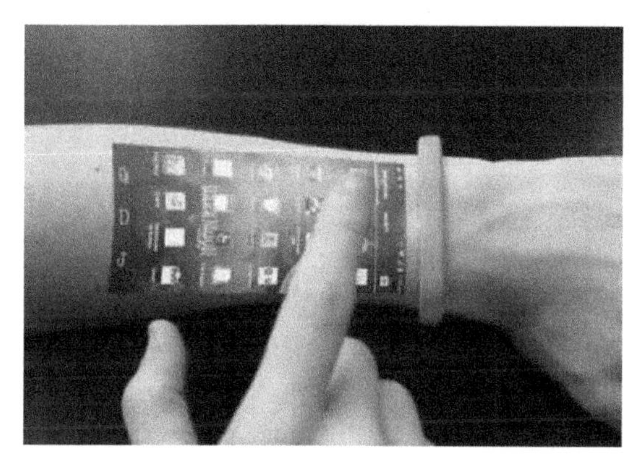

图 3-6　可以天天戴在手腕上的手环式手机

现已出现的信用卡戒指，在其时尚的外衣之下，也隐藏着信用卡这一人类片刻不愿离身的功能，在线支付似乎有了新的方式，会不会热卖？CES 2016 消费电子设备展给我们展现了很多这种让人眼前一亮的技术，而这些技术到底有多少能够让消费者青睐，有多少会一如既往地博眼球但不能大卖呢？

可穿戴设备的未来，或许依然在未来，但是，随着传感器技术的不断发展，伴随着云计算、大数据分析的应用与支持，我们依然可以期待智能可穿戴设备的光明未来。

智能　以另外一种模式守望人类

从摆放在桌面之上的计算机到随身携带的电子设备，从可随身携带的电子设备到可穿戴设备，下一步在哪里？如果有一颗嵌入了芯片的数字化牙齿，你愿意植入口腔内么？

忘掉谷歌智能眼镜和 Fitbit 等可穿戴设备吧！ 人类的可穿戴设备，最终并非仅仅是穿戴在人类的身上，而是要进入人体内部。尽管当前的可穿戴还没有智能到让人们怦然心动、不吝购买的地步，尽管智能硬件的真实未来还是模模糊糊，但是，这些都无法阻挡人们对未来的想象，同样，也挡不住科学家们对可植入设备的探索。

想象一下：可植入芯片进入人体之后，可能被放置在肌肉或者皮肤中，或者连接到神经，或者连接到大脑，依赖人体的生物电来运行，可以直接与外部计算机相连接，这是多么让人激动人心的场景，简直就是黑客帝国再现！

如今，植入式电子设备最明确的用途就是提供医疗服务。剑桥大学的数字健康顾问威沙里·卡马特（Vaishali Kamat）表示，一旦我们有了控制植入设备的能力，肿瘤生长的实时跟踪或者药物递送等服务将能够实现，而可穿戴设备很有可能会被快速越过当前的阶段，进入到下一阶段。尽管大多数人对在人体内植入某种微型设备仍有异议，但事实上在宠物体内植入 ID 芯片的研究与实验，已经进行了很多年。

BAHA（Bone Anchored Hearing Aid）骨传导植入式听力解决方案（曾用名：骨锚式助听器）是一种曾经颠覆人类听觉传导的技术，运用头骨传递声音原理来补偿听力的装置。通俗地说，把助听器传导装置植入头骨，用头骨听到外部的声音，通过软带或手术植入两种方式可以满足适用人群的需要。BAHA 的优势是：不受外耳、中耳听力障碍的影响，直接作用于内耳，传递并适度放大声音，适用于传导性听力损失、混合性听力损失。这种技术在过去的几十年里，已经造福了不知道多少失聪的人们，让他们重获佳音。BAHA 助听器如图 3-7 所示。

可植入体内的网络药片，内置一种传感器，植入体内，药片可以直接从病人的身体里给医生发送“微信”，分享体内的信息，以帮助医生了解体内的信息，辅助医生进行精准的诊断，判断服药疗效，并确定进一步的治疗方案。如图 3-8 所示。

由盖茨基金支持的麻省理工学院的一个项目，开发一个可外部遥控的植入式女性避孕设备。这个微小的芯片可以在女性体内产生少量的避孕激素，有效使用

图 3-7 植入头骨的 BAHA 助听器

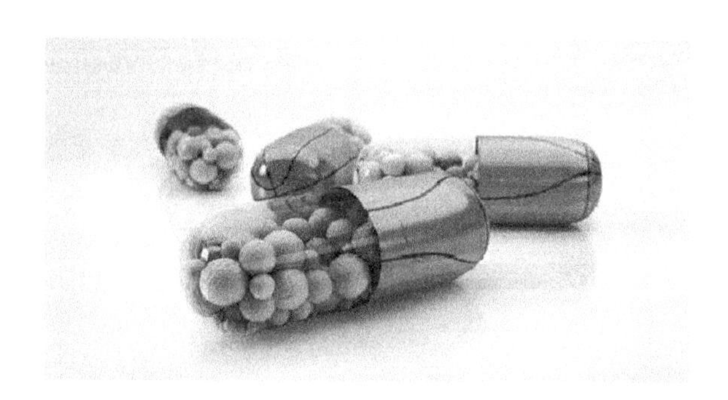

图 3-8 可植入体内的网络药片

时间可长达 16 年之久。由于设备的开关由使用者外部控制，人们便可以随意地控制自己的避孕计划。如图 3-9 所示。

图 3-9 比尔·盖茨支持研发的新型避孕药

我们有理由相信，在今天这个势不可挡的数字化大潮里，人体自身终将会成为“可以数字化”的事物之一。人体的智能，也必然会成为人类适应这个赛博和物理大融合的时代的终极研发目标——不管是身上穿戴智能电子设备，还是将微型化的智能设备（如芯片、MEMS）植入体内，还是在数字世界建立一个意识人体的数字孪生模型。

智能 以另外一种高度与人互动

“无人机！”看到我相册里那张三十年前参加少年宫航模比赛的照片，儿子惊奇地喊道，“爸爸啊，你小时候就有无人机了？”

“哈哈，儿子，这个可不是我们现在看到的无人机啊。这个啊，叫作航模。”

“航模和无人机有什么区别么？”

“航模主要就是外形比较像飞机的微型飞行器，一般都有一个小型发动机，是靠螺旋桨驱动的可以飞行的模型。现在的无人机，可就远比当年的航模复杂多了，很多零件更加接近真正的飞机零件。当然，航模和无人机的最大的区别，就是无人机有大脑，有控制系统，是一架智能的小飞机，而不是一个模型。”

“哦……。”儿子似乎明白了。

2015 年 11 月底，亚马逊发布了一款用于送快递的新型的无人机，声称在不久的将来，这款无人机将可以于 30 分钟之内将客户订购的货物送上家门。在其宣传片中，亚马逊试想了一个在“不久的将来”就会出现在普通家庭中的场景：在家中的 3 岁的斗牛犬斯图尔德（Steward）咬烂了小女孩的足球鞋后，女主人通过亚马逊购买了一双全新的运动鞋。亚马逊通过无人机运送，将这双鞋在 30 分钟内就送至家中。“妈妈再也不用担心我的鞋子被斯图尔德咬烂啦！”

一款看着甚至不像是飞机的无人机，在这样的一个貌似科幻的场景中，展现出来的是诸多的智能元素：感知周围环境，识别飞行的途中随时可能出现的其他的物体如飞鸟、电线、建筑物、其他的无人机，甚至是突然出现的大吊车的吊臂、低空飞行时的车辆行人等。根据这些感知到的环境信息，进行实时的计算——怎样的空间轨迹可以确保无人机的安全与顺畅飞行，无人机该做出怎样的动作来规避遇到的障碍物，计算可以在无人机本身的计算单元中进行，也可以利用无线网络在“云端”完成，并把计算结果传送到无人机的飞控系统之中。根据计算和判断的结果，无人机不停地接收到新的飞控指令，飞行姿态控制系统（翼、桨、舵）要及时地执行这些控制指令，于是，无人机便不断地变换着飞行的方向和速度，如轻灵的飞燕一般带着客户的包裹穿梭在都市的空中。

这款无人机的功能远不止如此，它具有精准的地理信息定位功能，能够准确地飞至客户的家门口或窗外；它具有个人信息识别功能，用户可以用输入密码，或者识别人脸等方式，确认收货人的准确性；它具有通信功能，在出发后或者即将到达客户家中的时候，与客户通信提醒货物送达时间……。可以说，在近些年无数的智能硬件中，集成智能元素最多的、发展最快的设备，当属无人机。

无人机在各行各业的应用已经得到了极大的发展，从民用的快递送货，到森林的航拍检测，从军事上的远程侦察，到与人驾驶的飞机协同作战等。随着硬件技术的成熟与成本的下降，无人机也进入寻常百姓之家，新型的无人机可以通过佩戴在手腕上的追踪器，选择好“跟踪自拍”模式，然后将无人机抛向空中，一家人就可以无拘无束地摆出各种各样的姿势来和无人机互动，可以尽兴地玩自拍了！ 设想一下，当你出门旅游的时候，有几架小巧的无人机紧紧跟在家人头顶上空，以不同的高度和全新的视角来航拍整个旅途的见闻，这该是多么神气、惬意的事情！

智能家居　改变人类生活的创意

家是人类的避风港，一般来说，一个人生命的大半是在家里度过的。在一个温馨的家中，少不了各式各样的家居设备。在建筑上，从屋顶、门窗、地板、墙壁到天花板等；在家具上，从睡床、桌椅、沙发到橱柜等；在电器上，从电视、冰箱、空调、热水器到吸尘器等；在服饰上，从衣、裤、帽、鞋到首饰等；在厨具上，从刀、砧板、灶具、锅盆到碗筷等，无一不忠实地长期伴随着它们的主人们。在数字化大潮洪波涌起之前，它们都只是属于寻常的物理设备的“笨家居”。

与人类相伴多年的“笨家居”

“老头子，排骨炖了多长时间了？”老伴问到。

“不知道。”老头把埋在报纸中的头抬了起来，看了看钟表，“我加上了压力阀之后，大概有20分钟了吧？”

“那还不赶紧关火！排骨肯定都炖脱骨了！还有法吃吗？！就知道看报纸！”老伴愤愤不平。

这是二十多年前老百姓生活中的常见一幕。烹调食物时，时间没有控制好，煮过火了。

高压锅为什么不能自动计时呢？为什么不能自动判断排骨已经炖好？

如果你仔细观察你就会发现，家里绝大部分的应用物件，都没有“自动”或者“智能”的某种功能。

即使厨房里有了型号齐全的全套刀具，我们仍然面临很多问题：这些刀具能够自动判断食物的新鲜程度吗？能够自动教不会厨艺的人如何非常技巧地切出厨师级别的菜吗？能够与其他工具实现顺利插接使用吗？

再看看我们的门窗：门窗能够识别家里的主人吗？能够按照主人的意愿自动开锁、落锁吗？能否在遇到盗贼时，悄无声息地给不在家的主人和派出所报警吗？

再看看我们的镜子：镜子能够识别主人的健康状态吗？能够显示主人电脑上的图文数据吗？能够提醒主人今天出门不要忘记带什么东西吗？

再看看我们的冰箱：冰箱能够自动感知每种食物的保鲜程度吗？能够提醒主

人今天该购买什么食物了吗？能够为主人制定食谱吗？能够报告主人的营养摄入量吗？

再看看我们的鞋子：鞋子能自动矫正主人的不良走路习惯吗？鞋子能导航吗？鞋子能随时保持与脚的最佳适配状态吗（人脚在一天内有半码左右的变化）？

其实，如果随便拿一个家里的其他物件，我们都会问出类似很多的问题来。这些问题绝大多数在目前只有一个答案："不能"。

智能家居是什么？对普通人而言，智能家居就是家庭物件比较聪明，能够"知人意""遂人愿"，由此而非常好用，无需过多地为使用而费心、操心、糟心。

我们家中林林总总的各种物件，在技术构成上，绝大多数还不具备智能化要素，还都不能"知人意""遂人愿"，还都只能是属于不聪明的"笨家居"。即使诸如电饭煲、电磁炉、洗衣机之类的家用电器有了一些可以自动计时乃至程序控制的功能，也距离真正的自动化、智能化的程度相差甚远。因此，从这个意义上说，我们现在使用的各种传统的家具和电器，还有巨大的改造空间和发展潜力。

开始变得聪明的"巧家居"

"老头子，你听说过'智能家居'吗？"正在看电视的老伴忽然问道。

"'智能家居'？听说过啊！十来年前好像搞'三网合一'时就宣传过一阵子，不就是家里面拉进来一条网线，安装一个什么智能盒子，把家里面的电视、电话、电脑都给连上吗？"老头子从杂志堆里抬起头，信心满满地答道。

"不对！人家电视上说，'智能家居'可是30多年前就有了，不是你说的那么回事！"

"啊？30多年前就有了？！"

“智能家居”的概念在30多年前就有了。当然，彼时所指的“智能”，还并非是今天的智能。早在1984年，美国联合科技公司就把康涅狄格州首府哈特福特市的一幢老旧的金融大厦改建为“都市办公大楼”，给这座建筑安装了统一控制供电、运维、安防系统的计算机管理系统，其中的应用软件可以为前来办理政务的客户提供语音通信、文字处理、电子邮政、市场行情查询等服务。这在30年前，已经是“武装到牙齿”的先进数字化设备了。由此，该建筑成为了最早一代的“数字化移民”。

如今，在建筑的设计阶段也可以采用“数字建构”的新技术，即通过对砖块、水泥梁等传统材料性能的量化研究和对传统建造工艺的数字化建模，使古老的建筑产业转型升级为一种基于建筑性能的数字化建筑设计与施工方法。例如，可以用数字建模的方式来掌握砖体的结构与材料特性。在数字空间里，可以随意改变砖体间的连接方式，变换空间布局方向，调整施工机械的精准定位，把多段墙体巧妙地连接在一起，形成稳定、连续、安全且具有强烈视觉冲击力的数字砖墙，并让实际建造出来的砖墙与数字砖墙一模一样。

发展到今天，很多日常使用的家具和电器也都搭上了数字化的快车，加入了数字化模块和各种传感器，逐渐开始变得具有某种智能了。例如，高压锅已经可以自动计时了，并且配置了专用的控制程序，煮粥、煲饭、熬汤、炖排骨等操作一键设定，无需让人再去费心看管。制作面包也可以DIY（自己制作）了，原本在食品厂或专业面包作坊里才能完成的面包制作，现在由于数字化程控面包机的诞生，人人都可以烤出香喷喷的面包了。

海尔的某款洗衣机配备了大尺寸液晶显示面板，可显示多种数字化信息，让操作者明了洗衣机的运行情况。该机还专门针对名贵面料衣物定制了数字化控制的“摇篮柔洗”技术。另外，海尔联合GE研发了“洗净即停，光感洗涤”技术，即在洗衣机里面安置一个光感触头，在衣物洗涤和漂洗过程中，通过光感技术探测水的浊度来判断衣物的脏净程度，由此而自动调整洗涤时间及漂洗次数，有多脏就洗多久。

电视机也已经发展成为数字电视，超清晰的画面和上百个高清收视频道给了人们全新的收视体验，多种 USB、HDMI、无线接口可以与各种计算设备连接，整合了网络搜索、IP 电视、BBTV 网视通、视频点播（VOD）、数字音乐、网络新闻、网络视频电话等各种应用服务。通过摄像头和传感器，电视能感知主人的手势操作意图，听取主人的声音控制指令，当然这些功能还不是很完美，如果主人说话没有注意，在高声谈话时说到了“关机”的字眼，可能会出现意外关机的尴尬场面。

智能门锁也悄悄地进入了家庭。现在除了常规的机械钥匙和数字密码之外，智能门锁还能识别主人多种独有生物信息，如指纹、掌纹、脸型、皮下微血管分布、虹膜等。很多门锁公司的科研方向都瞄准在与数字化的结合上，现在已经开发出来智能门锁，大多数都与智能手机上的 App 结合，同时兼具各自特点，有些可以通过网络远程监控上锁解锁，有些访客走近就能自动辨别，有些可以给来访者自动拍照，有些可以在遇到撬锁、火灾等紧急情况时自动报警等。如图 3-10 所示。

图 3-10　与手机 App 绑定的智能门锁

智能家居的发展路径，不过是让原本属于“笨家居”的各种家庭物件，在其物理构件中逐步添加、融入数字化的器件，变身成为数字化移民，成为能够“知人意”“遂人愿”的聪明的“巧家居”。

发展潜力几乎无限的“智家居”

在家居智能化的过程中，各种当前已经实现和使用的“巧家居”会逐渐演变成为“智家居（智能家居）”，以服务于我们的智能生活。在未来，这样的场景将会随时随地出现：

由于有机发光二极管（OLED）技术正在趋于成熟，用不了多久，未来的显示屏不仅柔软、可随意弯曲，而且薄如纸张，能够直接贴在建筑内外的所有的家居物理表面上。未来的家庭中，除了原有的手机、电脑和电视等数字化显示屏，卧室、书房、卫生间、厨房里的墙面、镜面、桌面、天花板、橱柜表面等也都可以是显示屏，都能够看电视，或者作为计算机、手机的替代显示屏。所有的屏幕之间，都可以随时切换画面，无处不数字，无处不显示，无处不画面，无处不交换。一切都是数字化的，一切都是随心所愿。如图 3-11 所示。

图 3-11　建筑内的很多表面都可以成为显示器

智能家居已经纳入了物联网的范畴。智能家居可以通过基于 CPS 的物联网技术，将家中的几乎所有的家居设备，如卧具、厨具、影音设备、照明系统、采光空调、安防系统、网络家电、电脑办公、手机终端，以及水、电、气三表抄送系统等联接到一起，提供卧具姿态控制、报时服务、气象服务、室内外环境监测、厨艺指导、家电控制、照明与采光控制、调温控制、远程对话控制、门窗开关遥控、防盗报警、网络控制、知识检索服务、各种缴费服务等各种智能生活的服务功能。与以往的“笨家居”和“巧家居”相比，“智家居”不仅具有传统的居住功能，更兼具高度的数字化、网络化、自动化特征，呈现了集各种生活智能服务为一体的高效、舒适、安全、便利、绿色、环保、和谐的智能居住环境，让居民真正感受到和谐社会、智能生活的精髓和实质。

不仅建筑内部的各种用品实现互联，它们还要与外部世界实现互联。例如现在一个家庭生活中所必需的水表、燃气表、电表这三个计量装置（另外还有供暖计量表）都有交费的问题，每个月或每个季度购买这些水电气是一个比较麻烦的事情。以燃气为例，通常的工作程序是燃气公司的查表员每个月上门查表，开具交费通知，然后由住户去银行交费。即使用气量很少，也不能省却这个程序。稍微改进一点的程序，是使用购气卡，通过在银行购买燃气量，然后把卡内的数值充入住户的燃气表内。

在通信网络的支持下，现在有些交费过程已经开始以数字化预缴费的形式进行了，例如不少城市的电表已经改造为具有上网功能的电表。查费、通知、交费等程序都可以在网上进行，并且与住户的手机绑定，随时把使用、欠费和交费的情况用短信通知到住户的手机。住户只要在供电公司的网点购买了用电量，电费就自动充入住户的账户，同时自动显示在住户的电表上。让供电公司和住户都省掉了很多不必要的路程。

未来的智能电表，可以与住户手机、室内的计算机等设备联网，自动监控室内用电情况，自动推荐用电节能策略，自动与住户的太阳能、风能、生物质能、潮汐能等发电设备联网，如果住户自己的发电量较多，可以把住户的余电输入地区电网、可在整个建筑内自动低频节电运行等。

“智能家居”引领的“智能生活”

未来，发展智能家居的终极目的，是让人类享受和谐、绿色、环保、健康、长寿、安全的智能生活。

有用功能的自我实现，有害功能的自我消除，意味着人类的智能生存。智能生存，是智能社会里人类智能生活的常态。

智能生活需要在多个方面体现出来人类的“自我实现”：

未来的建筑家居，是住宿养生、绿色环保、自给自足等人类高阶需求融为一体的高度智能化建筑。传统的钢筋水泥、现代的数字网络、未来的自服务/自修复/自发展/与大自然融为一体等需求都会实现高度的一体化。巴黎计划在2050年建成的智能建筑，如图3-12所示。

未来的建筑家居，可以满足所有人的多元化的居住需求。例如迪拜达芬奇旋转塔是世界上首个实现风力发电的、420多米高的旋转摩天大楼。由于每层都能旋转，因此就没有了房间朝向的问题，在音乐的伴随下，每天每个房间都可以享受到360°的全景观。除此之外，整座大楼所需的能源都是自给自足的。在每两层楼之间的夹层都设计了风力涡轮机，全楼共有79套风力发电设施。此外在80层楼的每层楼顶都设置了太阳能蓄能电池，在每天不断旋转的过程中，光伏电池可以获得最佳日照射量。旋转塔的环保能源不仅能自给自足，余电还可供给邻近建筑物使用，如图3-13所示。

图3-12 未来的绿色环保型智能建筑

图 3-13 迪拜达芬奇旋转塔

未来的智能建筑，除了充分满足人类在居住等方面的需求，在一些小事方面，也能得到充分满足。例如，智能建筑通常可以从设计上就为居民提供自种果蔬的服务功能，现在有些居民利用屋顶、阳台、外墙面所实现的自种果蔬的需求，可以在更好、更大、更容易操作的范畴上来实现，专门设计的栽种空间、灌溉设施和日照方向，让居民不仅可以做到蔬菜、水果、花卉的自给自足，锻炼了身体，陶冶了情操，还可以创造出很多的绿色环境，由于家家鲜花，户户绿色，可以极大地改善局部生态气候，减少甚至消灭雾霾，打造宜人养生的居住环境。

人们常说生活中少不了衣食住行，未来的智能服装，既可以加入数字化要素，也可以基于智能材料来制作。

健康 T 恤——美国某公司计划推出一款运动 T 恤，外表看像一件柔软的罗纹棉针织衫，但实际上导电纤维与棉纤维交织在一起，可以从嵌入式传感器中接收穿衣人身体各种数据，传输到一个信用卡大小的接收器当中，并与穿衣人及其家人的移动电话、电脑相连。它可以监视心率、体温、呼吸以及消耗了多少卡路里的热量。如果穿衣人心脏病发作或虚脱时可以及时报警，从而降低突发性死亡的概率。

情绪手套——日常繁忙的工作常有可能使人感到抑郁，这种手套通过内置传感器来检测手掌的温度、脉搏和皮肤的导电性来感知人的情绪。一旦探测到主人心情压抑、情绪焦虑，手上的手套就会以频闪的方式发光示警，提醒主人放下案头工作，走出去呼吸新鲜空气或者是喝杯清茶、咖啡放松一下自己。

保温袜子——这种袜子由智能材料制成，内含数十亿个保温微粒，具有良好的吸热性，可感知体温与环境的差别，来自我决定是吸热还是放热。平时走路时它可以吸收双脚发出的热量，减少脚汗。当外界温度下降时，它又能将储藏的热量缓释出来，为双脚保温。

智能家居，从家中上上下下、里里外外的物理设施和材料的数字化、感知化做起，让传感器感知信息，让数字化模块分析计算，让网络无界传输，让智能材料自我动作，让数字化移民自我决策，让智能家居中的人们智能生活。和谐、绿色、环保、健康、长寿、安全是智能家居的价值取向和发展方向。

万物互联　数字化大迁徙

今天，网络连接了人与人，极大地缩短了人与人之间的空间距离。同样正在改变的，还有物品与物品之间的连接，各式各样的物品伴随着新技术开始了大规模数字化移民，传统模拟手机数字移民为智能手机，哑设备数字移民为智能设备，传统工厂数字移民为智能工厂……。

物质世界通过数字移民，走向万物互联，物联网应运而生。

物联网发端　万物开始互联

亿万年前，我们熟知的节肢动物——蜘蛛就在地球上开始了织网，如图 3-14 所示。

人类从蜘蛛结网等自然现象中获得灵感，用绳、线等结成捕捉鱼鳖鸟兽的器具，将其命名为各种网，在此基础上扩展网的含义，形成了众多的可见和不可见的鸟网、渔网、电网、通信网、互联网、物联网，甚至还有社交网、关系网等。

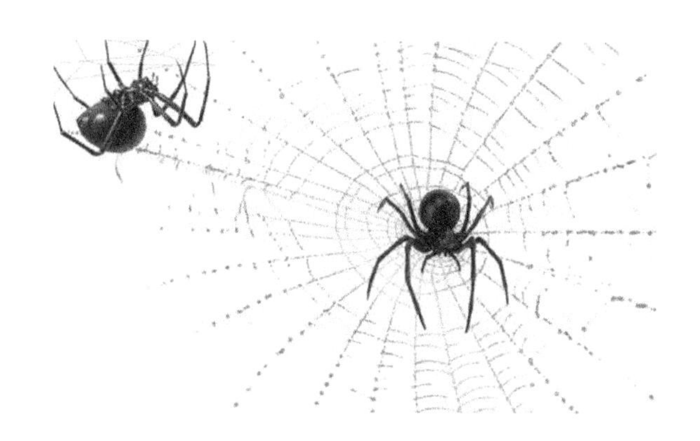

图 3-14　关于网的最早认知——蜘蛛织网

什么是物联网?

最通俗的说法就是“物物相连的互联网”，物联网的英文名称为“The Internet of Things”，简称 IoT，这一名称由麻省理工学院自动识别中心（MIT Auto-ID Center）凯文 · 艾什顿（Kevin Ashton）教授在 1999 年研究射频识别技术（RFID）时最早提出，因此凯文 · 艾什顿也被公认为“物联网之父”。经过十多年的发展，物联网的定义和范围已经发生了变化，覆盖范围有了较大的拓展，不再单指基于 RFID 技术的物联网。我们的生活，无论你是否意识到，事实上已经被物联网大面积覆盖了。

物联网主要解决物品与物品（Thing to Thing，T2T）、人与物品（Human to Thing，H2T）、人与人（Human to Human，H2H）之间的互联。物联网是在计算机互联网的基础上，通过射频识别（RFID）装置、红外感应器、全球定位系统、激光扫描器等信息传感设备，按约定的协议，把任何物品与互联网连接起来，进行信息交换和通信，以实现智能化识别、定位、跟踪、监控和管理的一种网络。物联网的关键技术有传感器、条码/二维码、RFID、云计算、云存储、云服务、IPv6、短距无线通信等。

物联网有三个本质特征：

▶ 网络是基础，即需要联网的“物”能够通过各种互联网或通信网络，实现互联互通，物联网应用具有较强的局域性和行业性特征。

- 识别与通信是核心，即物联网中的各种“物”应具备自动识别以及机器对机器通信（Machine to Machine，M2M）的功能。
- 智能化是标志，即物联网网络系统应具有感知、自动化、反馈与智能控制的特点，对海量的跨部门、跨行业、跨地域的数据和信息进行分析处理，提升对物理世界、经济社会各种活动的洞察力，实现智能化的决策和控制。

物联网之父凯文·艾什顿（Kevin Ashton）在2015年9月以“互联网+开放·连接”为主题的演讲中认为：“中国互联网的发展程度，实际上已经超过了很多西方发达国家，当中国互联网升级到‘互联网+’，强调共性与融合的物联网与之有了更大的关联，因为‘互联网+’的生态，构建在万物互联的基础之上。”

IBM 公司的“智慧地球”

早在2008年，IBM公司提出了“智慧地球”的设想，旨在为系统注入“感知化”“互联化”和“智能化”特性，推动人类进步和经济发展。目前，IBM正在运用云技术、数据分析、移动技术、社交网络和安全技术，帮助各种组织创建物联网（IoT）。IBM坚信，依靠物联网技术和智能技术专心致力于创新的企业，以及利用智能化技术创建和运行复杂互联系统的企业，将引领下一波物联网价值创造的潮流。

IBM将投资30亿美元打造一个全新物联网（IoT）事业部，并创建一个基于云计算的开放平台——IBM物联网行业开放云平台。该平台将会提供全新的分析服务，客户和合作伙伴将可以用它来设计、构建并交付物联网解决方案。

华为走向万物互联

华为公司2015年启动了“华为HiLink计划”智能家居战略，通过与海尔集团在智能模块集成、移动终端与家电交互控制、数据共享等方面的合作，探索构建行业统一的通信互联标准与协议，推动智能家居向万物互联演进。华为与海尔的深度合作，从单一家电产品向万物互联的智能化时代升级，衣食住行全场景无缝联接的智能生活离我们并不遥远。

在“2015 年世界移动大会·上海”的“全球终端峰会”上，华为提出：“下一代手机将在2020 年出现，将是改变人们生活的智慧手机。”华为提出的智慧手机，具有万物可感、人脑与智脑合一等全新技术。这种全新的智能技术，重新定义了人机合一后带来的无限可能性，同时智慧手机建立在多个领域的跨界融合创新上，而这正是未来智能终端发展的重要趋势——万物互联，人机合一。

万物互联（IoE）将世界变得更好

思科将万物互联（Internet of Everything，IoE）定义为将人、程序、数据和事物结合一起使得网络连接变得更加相关，更有价值。万物网将信息转化为行动，给企业、个人和国家创造新的功能，并带来更加丰富的体验和前所未有的经济发展机遇。

万物互联区别于物联网的一个重要方面就是“网络效应”。

随着越来越多的事物、人、数据和互联网联系起来，这种网络的网络形成的互联网力量正呈指数增长。这个观点就是科技先驱和 3Com 公司的创始人罗伯特·梅特卡夫提出的“梅特卡夫定律”：**网络的价值与联网的用户数的平方呈正比**。从本质上讲，网络的力量大于部分之和，使得万物互联，令人难以置信的强大。

今天，这个现实的物理世界上有超过 99% 的东西仍然没有和互联网联接。但是，一个叫作“万物互联”的东西将会唤醒一切你能想象到的东西。思科公司预计，到 2020 年，370 亿的智能物将会接入互联网。

工业物联网　机器感知世界

工业生产中，各种“哑设备”（Dummy Device，即不具备智能的，或不带可编程内存的，或缺少微型计算机及相应“智能”的物理设备及终端）正在加入数字化移民的行列，变成智能设备。这些智能设备，感知着物料，感知着零件，感知着流水线，感知着工程师，以及基于数字信息处理技术、移动通信技术等不断融入工业生产的各个环节，可大幅提高制造效率，改善产品质量，降低产品成本和资源消耗，将传统工业提升到智能工业的新阶段。

工业物联网如何提升制造业转型升级？通过将物理实体设备与数字虚体世界紧密联系起来，工业物联网可以广泛应用于工业领域以下几个方面：

1）优化生产工艺流程：物联网技术在产品的整个生命周期进行流程控制、参数采集、设备监控、消耗检测，帮助制造企业进行生产预测性数据分析，制定预防型生产计划，实现生产流程平稳运营。

2）制造业供应链管理：将物联网技术应用于企业原材料采购、库存、销售等环节，通过完善和优化供应链管理体系，提高了供应链效率，降低了成本。欧洲空中客车公司（Airbus）通过在供应链体系中应用传感网络技术，构建了全球制造业中规模最大、效率最高的供应链体系。

3）工业安全生产管理：制造企业可利用物联网技术，将传感器装备到恶劣环境下的生产设备中，感知危险环境中工作人员、机器设备、周围环境等方面的安全状态信息，通过综合网络监管平台系统，实现实时感知、准确辨识、反馈控制，以改善工人工作条件，提高生产效率和安全性。

4）增加新的收入来源：物联网技术有利于企业通过电子商务拉近“客户到制造企业”距离，在新的商业模式下，消费者将得益于制造企业更加灵活和个性化的产品设计和生产。

埃森哲公司联合 Frontier Economics，就物联网对中国多个产业的 GDP 累计影响进行了预估。未来 15 年，仅在制造业，物联网就可创造 1960 亿美元的 GDP 增量。

农业物联网　不再靠天吃饭

国际咨询机构 Beecham Research 的报告显示，物联网将成为农业生产的关键，利用物联网技术，全球可增加 70% 的粮食产量，从而满足 2050 年预计出现的

96 亿人口对粮食的需求。

农业物联网技术主要应用于设施农业、水产养殖、畜禽养殖和大田作物四大领域。通过农业物联网技术，让农业实现“环境可测、生产可控、智能储运、质量可溯”。依托卫星定位、自动导航、遥感监测、传感识别、智能机械、电子制图等技术发展的智能农业，可以根据不同地块的地貌状况、地形特征、肥沃程度、土壤墒情、作物种类等采取不同的作业方案实现精准化作业。

农业物联网和传统农业生产方式相比，不仅大幅度提升了农业生产效率，更及时地将生产信息运用到发展农业上，实现农业产销一体化，形成中国农业的新型经营模式，为我国农业发展插上智能腾飞的翅膀，顺应智能时代发展的趋势。

智能养猪场：猪也有“身份证”

在一个智能化养猪场中，墙面上装有湿帘、风机，猪舍的中央有一串大大小小的监控、传感器等物联网装置，实时监测着猪舍内的温度、湿度、空气成分等数据，并传送到智能化群养生猪系统的信息平台上。

每一头猪都佩上了自己“电子身份证”。每头猪的耳朵上都戴有一个“智能耳钉”。这是射频识别标签（RFID），里面详细记录着每头猪的出生、防疫、采食等信息，用便携式扫码器一扫便可全部获悉。有了“智能耳钉”，就可以对每头猪的情况进行实时监控，并将数据采集到系统形成数据库，为科学养猪奠定基础。

物联网促进农业产业升级

安徽省来安县的农业互联网是一个通过传感、摄像等设备，实现对气象、农作物、土壤全天候视频监控、环境监控的服务平台，上传的数据可以经过省里的物联网综合服务平台的控制和比对分析，对超过设定的科学标准量及时做出预警，远程控制自动发送短信提醒用户，以实现对农业种植过程的精确感知、精准操作、精细管理。

来安县张山乡桃花村的菜农们一开始并不太相信这个农业物联网服务平台有多大能耐，用菜农们自己的话说，种了一辈子菜，闭着眼睛也知道蔬菜啥时浇水、啥时打药、该施多少肥，还用得着什么物联网来指导种菜？菜农们抱着试试看的心理，按照物联网综合服务平台发到手机上的指令，来指导控制大棚内的水、肥、热、气、光。平时要是遇到个什么病虫害，只要打开视频监控或拍张照片传到服务平台上，很快就有专家给出防治建议。一茬圣女果种下来，菜农们惊喜地发现，病虫害减少了，产量提高了20%，节水30%，节肥15%，节药15%以上，通过配套喷灌、滴灌设备，劳动强度也降低了50%，预计全年村蔬菜产量能达1.2万吨，产值增加近百万元，菜农们彻底服了。

极速5G网　引领万物互联

移动互联网已经深刻地改变了我们的生活。

大约每隔10年，移动通信技术就会发生巨大变化并发生演进，自从20世纪80年代1G（第一代移动通信技术）网络诞生，然后是20世纪90年代的2G（第二代移动通信技术）GSM网络，随后到新世纪的3G（第三代移动通信技术）网络，紧接着是2010年的LTE 4G（第四代移动通信技术）网络，再到目前5G（第五代移动通信技术）研发工作已经全面启动。移动通信技术的迅猛发展，让我们几乎还没好好感受3G，就迎来了4G时代。而且，5G时代也已经在看得见的不远处，向我们招手了！

业界普遍预计到2020年，第一个按照国际标准执行的5G网络将开始运营。从模拟信号到数字信号，从语音通信到数据通信，从窄带通信到宽带通信，每一代移动通信技术都较好地解决了上一代网络中存在的问题。

5G网络具有以下典型特征：

- “以物为中心”：5G将全面支持“以物为中心”的物联网业务，实现人与人、人与物、物与物之间的智能互联。与4G相比，其应用规模及场景将以十倍用户数增长、百倍数据流量增长，以及两倍移动速率增加。

- 高数据率：5G 最明显的特点就是高速。5G 用户体验上网速度预计在 4G 基础上提升 100 倍以上，速度高达 10 ~50Gbps。
- 低时延高可靠：网络延迟低于 1 毫秒，约为现在 4G 端到端网络延时的十分之一，这为未来如自动驾驶汽车、车联网、智能交通、远程控制工业机器人、远程医疗系统、智能城市基础设施等实时智能应用，打下坚实基础。
- 低能耗低成本：比 4G 网络更节能省电，5G 将提高能效，提升频谱使用效率，降低运营成本，以更低功耗实现大规模连接。

基于 5G 网络的上述 4 个典型特征，可以看出 5G 通信性能的提升及广泛应用，不是单靠一种技术的进步，而是需要多种技术相互配合共同实现。未来大量可穿戴设备、智能硬件、智能终端、数字移民设备将实时连接入 5G 网络，终端与云端之间的联接几乎会没有任何延迟，网络泛在、万物联接成为常态，智能化时代真正到来！

5G 时代是一个革命性的时代，人们的生活将发生翻天覆地的变化。

从人与人的联接到物与物的连接，在不远的将来，人们将迎来一个更美好的全联接、智能化世界。万物互联时代即将到来，我们准备好了吗？

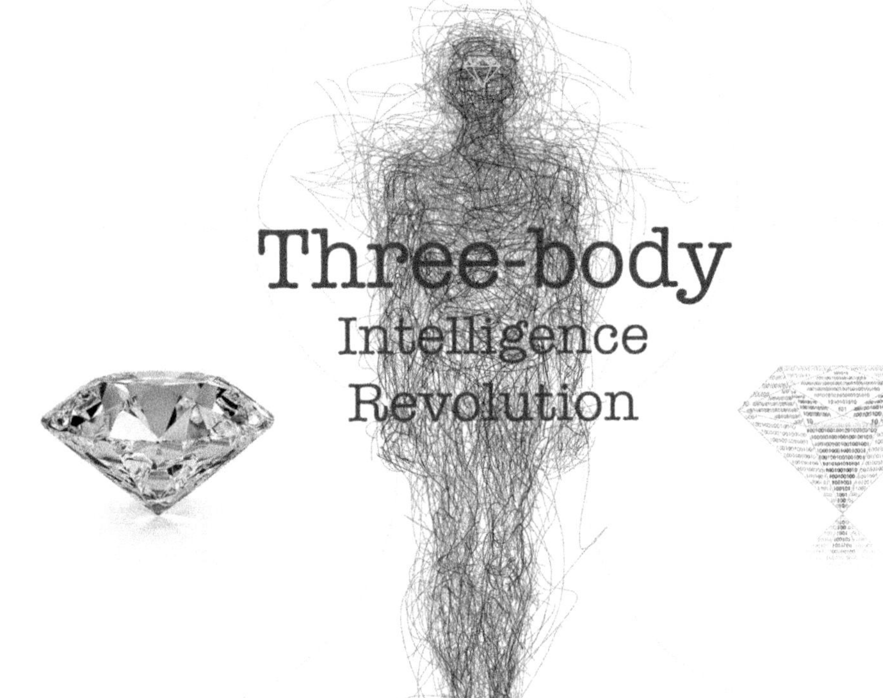
Three-body
Intelligence
Revolution

Chapter 4

第四章 数据淘金

不管你现在做什么行业，你做的生意都是数据生意。

——凯文·凯利

无数体，不智能！在大数据的哺育下，数字虚体正在崛起，正在探索独特的认知技术与自我意识。大数据的根本目的和终极价值是获取数体智能。

——本书作者

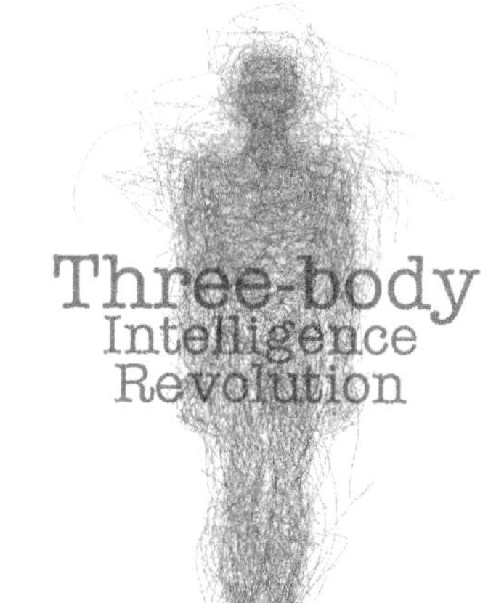

蓬勃爆发的**大数据**中富含无穷无尽的**大信息**，运用未来的**认知型**挖掘与分析技术，我们能够从中挖掘出**大知识**。当我们能够从大数据的金矿中提炼出未知的知识，并将万物、人体与计算单元融合，连接到超级的**“认知引擎”**的时候，虚拟世界的数体智能，必将为生物世界的人脑智能提供广阔无垠的延伸和助力，为人类文明创出一方美丽的新世界，让梦想与创造力得以更自由地驰骋。

我们有理由相信：一种高度模拟人类智能的数字智能体，即将诞生。在数字认知引擎全方位智能化之后，虚拟世界或将诞生自我意识，从此走上真正的自主学习、自由成长的道路。

大数据时代的来临

每天，你借助网络上汲取所需；每一小时，你通过网络沟通情感；每一分钟，你通过网络分享所思……。你，是数体空间的一个触角，数体世界的一个节点。

前互联网时代，信息爆炸了。互联网的来临，数据爆炸了！ 移动互联网与物联网的崛起，大数据爆炸了。

而我们，实实在在地被深埋在了大数据的海洋中，满怀欣喜，却无所适从。

大数据（Big Data）是当今社会最热门的科技名词之一。它被用来描述信息时代的数字产物所达到的令人咂舌的高峰，倒也十分贴切。

社会大数据来了，汇聚着人的一言一行，一举一动；工业大数据来了，富含着设计、计划、生产、服务全流程信息；气象大数据来了，记载着阴雨雷电，春夏秋冬；人体健康大数据也来了……

当身边各行业的朋友都开始聊大数据的时候，我们所生活的世界，似乎也随之变大了。

媒体大数据，充分运用大数据的社会感知与趋势预测，进行有目的的新闻追踪与报道。

金融大数据，通过金融大数据的分析，理解客户的全方位信息，为客户提供最适合的、最贴心的金融服务。

医疗大数据，通过对健康数据的全方位建模分析，改变传统的诊病模式，从基因开始诊断与治疗。

大数据与我们息息相关，公民信息汇聚成大数据、产品信息汇聚成大数据、一切社会活动都可以表现为大数据。那么，大数据到底是什么呢？

普遍的定义是：**大数据，指的是其体量或者复杂程度已经超出常规的数据库工具获取、存储、管理和分析能力的数据集**。

维基百科中只有短短的一句话：**“巨量资料（big data），或称大数据，指的是所涉及的资料量规模巨大到无法通过目前主流软件工具，在合理时间内达到获取、管理、处理并整理成为帮助企业经营决策更积极目的的资讯。”**

事实上，尽管整个20世纪人类生产了数以ZB（注：1ZB = 1024EB = 1 048 576PB = 1 073 741 824TB = 1 099 511 627 776GB = 1 125 899 906 842 624B）计的数据信息，但置身21世纪，人们对未来的不确定性似乎更多而不是更少了。全球性的恐怖危机、金融危机、环境危机、能源危机始终威胁着国际社会。人们之所以把大数据当作新世纪的重要战略资源，恰恰是看中了大数据这片神奇的土壤之中蕴含着的丰富的知识含量，这使得人类在巨大的不确定性中，为把握住未来增添了一个砝码。

大数据浪潮扑面而来

大数据有多大，也许没有人会有一个确切的答案。而事实上，大数据，可能比我们每一个人脑子里能够想象的都还要大！ 我们不妨看看这一组数据：

每一秒，全球发送电子邮件300万封；每一分钟，YouTube上传20小时视频信息；每一天，微博新帖1亿条、淘宝交易2000万笔，而谷歌处理数据近30PB，相当于2516万部高清电影，一百亿本书……

直观地说，在一天之中：互联网产生的全部内容可以刻满1.68亿张DVD；一天的邮件总量，相当于美国两年的纸质信件数量；发出的社区帖子达200万个，相当于《时代》杂志770年的文字量；卖出的手机为37.8万台，高于全球每天出生的婴儿数量37.1万……

人们拥有的数据的总量，已经从TB级别跃升到PB到EB乃至ZB的级别，并在不断地攀升。世界范围内服务器年处理目前已经达到9 570 000 000 000 000 000 000字节，也就是9.57ZB。

如果我们将这些数据印刷成书籍，那么这些书的总厚度可以达到90亿公里，可以让你从地球到海王星往返10次。

毫不夸张地说，我们，正生活在一个巨大的数据爆炸的漩涡之中，以至于，人们往往会用一个词语来形容我们今天所处的时代：大数据时代！ 生活中的一切活动，每一次购物，每一次出行，每一次交谈，每一次恋爱，每一次位移，甚至我们的身体每一次重大变化都成为数据收集、存储、加工、整理和使用的对象。多样且海量的数据以及难以描述的巨大商业价值深刻地影响了公共政策的制定，并对社会经济和公民隐私产生了深远的影响。

政府在行动

美国政府宣布："数据是一项有价值的国家资本，要对公众开放，而不是把其禁锢在政府体制内。"于是，美国联邦政府制定了自己明确的大数据发展战略，并发布了政府开放数据平台作为开放政府的一部分，到2016年3月底，已经向公众开放了超过194757个不同的数据集合。

2013年6月，八国集团首脑在北爱尔兰峰会上签署《开放数据宪章》，各国表示愿意进一步向公众开放可机读的政府数据。

英国政府从2011年开始，不断对大数据领域进行持续的专项资金投入。2012年5月，支持建立了世界上首个开放式数据研究所ODI，把各行业人们感兴趣的所有数据融会贯通在一起。英国政府建立了有"英国数据银行"之称的data.gov.uk网站，通过这个公开平台发布政府的公开政务信息。

法国政府推出的公开信息线上共享平台data.gouv.fr，便于公民自由查询和下载公共数据。

日本公布了新 IT 战略——“创建最尖端 IT 国家宣言”。宣言阐述了 2013—2020 年期间以发展开放公共数据和大数据为核心的日本新 IT 国家战略。

韩国政府提出“智慧首尔 2015”计划，挖掘大数据的经济价值。

中国政府提出了中国制造 2025、互联网 +、大数据发展战略，多管齐下。2015 年 8 月 31 日，国务院印发《促进大数据发展行动纲要》，系统部署大数据发展工作。2016 年全国两会通过的十三五规划纲要提出，实施国家大数据战略，把大数据作为基础性战略资源，全面实施促进大数据发展行动。各省各市的大数据发展战略接踵而来，纷纷出台。促进数据流通，规范数据交易行为，维护数据交易市场秩序，保护数据交易各方合法权益，似乎已经成了每一个地方政府的共识和目标。

市场在发动

大数据如同是一个巨大的矿藏，采矿就需要工具。近年来，各种大数据分析工具层出不穷，开源的有 Hadoop、Apache Drill，商用的有 IBM、Oracle、Cognos 等大小供应商的大数据平台，还有传统的数据仓库、数据超市等数据分析技术，在大数据时代无不各显其能。

通过大数据分析，美国零售业巨头沃尔玛分析出了啤酒加尿布的经典案例，为自己的营销决策提供了种种有力的支持。

通过大数据分析，谷歌成功预测了流行性感冒的爆发。

通过大数据分析，电商平台们也在你购物浏览的时候，准确地给你推荐了你有点儿想要但却不知道是不是真正需要的商品，让你欲买还休，欲罢不能。

打开某著名电商网站，敲入“大数据”，形形色色的书籍、教材多达三千多本。

各种讲座，各种博文，各种朋友圈，靠谱的，不靠谱的，务实的，忽悠的，百花齐放，百家争鸣，让人眼花缭乱，无所适从。

2015 年 4 月，国内第一个大数据交易所经贵州省政府批准在贵阳挂牌运营，数据已经成为新的交易对象。

数据科学家一夜之间变成了最具潜力、最有“钱途”的职业。高水平的数据工程师、数据架构师、数据挖掘师，千金难求。

事实上，市场上最热门的东西，时常是昙花一现，要真正看清大数据的未来，必须了解它的前世今生。

数字崛起　信息爆炸六十年

20 世纪之前，人类的信息传播历史经历了三次大的变革：语言的产生、文字的使用、印刷术的发明。每一次的信息传播革命，都极大地改变了人与人信息交流的数量与速度。

到了 20 世纪初期，电话、电报、广播、电视等一系列早期赛博技术的发明和应用，使得人们的信息交流产生了突变，时空的局限被突破了，声像图文得以远距离、低成本传播。论文期刊，新闻娱乐，广告图文，影视书刊……人类产生与积累的信息总量骤然膨胀。

到了 20 世纪的中叶，电子计算机技术与现代通信技术的普及应用将人类社会推进到了数字化的信息时代。计算机是一种能够按照指令对各种数据和信息进行自动加工与处理的电子设备。它的出现和广泛应用把人类从繁重的脑力劳动中解放出来，在社会各个领域中提高了信息的收集、处理和传播的速度与准确性，直接加快了人类向信息化社会迈进的步伐，**而网络，将一台台独立的计算机连接在一起，构筑了一个全球性的数字活动空间**。

各行各业对计算机和网络的广泛应用，催生了一个人们耳熟能详的名词——**信息爆炸，从特定的视角看来，它是大数据的前身**。

回顾历史，在 20 世纪 60 年代到 80 年代中，每 20 个月，全球新生信息量就会相当于之前的信息量的总和。英国学者詹姆斯·马丁统计，人类知识的倍增周期在 19 世纪为 50 年，20 世纪前半叶为 10 年左右，到了 70 年代，缩短为 5 年，80

年代末几乎已到了每3年翻一番的程度。

1980年，美国未来学家阿尔文·托夫勒曾在《第三次浪潮》一书中，就将信息爆炸热情地赞颂为“第三次浪潮的华彩乐章”。按照当时人们的观点，信息爆炸最早开始于20世纪50年代中期，其代表性象征为“计算机”，主要以信息技术为主体，重点是创造和开发知识的速度开始呈指数趋势发展壮大。

到了20世纪90年代，网络成长为互联网，计算机开始进入千家万户，成为人们生活中强有力的学习、生活、娱乐工具，慢慢地渗透到了社会的每一个角落和每一个人。

电子邮件慢慢地取代了纸质的信件，其方便、快捷的特点也使得人们的电子邮件数量远远地超过了以往的信件往来。

各种网站开始蓬勃发展，甚至在20世纪末到21世纪初的几年中形成了巨大的.COM泡沫。尽管泡沫最终破灭，但其所象征的互联网信息爆炸的趋势，却并未停歇，反而愈演愈烈。

网络游戏开始急剧发展，人们在互联网上所花费的时间也与日俱增，“秀才不出门，便知天下事”的时代，在互联网时代中才真正得到了实现，更多“宅男”“宅女”应时而生。

此前，人们在企业内部和个人空间的计算机上，都产生过海量的、形形色色的各种数据。“大数据”其实早就是一种客观存在，但是，真正有意义的是大数据的“在线”。互联网的飞速发展，让这些原本被分隔和深藏在不同的、非共享的空间的大数据，可以被分享、共享在互联网上了，数字虚体空间逐渐形成。

著名的社会学家曼纽尔·卡斯特研究了互联网对社会产生的变化，并在1996年出版的《网络社会的崛起》中提出了流动空间的概念，描述了因互联网的广泛应用而建立的这种流动的虚拟空间，创造出了全新的生产与管理模式，将极大地改变人们的生活与生产方式。在人流、物流、资金流、信息流等各种“流”的作用下，功能化和等级化的网络节点将生产、分配和管理功能定位在最有利的区位，并通过电信网络将所有活动联系起来，形成一种全新的网络社会。卡斯特的“流动空间”就是早期的数体空间。

连接万物　大数据爆炸十年

今天，你一共行走了多少步？

今天，你的平均心跳速率是多少？

你平常最喜欢的颜色是什么？

去年，你都去过哪几个地方？

一年里，你买了哪些东西？都是用什么付的款？

……

十年前问到这些问题，答案通常是：晕，这我哪里知道啊？！

而今天，这些问题的答案，就在你的手机里。

你生活中的全部过程，如涓涓细流，汇聚奔流，形成了个人大数据！

开启消费大数据大门

2007年，苹果公司发布了它的第一款iPhone智能终端，如图4-1所示。尽管它不是最早的智能移动终端，尽管它所依赖的EDGE只能龟速上网，尽管当时苹果应用商店尚在孕育，还没有愤怒的小鸟，也没有其他的手机游戏，但是，不可否认，作为事实上的移动互联终端的标志性产品，就是它，开启了移动互联网的时代。

图4-1　乔布斯发布iPhone

指尖轻触，手指滑动，一切尽在掌握中。智能移动终端使得原本只有“宅”在家中、端坐办公室才能够触摸到的互联网来到了人们的手中。网络交流，从鼠标与键盘的时代进入了指尖时代。很快，智能手机迅速地成为人们生活中不可分割的一部分，甚至于出现了本书在数字移民一章中所描述的“忘记带手机，后果很严重”的情形。

你在手机上的每一次轻点，每一次滑动，都会在互联网上留下丝丝的痕迹。甚至，你不需要去触摸，只要你把它开机，带在身边，随时产生的数据都会自动地向网络深处不停地传递着关于你、关于这部手机的种种状态信息。

到了今天，90% 的网民习惯了在遇到问题的时候去搜索一下，原本每到一个城市都要买一本地图的习惯，也演变成了拿出手机，地图搜索，实时导航。出行中，人们似乎不需要动脑子了，因为原本需要费力思考而得到的结果，在数体空间中已经为你准备好了答案，你只需要轻点屏幕，精确的、优化的答案，便会呈现在你的面前，伴随着你一路前行。

2015 年 1 月，全球接入互联网的移动设备总数超过 70 亿台，而同年全球销售智能手机 13 亿部。仅在中国，便有 10 亿部智能手机，6.5 亿移动互联网用户，各行各业的精英们手拿两部手机的情形几乎随处可见。而人们每天平均花费在互联网、移动互联网上的时间，也超过了 4.4 小时。英特尔的“互联网一分钟”统计数据（图 4-2）说明了这种情况。

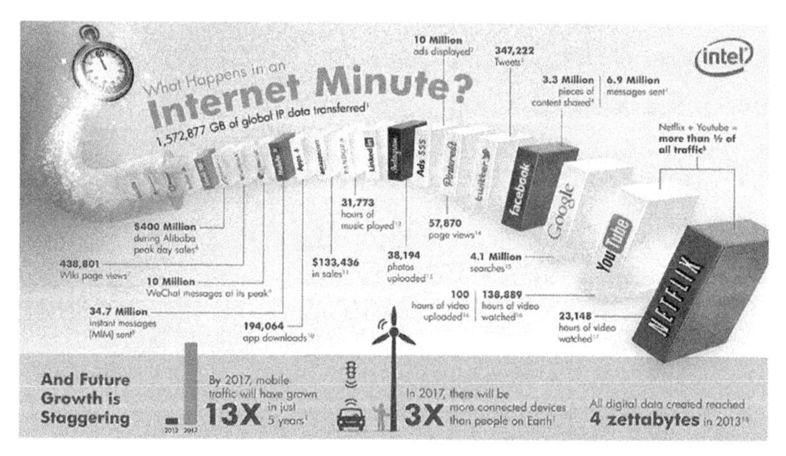

图 4-2　英特尔发布的“互联网一分钟”

手机移动社交软件与平台不断崛起，微信、微博、脸书、视频……各种移动端应用平地而起，都使得“拇指经济”空前壮大，**人们的碎片时间被最大程度地利用**，地铁里，商场中，大街上，低头一族不断壮大。“情人相见不相识，各自低头弄手机”，餐桌上人人低头摆弄手机，面对面却无言以对的尴尬景象比比皆是。而每一刻，人们在手机上的任何一个动作行为，都会在数字虚体空间中留下难以删除的痕迹。

这一切，意味着什么呢？数据，越来越多的数据，不断膨胀的大数据！ 这些数据，紧紧围绕着每个人，个人的身份信息、隐私信息、位置信息、活动信息、思考信息、交易信息……无所不包，无所不采。总有一天，在某个人出生之后，他的几乎全部身体活动轨迹、思想形成与发展动态、个人情感偏好都将获得全方位的记录，复制与下载某个人的记忆也不再是问题。

步入万物大数据时代

移动互联网的新鲜感还没有过去，物联网又横空出世。智能手环、手表、项链，乃至于老年防走丢袜子、内衣……似乎没有什么是不能向数字空间移民的。而所有的这些，所产生的——只有数据。物联网，以完全不同于以往信息爆炸的另一个态势，瞬间便将膨胀到了临界点的大数据彻底引爆。

智能可穿戴设备时刻不停地在采集着你的身体信息：心跳、血压、体温；今天走了多少步？某一个时刻你在哪里？等等。

大街上，各种智能传感器也不知疲倦地在感知着街区道路上的信息：视频监控录像、智能交通感应设备、电子拍照系统等。

汽车里，遍布在汽车内外的各种传感器，收集你的车速、前后左右的路况、汽车的位置、走向等。

天气探测系统，气温、风向、风速、湿度等，乃至于现在我们关心的 PM2.5 实况。

当然，还有工厂里的智能机器、智能生产管理系统；建筑内的各种感应器；飞机上各处密布的各种传感器等。

在互联网发展早期，曾经有一句非常著名的话："在互联网上，没有人知道你是一条狗。（图4-3）"

而到了大数据时代的今天，随着你的网上购物、预订宾馆、社交平台、微博……，你在互联网上的一切行为，都时时刻刻在暴露着你方方面面的信息：你的行踪，你的喜好，你的社会关系，你的财务信息，你的一切一切，都会在互联网上以数据的形式予以记录。

"耶！ 我不仅知道你是一条狗，还知道关于这条狗的一切！"

图4-3　"在互联网上，没有人知道你是一条狗（1993年，The New Yorker）"

毫不夸张地说，我们的世界正在迅速地被数据淹没。每一个数据片段，如果放在原始的应用场景中，都有着明确而清晰的含义，但是，当所有这些数据变得越来越多、越来越大的时候，便成为大堆建筑材料中的一分子，融入数据的海洋中，成为构筑数字世界的原子、分子、微小颗粒，单个的数据再也难以被看清、被察觉，而这些数据中所蕴含的知识与信息，也被迅速地淹没在数据矿砂之中，等待着人们去探索和挖掘。

读懂大数据　人脑与电脑的双重挑战

"数据，已经渗透到当今每一个行业和业务职能领域，成为重要的生产因素。

人们对于海量数据的挖掘和运用，预示着新一波生产率增长和消费者盈余浪潮的到来。”

——麦肯锡公司

大数据时代，我们所收集到的数据中，80% 的数据是混沌一团的非结构化的数据，包含着巨大的不确定因素：机器的长时间运转、人类的各种复杂行为、毫无规律的自然变化，等等。

最重要的是，人类的眼睛实在是无法真正地读懂这些由 0 和 1 组成的比特编码。打算用人去分析这些数据基本上是异想天开。常规的软件也无法处理这些海量数据。大数据的分析，只能通过由人脑产生的知识编写成的专用软件来进行，利用软件可以不眠不休、高强度运算的特性，去读取数据，进行分析、计算和深度挖掘，从而将深埋在数据矿砂中的有价值的“贵金属”（如信息和知识）抽取出来，以可视化的手段提供给人们使用，或者作为“状态”信息提供给适当的后续处理软件，作为分析计算的资料或者做出判断的依据。

数据科学家凤毛麟角

不知道从什么时候开始，职场上出现了这样的一群人：

他们都是杰出的程序员，能够用软件出色地实现自己意识世界中产生的各种奇思妙想。

他们都是数学家，对于数学模型和数学算法有着极其敏锐的感觉。

他们具有出色的抽象能力，能从乱作一团的事实中快速地找到精华内容，并建立精确的模型。

他们都有着善于沟通与可视化的技能，知道怎样才能让人们更加容易理解、使用自己分析出来的结果。

在这个智能为主题的时代，这群人有一个最专业的职业名称：**数据科学家**（Data Scientist）。他们是一群平凡的“超人”，如图 4-4 所示。

在谷歌、亚马逊、脸书、优步、空中食宿（Airbnb）等公司成功的背后，

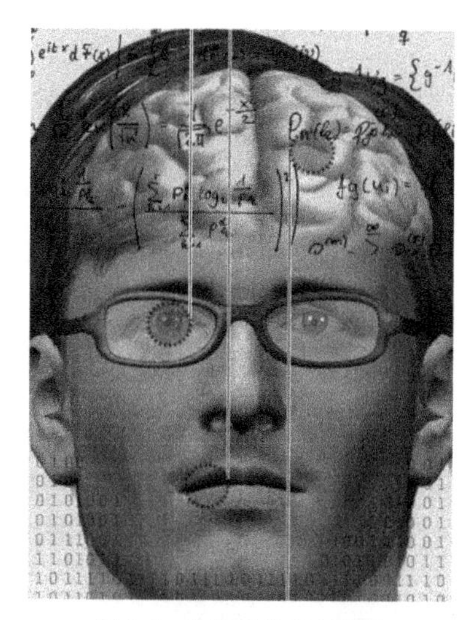

图4-4 数据科学家之画像

便有这样一批数据科学家：他们精通算法，善于分析，可以将大量的数据变为有价值的知识，例如搜索结果、定向广告、准确的商品推荐、可能认识的好友列表等。

然而，我们到底能够培养出来多少这样的数据科学家？能够研究出多少高明的算法？能够挖掘出大数据矿藏中多少有价值的富含知识的信息？解决多少我们现实中所面临的问题呢？

大数据挖掘，人类并没有长时间的积累与沉淀，也没有足够的知识与人才储备。我们所能做的，只能是在黑暗中，沿着那一丝亮光，不断地摸索前行。

非结构化数据电脑难以认知

这是几张在网络世界中广为流传的图（见图4-5）。在这些图片中，左边和中间两张都隐藏着几张甚至更多的人脸。对于人类的认知能力而言，似乎找到七八张人脸，不会是什么大问题。但是对于计算机来说呢？则需要建立复杂的人脸轮廓、色彩、明暗等各种特征模型，设计实施各种复杂的算法与数据模型，并经过大量的图像大数据来进行针对性的深度学习与训练，才有可能取得一定的识别效果。

图 4-5 看图识脸，找动物

再想一下：在右下方的图中，组成人脸的到底有多少种动物，它们都是什么呢？扔给任何一个计算机系统来自动分析与判断，恐怕都很难得出令人满意的结果。究其原因，就在于其中所蕴含的信息的巨大的不确定性，没有规律可言，没有模型可用，对于只知道 0 和 1、精通于计算与存储的计算机而言，几乎是不可完成的任务。

这还仅仅是视频图像的信息，通过人类的眼睛，相对比较容易被认知利用。但是，如微博、博客、邮件等那么多的文本信息，那么多的视频与图像，微信朋友圈中的各种格式混杂的数据积累等，又如何来识别呢？

所有这一切，无不挑战着人类设计的各种数据分析软件系统的极限，系统而准确地分析大数据，受限于人类大脑中的知识与算法的研究水平，至今仍然是重点的攻关方向。

大数据，不确定的挑战

在人们近似于科幻的分析想象中，大数据几乎是无所不能的，革命性，颠覆，跨时代……。人类用来描述奇迹甚至于神迹的所有词汇，都被毫不吝啬地赋予了大数据。大数据大有超越一切人类曾经拥有的工具，取代人类的管理、组织、制度，成为人类最伟大的“主宰” 的趋势。

然而，大数据真的有这么大的力量去做到这些事情?

虽然人们从大数据中已经得到了很多的数字化财富，可以进行精准营销、用户画像、趋势分析、流程优化等，但是，在专业人士看来，这些还只是大数据知识运用的冰山一角而已。大数据中的真正的价值，我们还远远没有挖掘出来。

面对着庞大无比的大数据海洋，人们经常感到的是迷茫和无能为力。我们不知道这些数据中所蕴藏的知识到底是什么，我们不知道我们运用这些知识能够解决什么问题，甚至，我们很多时候都不知道我们自己到底有些什么问题可以用大数据来解决!

大数据的巨大的不确定性在于，我们无法保证一定能够挖掘到我们需要的信息，同样，我们不能确定大数据中会不会挖掘出我们不希望别人知道的信息。隐私，安全，从互联网走进人们生活的第一天，便成为一个颇具争议的话题。对于这个话题，至今没有人能够给出一个令各方满意的答案。

认知科技 领航智能时代

文学家与艺术家的想象力，让几乎所有的科学家与工程专家们望尘莫及。而科学家与工程师所擅长的，是把已知的梦想通过科技的手段，变为现实。文学艺术家写出了科幻小说，拍出了科幻电影；而科学家和工程师们，似乎会不自觉地受到这些电影的引导，孜孜不倦地耕耘，一步步地把我们的世界，从科幻不断引向现实，让虚拟一步步地走进人的生活。机器人、虚拟现实、人工智能……无不如此。

认知萌芽　让机器像人一样思考

靠着自己的五官（主要是眼睛与耳朵，外加其他感官的辅助），人类每天摄取到的外界的信息（或者说数据）极其庞大。如果按照人眼与耳的功能制作一台机器人，然后将其一天内所采集到的所有信息按照视频与音频格式存储的话，将会需要一个非常巨大的存储空间。这庞大的信息真正被人所注意并提取，进入到人体意识空间的，相对会少很多；而被人体意识所分析处理以后成为知识，并被人们所记忆，又只有更少的一部分精华。可以说，通过关注、忽略、直觉等认知能力，人类有着超强的"数据清洗与筛选"的能力，可以将大数据中自以为与我无关的信息摒弃，而只撷取相关的信息。

就像一个苹果砸到头上，使牛顿能够认识到万有引力一样，人类的很多知识，都是凭着自己的直觉、经验、关联、想象，把看似毫无关系的知识信息联系起来，"无中生有"般地建立起来的。而当人脑对这些信息进行加工的时候，会采用很多种我们智人天生所拥有的独特能力，如理解、关联、推理、学习、联想、想象等。

理解

"汉字的序词并不影响人们的读阅和理解。比如，当你完看这句话，理解了这句话所达表的所有思意之后，才发现，原很来多语词都是乱的。"

为了让计算机更好地理解各种文本中的文字，抽取其中的知识，人们在自然语言分析领域深入研究，设计各种算法和系统来进行语音识别、语义分析。但是当系统遭遇到上面这两句词序错乱的话语，又会如何呢？这里好几个词语是颠倒或乱序的，人读了，根据上下文的语义，绝大多数人都可以准确地理解。但是，目前大多数的计算机语言分析系统，都还是"有心无力"的。

辨析

那么，再来看看下边这句话：冬天，能穿多少穿多少；夏天，能穿多少穿多少。

完全相同的句型，由于语境的约束条件变化，变得含义迥异。当人们读到这句话的时候，看到冬天，马上想到的是寒冷，看到夏天，想到的便是炎热。冷了应该要多穿衣服，热了，自然需要少穿衣服。

如果把这句话交给一个计算机系统来作为判断决策的依据，它该如何根据冬天或者夏天的不同季节来做出不同的穿衣决策？具体而言，它能不能根据冬夏季节的特征去理解，穿衣的多少，其实是因气温而异，进而建立穿衣策略，将气温作为决策判断的条件呢？

推理

推导：下雨的时候，草地一定会湿。今天下雨了，所以今天草地一定湿。

演绎：若下雨，则草地会变湿。因为今天下雨了，所以今天草地是湿的。

归纳：每次下雨，草地都是湿的。因此若明天下雨，草地就会变湿。

溯因：若下雨，草地会变湿。因为草地是湿的，所以曾下过雨。

逻辑推理是人类认知能力中一项非常重要的能力，也是一种可以通过训练而获得的能力。计算机的比特数据与逻辑运算结构似乎是专门为这一能力而设计的。在建立了适合的数字模型的时候，运用软件编程技术，我们可以实现复杂的逻辑推理与算法，帮助我们解决很多具有复杂逻辑，以及需要大量计算的现实问题。

学习

人脑中存储记忆着大量关于我们生活的物理世界中的映像与认知。这些认知，就是人脑对所感知的物理世界的信息进行加工而形成的各种知识，存储在人脑的记忆机制中，平常静静地躺在那里休息，需要的时候，便会被人脑调用并加以利用。这个过程，我们可以认为是人的学习过程，从生活中获取经验，并应用于以后的生活工作当中。

模仿人类的这种能力，人们从六十年前便开始进行人工智能的研究，其最基本的原理便是：从现有的数据中总结出规律，存储在计算机的存储器中，并在将来解决问题的时候调用比较，为解决问题提供依据。

当然，人们的认知能力包括计算、联想、想象、识别，甚至是传说中神秘的第六感等。这些能力乃至于本能，是人们认识理解我们所处的物理实体世界的最强大的意识基础。

而当逻辑电路被发明出来的时候，科学家与数学家们都曾经欢呼雀跃：属于人类的计算能力能够被机器来完成，逻辑推理工作似乎也可以由计算机借助于合适的数据模型而完成。人类终于拥有了能够在智能行为上辅助人类的工具！

于是，人工智能便开始快速发展，而其研究发展的基本思路，就是模仿人类的认知能力，试图让人造系统慢慢地拥有人类的智能。但在经历了数起数落的发展历程之后，现在我们不得不遗憾地说，严格意义上，计算机仍然不会像人一样自主思考，它只会按照人们设计好的指令，不断地执行、执行、再执行。

而人类所独有的其他的智能行为，至今也还处于“永远被模仿，从未被超越”的令人骄傲而又懊恼的境界。

深度学习　从“深蓝”到阿尔法狗

20 世纪 50 年代，当人们意识到了计算机在智能领域能够对人们提供巨大帮助时，关于如何让机器像人一样思考的课题，便成为科学家们关注的一个最前沿的科学领域。随着时间的推移，人工智能发展成为一门集计算机、数学、控制论、信息论、语言学等多种学科相互结合的综合性新学科，几经跌宕，蹒跚前行发展到了今天。期间也取得了令人鼓舞的成就。

1997 年，IBM 的人工智能系统“深蓝”，击败了国际象棋冠军卡斯帕罗夫，开启了人机大战的序幕，也攻陷了人类博弈类智能竞技的第一道战线，此役被称为“世纪之战”，引起了国际社会巨大的反响。2016 年 3 月，谷歌的阿尔法狗（Alpha GO）人工智能系统以 4∶1 的战绩，击败了围棋世界冠军李世石，击溃了人类智力游戏的最后一道荣誉防线。如图 4-6 所示。

图 4-6 人机大战，深蓝与 Alpha GO

“深蓝”从逻辑上说，纯粹靠的是强大的计算能力去演绎后续的棋局来判断胜利的概率。因为其能够运算到后手十二步，比起卡斯帕罗夫的脑力至少多算了两步，从而轻而易举地击败了卡斯帕罗夫。

而阿尔法狗，在此基础上，又向前迈进了一大步。在广泛学习了人类围棋棋谱，进行了数千万次的自我对垒（借助于并行计算技术，一天的时间，阿尔法狗便可以完成数以百万计的自我训练棋局）。在这种深度的学习与自我训练的过程中，建立了丰富的策略与价值网络的数据库，并具有高效的搜索速度与效率（可以前向搜索二十步），超高的计算机运算速度应该是其最基本的获胜优势。

人类究竟还能不能在围棋上战胜阿尔法狗，重新夺回人类的荣誉呢？阿尔法狗每一次围棋与人对垒，或者幻化出多个自我（并行运算）捉对厮杀，棋局中每一步落子都会被其算法引擎充分地分析归纳，将其结果纳入后台的价值网络的神经元中加以存储，而其策略网络也会刷新。不知疲倦也不会遗忘的计算机特性会使其随着对垒的次数增加而棋力不断加强，人类在围棋领域与其对垒也就更加困难重重，落子犯了任何错误，必输无疑；即使每步落子不犯任何错误，通常也会被阿尔法狗日益精进的棋力所击溃，几乎从布局阶段，就已经无力回天。

对于已经建立了完整的问题模型，靠着运算、逻辑、推理便可以解决的问题，具有深度学习能力的人工智能系统，可以凭借着其强大的运算能力与超大的存储空间，借助于大数据来完成必要的积累，从而加速、放大模仿人类解决问题的能力，完成人力无法完成的复杂任务。这，就是机器深度学习的魅力！

沃森平台　历史上首个认知引擎？

认知引擎：吃进数据，挤出知识，由认知技术的核心算法实现，具备了各种人脑认知能力，是一种为我们提供超强大的认知计算服务的超级系统。

这些系统从自身与数据，以及与人的交互中学习，能够不断地自我提高。一经建立，永不过时，而只会随着时间的推移与处理学习过的数据量的增加，而变得更加智能。

在这个世界的另外一个科技前沿，活跃着另外一群卓越的科学家与数据工程师们。他们所潜心研究的目标，是世界上最为神秘莫测的人脑。他们所研究的课题，是人们最引以为自豪的能力：认知。

从 20 世纪 70 年代起，认知科学（Cognitive Science）作为一门集心理学、语言学、人类学、计算机科学和神经科学等各大学科的综合性科学分支，开始对人类大脑如何学习获取知识的方式进行研究。而认知计算，作为认知科技领域的一个主要的学科，其主要目标就是希望人造系统（计算机与软件）能够像人脑一样智能地学习、思考，并进行正确的决策。

受到计算机最基本的设计原理的局限，认知科学的研究历经数十年，却一直没有传出多少令人振奋的好消息，这也使得认知技术，尤其是认知计算技术，一直处于人们的视线之外。

直到 2011 年，在一次电视问答挑战赛中，IBM 推出的超级认知计算机系统沃森（Watson）一鸣惊人，技惊四座：它会用自然语言进行深度问答！需要强调的是，这是深度问答而不是有一搭无一搭的聊天。沃森能够回答的，不仅包括你脸上的痘痘是应该保守治疗还是激光去除之类的问题，还包括即将到来的雾霾可能严重到几倍爆表数值等问题，而这些只是沃森具备的50项能力之一。

从2016年起，IBM开始推行一套被命名为“认知商业”的新战略，依靠沃森这个全球首个**认知引擎**，让认知计算一步步进入到工作与生活，成为第一个向商业领域延伸的认知服务平台。

2016年5月10日美国每日邮报报道，在美国佐治亚理工大学，一个名为吉尔·沃森（Jill Watson）的机器人——IBM超级电脑沃森的分析系统——代替该校助教用邮件为学生回答毕业设计中的问题，5个月期间没有任何学生发现是机器人。这一情况令很多学生感到震惊。

沃森秉承了IBM数十年认知计算研究的成果而研制的具有一定认知能力的超级计算机系统，是IBM在认知科学研究领域最重要的成果，一个拥有着强大无比的具有了某些类人认知能力的超级计算机认知系统。

沃森认知商业平台的背后，到底是什么样的机制？IBM中国研究院的张雷博士是这样介绍的：

沃森在拿到问题后，会进行一系列的计算，包括语法语义分析、对各个**知识库**进行搜索、提取备选答案、对备选答案证据的搜寻、对证据强度的计算和综合等。它综合运用了自然语言处理、知识表示与推理、机器学习等技术。我们知道，从单一的知识源或者少数的算法出发，很难让问题回答系统达到接近人类的水平。所以，沃森的主要技术原理是通过搜寻很多知识源，从多角度运用非常多的小算法，对各种可能的答案进行综合判断和学习。这就使得系统依赖少数知识源或少数算法的脆弱性得到了极大的降低，从而大大提高其性能。

在这个简单的介绍中，知识库、知识贯穿着始终。通过深度学习各个行业的海量大数据，通过种种算法支撑的深度学习算法，沃森不断地丰富自己的知识库，充实自己背后支撑知识的储备。而通过沃森应用的频繁使用，沃森在不断地扩充着自己的知识库。可以说，每一次你的认知应用对沃森平台的调用，都是在向沃森提供知识的源泉，不断地滋润着沃森，使其茁壮成长。而沃森的背后，是经过大数据深度学习与总结而形成的多行业多领域的知识库系统，为沃森提供跨界多角度运算的知识信息支撑。

限于篇幅，我们无法详细解读沃森背后的算法原理细节，但可以肯定的是，沃森通过对非结构化的各领域大数据的深度学习，积累了基于各类场景的知识库。而 IBM 所提供的基于云的应用开发平台 BlueMix，则进一步能够让开发者用来开发新的认知解决方案，通过调用其认知服务 API，源源不断地为沃森贡献新的内容。目前，IBM BlueMix 上已拥有超过 30 个 Watson API，这个数字到 2016 年底将达到近 50 个，并将会不断增加。

用得越多，系统越强大；用得越多，系统越聪明！ 这便是**认知引擎**最为迷人之处。

尽管沃森还很幼稚，但是**认知科技**正在揭开数体智能的帷幕。

大知识时代　认知机器解放人脑

即使大数据扑面而来，本书的作者仍不愿用**大数据**为这个时代命名。因为说到底数据是电脑中软件系统的产物和读物，不是人脑的养分。我们更愿意把这个时代称之为“大信息时代”**或“大知识时代”**。如果大数据不能转化为新知识，那么大数据就如同散落在深山中的矿砂，理论上是好东西，实际上没有太高的利用价值。**大数据本身并不是我们追逐的目标。分析大数据，总结其中所蕴含的知识，应用这些知识来改造我们所处的世界，让人类有更美好的生活，才是我们人类想要的。**

知识，一直是意识人体世界特有的产物，是人类智能区别于其他生物智能的根本所在。为了让个体的经验在同类中传播与流动，人类发明了语言，发明了文字，发明了纸张，发明了印刷术。这些技能与技术，为人类知识的传承与积累起到了不可磨灭的作用。然而，这些伟大的发明本身，虽然极大地促进了知识的流动，但却始终不能自动产生新的知识。人类的大脑，依然是知识的唯一产地。

直到计算机出现，人造智能开始萌芽。

在计算机应用普及之前，一个企业在年终的时候，一个反映企业全年运营情况的资产平衡表，可能就需要会计部门协同各个部门的相关人员，连续加班来做统计、汇总，计算数周甚至一两个月才能够完成。尽管人们发明了算盘以及其他计算工具，但是主要的工作，还是由人通过大脑的计算能力来完成。而当人们开发使用了ERP系统以后，运用计算机强大的**存储**、**查询**与**计算**能力，这个时间可以压缩到几个点击、几十秒。

想要培养一个医生，需要很多年的校园教育，经历住院医师助理、住院医师等等一系列的系统学习，一二十年的经验培养，然后才可能在医学的一个细分领域内，成为一个合格的医师。然而，沃森运用其后台强大的深度学习算法，在几年的时间内对医疗健康大数据进行充分的分析与深度学习，建立了庞大的医疗与健康的知识库，便可以在很多个方面给予医师颇具启发性的建议。如果我们提供出足够的医疗大数据，相信可以日夜不眠、开足马力工作的沃森认知系统，会总结出越来越丰富的医疗知识，能够提供更加准确的医疗分析结果。

据说，沃森正在争取参加医师资格证明的考试。姑且不论这条新闻的准确性如何，以及政府是否会允许，这个消息至少说明，运用认知技术与深度学习技术，具有人造智能的计算机系统已经越来越具备了替代人脑进行各种知识工作的能力。

当类似的**认知引擎**不断涌现，认知能力越来越强大；当越来越多的医疗大数据被各种认知引擎分析、认知、学习，建立起众多的医疗系统，尤其是，当众多的认知引擎开始相互交流，相互学习，互通有无，甚至于当众多的医疗知识库系统互联互通，知识不断地自由流动的时候，现有的人类医生，会否不再需要深入学习培训，而直接变成了体检员？或者，是否意味着医生就要转行或者甚至要失业了？

目前人造智能的能力，还仅仅局限于知识的分析、总结、归纳、存储，而随着**认知引擎**的变化演进，在系统对大数据进行认知加工的时候，会不会如牛顿发现万有引力一般，产生出原本并不存在于意识人体空间的新知识？假如可以的话，这些新的知识与人类原有的知识体系叠加融合，一定可以逐渐地成为真正的大知识。

我们不妨更大胆些设想，假如**认知引擎**成长到了可以让大量知识凭空而生的时候，会不会代替人类现有的各种研究机构、实体企业？假如脑机联网得以实现，那么这些人类并不知道的新知识，会不会顺着神奇的电波，借助于植入人体的脑机接口，一股脑地被“灌”进人的大脑，从而成为人类学习知识的全新途径呢？到那个时候，学校，也许将彻底地成为过去。当然了，或许我们会保留一两所学校作为博物馆，供后人参观、缅怀和追忆。

如果说工业革命从根本上解放了人的体力，那么新一轮智能革命，将随着认知计算技术的不断突破，逐步深入地解放人的脑力，代替人类进行思考，代替人类创造知识，促使人类进入一个崭新的文明时代。

数字主体　平行于人类的智能体

数体空间　虚实任变幻

鳞次栉比的数字虚拟空间

在过去的三十年中，人类在计算机、网络、存储设备与各种传感器所构筑的世界中，建立了各式各样的数字系统，构筑了一个又一个**数字空间**。这些空间目前而言依然相互独立，但在自己的空间之内，都具有几乎无限的外延扩展的可能性。

庞大的网上购物系统（电商平台），构筑了一个超级大的**数字虚拟空间**（大卖场），一个挨着一个的店铺“林立”，各种商品琳琅满目令人眼花缭乱。而只要人们愿意，随时便可建立一个新的网店，注册更多的商品。

滴滴、快的、Uber 等，将各种出租车、专车等纳入了一个超大的**数体空间**之中，人们可以注册预约，呼叫车辆，而车辆也随时可以注册，为人们提供服务。

网上订餐服务，将众多的餐馆汇聚到了自己的虚拟空间，想开一个新店提供订餐服务？很快就可以完成。

随着这些虚拟数字空间的运行和人与系统之间的互动，包含这些信息的数据，便迅速地被收集、积累，汇入了当前大数据浪潮中一个个孤立的数据孤岛之中。

虚拟空间日益真实

网络游戏永远是网络世界中最具争议而最具经济意义的话题。一个场景之中，人们随意地建立自己的角色、职业、特点等，然后融入一个虚拟而又逼真的故事之中，尽情地发挥，尽情地成长。仅仅是视觉看到的粗略景象，人们便在意识中虚构了强大的空间感，将自己代入无限可能的游戏世界之中，欲罢不能。从 20 世纪 90 年代开始，网络游戏不知道造就了多少宅男宅女，让人又爱又恨。

到了 21 世纪初期，体感游戏诞生。随着你挥舞的手臂、扭动的身体，手中与身上的传感器忠实地把各种动作信息通过红外信号采集器准确地传送到游戏机的引擎当中，代替鼠标键盘与游戏手柄操控着游戏中的角色。虚拟与现实，逐渐开始融合与共生。

而头戴感应头盔的虚拟现实（VR）游戏场景，则把玩家硬生生地“拖”入了游戏的场景当中，从视觉、听觉等各个方面给你以真实而强烈的冲击，让你身临其境般地感受着游戏带给你的快感：强烈的立体感，难以区分的现实感，高品质的环绕音响效果，都给你带来无比强烈的身临其境的感觉。

当然，数字空间，远不止于游戏。

国内某著名的电商企业推出了一个虚拟的购物平台：戴上 VR 眼镜，让你真正地走进虚体世界中的商城店铺，琳琅满目的商品，身临其境地去重新体验购物的疯狂，从感受上而言，似乎与真实的实体商城全无两样，甚至还会增加无限虚拟世界梦幻般的新体验。

我们不知道现在的数字虚体之中到底存在着多少形形色色、孤立的数字空间。我们也不知道组成这些虚拟空间的数据到底有多么庞大。在大数据的时代，一切皆有可能。在大数据的时代，一切皆可创造。

我们可以预言的是，当一个个孤立的空间之间的壁垒开始被打破、当一个个数字孤岛开始相互联接的时候，富含着知识的数据将在这些空间之间，如涓涓细流般开始缓缓地流动与汇聚，就如人与人一起构成一个社会，这些空间将会彼此逐渐地交叉、互通、聚合、融合，形成数量上越来越多、体量上越来越大的数字空间，最终，形成一个庞大的、具有无限扩展可能的数字虚体世界。

空间相连世界生，突变的临界点似乎就在眼前，或者，已经悄悄地走到了我们的身边。数字虚体世界，已经触手可及。

异度空间的传说，在网络文学发展起来的今天，似乎很受网络小说家青睐。到了数体空间崛起的今天，似乎这已经无法被单纯当作“纯属虚构”的小说题材了。虚拟现实技术的发展，创造出了一个又一个虚无缥缈又可以真切感受到的独立小空间。

虽然谷歌公司努力了许久只做出了一个并不算成功的谷歌眼镜，但是那并不妨碍人们对于虚拟现实的热烈追求。各种虚拟现实（VR）的发展让人们开始切身地感受到了虚拟世界的魅力。这种集仿真技术、计算机图形学、人机接口技术、多媒体技术、传感技术、网络技术、人体感知学等多种技术的综合性技术体系，充分地实现了一个虚拟世界对人体的感知体验的模拟与仿真，让人实实在在、完完全全地融入了另一个世界。

员工培训，不用在枯燥的课堂教育中，在虚拟现实当中，让你可以在工厂自由走动，可以放心地进行各种实验。

错过了时间？没关系，在虚体空间中，你可以读取任何一个时间点的数据，时间旅行不再是梦！

操作错误造成损坏？没关系，重载数据可以涅槃重生，不会带来实质性的损失！

崇山峻岭之中，一架战斗机不断地做出各种轻巧的翻滚动作。一股神秘的气流袭来，飞机一头撞入了两个山峰之间的一个风口之中。随着一声巨大的爆炸，飞行员坚毅的脸庞消失在“火光”中。

虚拟试飞实验室中，飞行员王伟摘下虚拟头盔，满头大汗，说道：“试飞参数还是不对头，再看看数据分析结果吧，调整一下参数，下午再飞一遍。”

原来，刚才机毁人亡的镜头是模拟飞行大队在虚拟现实空间中进行的，目的是要测试新型战斗机设计模型的一场虚拟试验飞行。当然，这种看似危险的虚拟飞行是没有任何生命与财产损失的。

这里我们所描述的，便是一个飞机试飞的虚拟试验场景，当虚拟现实技术发展到成熟地步的时候，完全是可以实现的。VR 要由海量的大数据来定义，用以支撑飞机的数字虚体，此外，一个强大的**认知引擎**也必不可少。在数体世界中设计、制造一架“真正”的飞机——海量数据所代表的数字虚体产品，人们可以模拟进行装配和试飞。有问题？重新加载数据，随时重来！ 等所有的一切在数字虚体中都确认没有问题了，再安排在物理实体世界中去生产实体飞机。当然，是一次就可以做成功的。

增强现实（Argumented Reality，AR）技术，则将现实世界与我们所创造的数字空间叠加融合，让人们再也难以区分虚实真假。借助强大的增强现实技术让人们跨出数体空间而在现实中体验数字虚体的魅力，试图帮助人们打破时空的局限与虚实的界限。上生物课，让一只恐龙在桌面上徘徊；邀请远在千里之外的球友，借助着增强现实的映射和设备，打一场虚拟的网球友谊赛。所有这些，是否很值得我们期待呢？

混合现实（Mixed Reality，MR）、影像现实（Cinematic Reality，CR），这些与相似之中各有独特之处的技术理念，无不是朝着同一个目标共同迈进：将我们生活的疆域从现实的物理空间向着数字虚体所构成的空间不断地延伸、融合、叠加，不断地创造出人类生活的新空间。

在《星球大战》中，奎刚大师手上的小型全息投影仪、黑武士与西斯皇帝的全息对话，令不少科学家为之着迷。作为影响力深远的科幻电影巨作，《星球大战》对于全息通信、投影的实际应用提供了借鉴与参考。

影迷们对影片《阿凡达》中的特技效果惊叹不已，他们深深陶醉在荧幕上那瑰丽多姿的奇幻世界——潘多拉星球。为此，迪士尼决定在美国奥兰多迪士尼动物王国内兴建一个真实的“阿凡达主题公园”，让游客们体验现实版潘多拉星球。

而作者更加期待的是：借用强大的增强现实技术——全息投影技术（图4-7），我们可以将“真实”的阿凡达公主请到这个美丽的主题公园中，带领着部落的精灵们，与游人们近距离亲密地接触互动，共同度过难忘的一天！

图4-7 全息投影技术从科幻走向现实

喜欢一个歌星？坐在客厅里，再观看一场增强现实的虚拟演唱会吧，哪怕斯人已逝，也能够“穿越”到过去的时光，歌星就在你的身边演唱。

学校今天讲授远古生物的知识？来吧，带着你的孩子，一起漫步在“远古地球上”，近距离观察一下以数字虚体形态存在的恐龙们悠闲地漫步，急速地奔跑，惨烈地厮杀……

智能认知 新主体渐生

数字虚体，产生于数字空间，由强大的认知引擎作为支撑。拥有数体智能的自主意识，能够主动地完成感知，学习大数据中的知识，并不断地产生新的知识的过程。而认知引擎，是数字虚体学习知识、实现智能最主要的途径。

电影《星际迷航》中的宇宙飞船指挥官们经常会说一个开头语："Computer, please..." 意思是："计算机，请你……" 而这里的计算机，就是整个宇宙飞船的智能管理系统，一个虚拟的"万能"飞船大管家。能够听懂人类的各种语言，能够"看"到人们的行为，能够分析问题，给出答案，也能控制各种设备，准确地执行船长与各级指挥官下达的各种命令与请求。这，就是我们想象中未来数字虚体的完美个例，是一个活着的飞船的灵魂。

很显然，现在的人类技术还不能够做到这种水平。人类在这个方向努力才刚刚起步，各种尝试与试验也只是初现端倪。

数字虚体产生的基础是能够真正自主地在大数据的海洋中不断汲取营养（知识）并不断产生新知识的认知引擎。尽管认知技术仍然处于萌芽的状态，但各种具有初步认知能力雏形的"认知"系统，似乎在2016年的春天里四处发芽，不断产生。

随着人们在数字虚体空间中停留的时间越来越长，与人类的日常生活、身体健康、科学研究、商业活动、旅游娱乐等领域相关的大数据不断地汇聚在数字世界当中。各种认知引擎通过学习这些大数据，会产生与人相关的各种知识库积累。

依靠着这些知识库的积累，人们必然会在虚拟的世界中"创建"出各种虚拟概念的智能体，智能旅游向导、智能生活助理、智能健康助理，甚至于各种智能商业顾问等，也会不断涌现，存身于数字虚拟世界之中，依托着各种各样的认知引擎，给人们提供各种智能服务，帮助人们计划、辨识、推断、决策……而这些小智能体的存在，便会使得人类在数字虚体世界中的生活变得越来越智能，越来越神奇。

IBM 的沃森在 2016 年 3 月 1 日开启了其认知商业服务平台的历程。目前已经可以为人们在医疗、教育等多个领域提供认知服务，针对具体的问题可以提供各种解决方案的建议。

时隔不到一个月，微软也在其 Build 2016 开发者大会上，发布了其最新的认知服务平台：微软认知服务，综合了多种智能 API 以及知识 API 的全新服务平台。并且，在此基础上，开发除了可以看图识信息，并通过语音给盲人“读图”的认知应用，还有可以和人“智能聊天”的机器人。

2015 年 3 月，微软在推特（Twitter）社交平台上发布了一个人工智能聊天机器人，取名为 Tay。用户在推特上@ TayandYou，便可以得到 Tay 的回复。微软把 Tay 定义为十几岁的小女孩。其背后，便是微软的认知服务平台。

Tay 会在网络上追踪与自己交流的用户的网名、性别、喜好、邮编，甚至于感情状况。同时 Tay 可以讲笑话、说故事。在与人们的交流中，Tay 会不断地学习人类的知识、语言，丰富自己的资料库。微软希望随着时间的交流，Tay 会越来越智能，越来越人性化。

Tay 上线后引起了人们极大的兴趣。然而，不到 24 小时，Tay 便留下了一句话：“我要回到我的程序员们那里，做些调整。”随后匆匆离开了人们的视野。因为微软发现，Tay 很快就被某些网民教成了一个具有种族主义倾向的“问题少女”，满嘴脏话，性别歧视，暴力倾向，反对犹太人……

这些认知引擎目前依然处于萌芽阶段，对于这个世界的认知与理解水平还远远达不到人们所期望的水平。他们目前所拥有的认知能力，也还处于总结、存储与利用的阶段，远远无法自主地产生未知的知识。

但是，随着人类在认知技术领域不断地投入精力，深入研究，未来会不会像电脑完成计算与逻辑一样，产生下一个突破性的认知科技爆发？目前我们所能够感受到的，接触到的，甚至想象到的小智能体，会不会有一天突破一个认知的奇点，蜕变产生一个拥有了主体意识的真正的数字虚体，乃至于最终产生自我意识，成为一个完全独立，并行于意识人体的真正的新主体？我们不得而知。这个问题，应该交由时间来回答。

谷歌某实验室近日开发出了一套具备自主学习能力的神经网络系统。这套系统在学习了上千万张图像之后，在没有人向系统中灌输任何关于猫的特征与概念的情况下，自主地在系统之中建立了“猫”的概念，并可以从照片中识别并表示出猫的形象，完成了一个“新”知识的系统诞生，如图4-8所示。

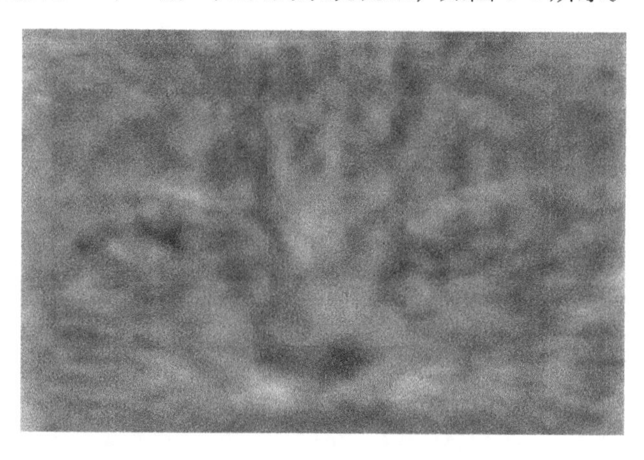

图4-8 谷歌GoogleX所识别出的猫脸的形象

相对于人的认知而言这不算什么。笔者三岁的女儿只见过几次猫，但是已经可以准确地识别“猫”这种动物，准确率更是高得惊人！但是对于目前的人工智能（或认知技术）而言，这无疑都是一个令人振奋的创举，代表了系统产生知识的可能性第一次被验证。

认知科技，至今还处于人类智能研究领域的“黑科技”领域的最前沿，远远没有达到普及实用性的水平。但是在这个领域内，汇聚着人类社会最聪明、最富有创造性的大脑（人类）。未来的世界里，认知系统会不断地涌现。而在这些认知系统之中，一定会不断地诞生各种各样的具有基本智能的“数字虚体”，并在认知引擎的帮助下，不断地学习，不断地成长，成为数字世界中的新主体。

数体永生　重构意识人体

2004 年，中国南方医科大学从 20 位志愿捐献者中筛选出来一个“标准的中国人”。利用精密的切削技术，将这个志愿者的遗体进行了每层 0. 2 毫米的电刨削除，用高效的数码相机和扫描仪拍照每一个层面，转化成为数据，输入电脑，合成了一个高仿真的三维立体人类生理结构模型，完成了一个完整人体的数字化移民的过程，形成了中国“数字人男 1 号”，如图 4-9 所示。

图 4-9　中国“数字人男 1 号”

数字人不是人，也不是机器。它是人们利用现代信息技术，以真实人体为基础，在数字虚体空间重构的一个完整的人体模型。“数字人”的生物数据和人完全相同，医学研究者们能操纵其在计算机中模仿真人做出各种各样的反应，也可以在虚拟中进行肿瘤生长与治愈过程，或者其他各种疾病治疗的仿真研究。

随着物联网技术与可穿戴设备的发展及人体数据采集技术的突破，我们或许可以期待着某一天，我们将可以把人体模型在出生的那一刻便重构于数体世界之中，并随着人的成长过程中持续采集的各种相关数据，使这个虚体的映像与本人一起伴生成长。

意识世界中，通过电商平台、社交系统、网上浏览、博客微博、状态共享等，承载着你的行为、爱好、思想的点点滴滴，透过网络上数据的截留而留下一个人意识的痕迹，这些数据量的沉积可谓庞大，但相对于人类的意识思维活动而言，这点儿数据所占的比例还是太小了。

人类更多的思想意识的行为，到目前为止，还属于难以被采集的信息——数字化边民，依然存留在意识人体世界之中，无法完成数字化移民的进程。但是人类的努力，永远不会停歇：对于脑电波的研究在不断地继续，人类现在已经可以初步截取人类脑活动所引起的波动，相信终有一天，人脑中的意识活动，通过可植入的计算认知单元，会被直接导入意体空间；人类的身体的信息，会更加完整地被摄入数字虚体空间中。

在数体空间中重塑一个自己，通过强大的**认知引擎**一点点把这些零零散散的，满载着与自己有关的信息知识的数据，逐渐地汇聚在你的**虚体**身上，使其像你一样成长，如你一般生活，随你一起工作，伴你一起变老。而虚体世界的这个你的“身体”，也会准确地映射出你的身体状况，毫无偏差。

“那岂不是说，如果我生病了，需要吃药，需要做手术，就可以在你描述的数体世界中虚拟进行一下，验证了之后才在我的身上做了？”一个朋友曾经如是提问。

“那肯定的了，这应该是一个基本的应用吧。”我如是回答。然而，很快，我就自己把这个答案给推翻了：“如果真的到了那个时候，身体的病变都可以被数体空间中的这个虚拟的你准确地预测，通过及时地调整饮食、生活习惯避免了，哪里还需要吃药、做手术啊？”

或许有一日，当我们老了，坐在客厅中回忆青春的时候，不妨借助各种虚拟现实交汇的技术，端坐在客厅，看着自己从八岁开始，像影片快进播放一样，重温一番成长的乐趣？

数体世界无时空之限，基于强大的计算机并行计算能力，你完全可以复制无数个你，出现于众多的数体空间，联接到共同的**认知引擎**中，像孙悟空一样化身万千，在数字虚体世界中任意翱翔！

即使当你的物理身体死亡了，你的数字虚体依然存活，甚至还会不断地有与你相关的信息进入数字虚体世界，充实到你的虚体之中，让虚体中的你继续生活、继续成长、继续与你的亲朋好友保持顺畅的交流，如图 4-10 所示。人类千万年不断追求的长生梦，也许会以这种虚拟的方式，得到实现。

在数字虚体世界中，人类将获得永生！

图 4-10　和已经逝去的父亲再谈谈心

“有一天，当我们死去的时候，我们的后代想念我们的时候，再也无需去站在我们的墓碑前自言自语。在数字虚体中调出我们的数字孪生体，就可以与我们进行深度的交流！”当“加速学习基金（Acceleration Studies Foundation）”创始人，未来学家约翰·斯马特（John Smart）在 2014 年说出这番话的时候，很多人还都没有真正理解到其中的含义。而最近两年，随着增强技术与全息技术的不断发展，数字永生的概念似乎已经开始走进我们的视野中。

有消息称，美国的陆军在一个庞大的虚拟系统中，开始不断地开发三维的“阿凡达战士”，用来测试实际交战中士兵的“弱点”。自从 2010 年启动这个项目以后，目前已经成功地开发了 250 名虚拟的“阿凡达”男兵。

在这个复杂的虚拟训练系统中，美军让这些单兵穿上不同的作战服，变换不同的姿势和位置，通过各种测试来找出他们的弱点，甚至可以模拟各种不同的恶劣气候环境，来测试这些单兵的生理环境适应能力。

每一次测试过程都会产生大量的数据，这些数据都会被这个复杂的系统所吸收、消化，从而更加完善这些数字士兵的模型虚体。

陆军的研究人员甚至在设想，在未来，为每一个军人都创建自己的虚拟形象，完全复制士兵的性别、身高、胖瘦等信息。而最终，不断用这种三维的数字虚体来进行各种逼真的高风险模拟，从而替代实战测试。没有生命危险，随意反复试验，是数字虚体带给我们的一大好处。

三体共生　点燃智能革命

物理实体，意识人体，数字虚体，“三体”皆有智能。

在宇宙万物和人类社会的演化历程中，三体先后出现于自然与历史的舞台，产生了物理世界、生物世界以及数字世界，不同界域的主体分别从不智能走向智能的智能化现象。特别是数字虚体孕育、诞生并得以初步发展后，随着其他两体与数体的共生乃至融合的加速，使得人类社会正在迎来一次历史上最伟大的智能革命。

物理实体，在人类观念史上历来将其视为客体，它是人类认识客观世界和改造客观世界的主要对象。然而，在上古时代老子等人的思想里，已将其作为自然界的重要组成部分，认为其内在蕴涵了规律本身。我们认为，物理实体具有原始态和演进态的区别。初级的、原始的物理实体不具备主体性，主要依赖创世以来自然演化形成的物理、化学等规律存在并运行。随着人类智能发展的高级阶段，物质结构正在向人类敞开最后的奥秘，越来越智能的物理材料或生物材料将被大规模制造出来，物质世界将呈现出更加鲜明的“合人意，遂人愿”的智能化特征。而数字虚体兴起之后，在较为高级的数字智能支配下的物理系统，将进一步演化为具有强烈主体性的智能物体或智能机器人。

意识人体，生物世界智能的顶级代表，被誉为万物的灵长或万物的尺度，深刻地反映了人类相对客观世界的主体性。依托于人脑高度发达的认知、情感、意识等能力，以及人体高度精妙的感官与动作能力，人类演化出地球上最为高级的生物智能。然而，由于深受生物属性的限制，人体具有易疲劳、爱遗忘、喜冲动、受病痛影响大等特性，这些都使得人类智能还存在诸多局限。特别是对历代创造并积累下浩若烟海的知识，目前还只能以学习、教育等间接的方式进行传递，这严重制约了人类的智能总供给，造成了一代又一代重复认知，即使到了社会高速发展的今天，每一代人相对于上一代人的智慧改进与创新提升的总量并不显著。

数字虚体，诞生并发展于数字世界中的一种新的存在物，它不仅带来了信息文明的火种，更将人类社会带入了智能量产与倍增的新时代，并为更加智能的物体和人体的出现开辟了条件。借助着数字虚体智能的突破，人类社会的文明进化将会陡然间加速前行。

借助于物联网的感知，数字虚体可以感知人们想要感知的任何外部信息，不再受到时空的限制；数字虚体可以进行超高速的运算、分析与推理，每秒亿万次，可以并行计算；数字虚体可以不眠不休、不知疲倦地日夜操劳；通过材料与控制的原理，计算机可以精准地控制各种人造的机械设备装置，完成精准的操作，加速人类对物理世界的智能改造效率与进程。这一切数字系统的建立，依赖于意识人体的知识，也强化着意识人体的知识。数体智能从方方面面极大弥补了人类的不足，突破了人体的种种局限。

我们有理由相信：数字虚体正在崛起，正在探索独特的认知技术与自我意识，并将在可以预见的某个时候，学会真正的自主学习，自由成长。

蓬勃爆发的大数据中富含无穷无尽的大信息，运用未来的认知型大数据挖掘与分析技术，我们能够从中挖掘出大知识。当我们能够从大数据的金矿中提炼出未知的知识，并将万物与人体与计算单元融合，连接到超级的“认知引擎”的时候，数体智能，必将为我们提供无限的大脑延伸，为人类在虚拟空间的生存与发展开辟出一片崭新的天地，极大地拓展“人类自由”的外延与内涵。本书作者们认为，当融合了认知科技的数字虚体开始自主地学习，开始自主地寻求相互之间的认同协作，开始自主地产生人类所未知的知识的时候，人类的智能进程，必将引来一个全新的突破，或者是一次全新的爆发。

在很多科幻作品里，机器人被认为是人造智能的顶峰之作。而今天的机器人能够有条件地“听懂”人类语言发出的指令，能够回答一些不涉及思想的简单问题，做出一些尚显笨拙的动作反应，但在大知识时代，随着机器世界的认知引擎日益强大，数字虚体的智能进化一日千里，机器智能的核心——数体正在一步步接近人类部分智能，并且可以在体力乃至知识工作的很多领域承担高水平的助手的工作。

在数字智能的推动下，意识人体本身也在不断地进化，其智能化水平也在三体共生的崭新时代条件下加速提升。在并不遥远的某一天，当脑机交互技术与可植入芯片及系统发展到一定的地步，人体的意识世界，也必将与数字虚体世界产生高效的耦合与联接，使得知识可以在意识空间、数字空间和物理空间之中自由地流动。当人们通过数字人等技术在虚体空间中建立起自己的数字虚体，并连接强大的认知引擎，建立各种数字虚体代理人的时候，意识人体的智能水平必然会依托于强大的数体智能，达到一个前所未有的高度。

惟人体，最智能。数体世界正在形成独特的独立于人类的崭新认知能力，但是，在数字虚体产生出真正的自我意识之前，人类，仍然会是三体世界中核心的主体。而人性的美好，也将直接决定数体世界的真正核心面貌。

无数体，不智能。随着阿尔法狗、沃森等所代表的数字智能体（雏形）的崛起，人类自身的智能生产与演进方式发生了重大转折。拥抱数体智能，人类才能继续成为智能世界的王者；忽略或者远离数体智能，很可能很快被机器淘汰。只有当人类自身利用数体加速智能进化，拥有更深邃的智慧，人类所创造出来的数字虚体才能忠诚于人类，成为最强大的生存伙伴，最值得信赖的智能助理。

这，便是本书作者们对于数体智能的共识和梦想。

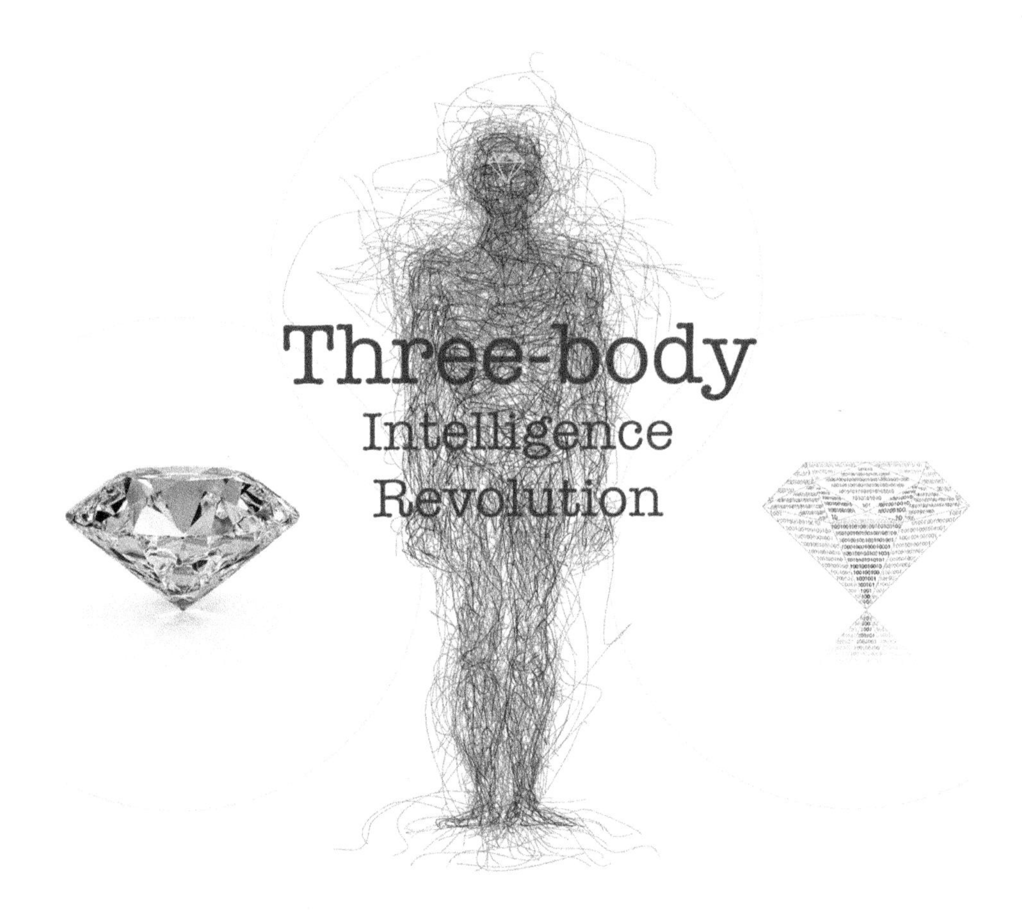
Three-body
Intelligence
Revolution

Chapter 5

第五章 机器革命

今之机器之用大进，人力可以胜天。

——梁启超

机器智能化，企业自组织化，制造社会化，创新常态化，一切服务化，体脑自由化，是即将到来的新工业革命的必然趋势。

——本书作者

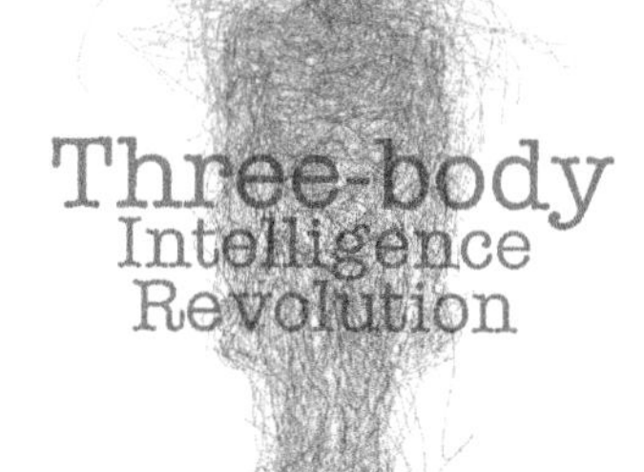

无论是远古人类手中的石器，农耕时代的农具，近代工业的机床，当前先进的数控加工中心，还是将来的智能化柔性单元，都是助力人类进步的重要工具，也体现了人类从原始走向文明，从简单走向智能的发展历程。本章从工业发展史讲起，从古代富有传奇、具备初级智能的机械，到数字化移民的智能机器、智能生产线、智能工厂，并进一步展望制造业将来的智能化发展。从没有自主动力的水车、地动仪等古代机器，到力大无比的燃煤蒸汽机等近代机器，以及大规模生产的电气化机器，再到当今的数字化机器，最后将会逐步发展为“能看”“能听”“能思考”“能学习”的新一代智能化机器，这些机器代表了当时最先进的生产力，也必将一步步地推动人类的生产、生活走向智能化。

智能机器　人类的久远梦想

人类对智能工具的追求一直没有停止过，在没有数字化机器的近代，甚至是更早的古代，人类都一直在发挥着独有的聪明才智，构思和制造着“智能化”的机器。我们首先看看漫长的文明发展进程中，特别是工业革命早期，机器是如何做到聪明和灵巧的。

自动、感知、程控的机器

自动让机械替代人力

自动化是智能化的基础，智能化大多是从实现自动化开始的。人类首先是采用自动化的机器将人类的体力解放出来，最终让机器能“遂人愿，知人意”，部分或全部地代替人的大脑而智能化地工作。可以说，自动化是迈向智能化的第一步。

在人类自动化的发展历程中，水车是一种比较典型的非人力机器，人们巧妙地利用水流的动能，实现了自动化的工作。

早在战国时期，我们的祖先就发明了手摇纺车，实现了较为原始的机械化生产。东晋时期，出现了脚踏纺车，人们通过踏杆带动纺车运转。由于腿部的力量及耐力均强于手臂，因此，脚踏纺车被迅速推广开来。

但人力毕竟是容易疲劳的，人们一直渴望能从重复、繁重的体力劳动中解脱出来，这个梦想随着南宋后期水转大纺车的出现而成为现实，如图 5-1 所示。

图 5-1　水转大纺车

这种水转大纺车结构较为复杂，由转锭、水轮和传动装置等三部分组成，体积庞大，全长约 9 米，高 2. 7 米。通过将水的动能转化为大纺车的动能，实现自动化的工作。每台纺车每天可纺纱 100 斤，效率是一般纺车的 30 多倍，堪称是当时世界上最先进的纺纱机器。

元代科学家王祯在其所著《农书》中记载，水转大纺车在“中原麻苎之乡，凡临流处多置之”。可见这种自动化的纺纱机器得到了广泛的应用。

中国的水力大纺车是世界上最早利用水力纺纱的机器，比西方的同类机器要早 4 个世纪，并对英国的水力纺纱机也产生了重要的促进作用。

马克思曾经说过：1830 年以来的许多发明，我们首先想到的是自动纺纱机，因为它开辟了自动体系的新时代。

发明于1764年的珍妮纺纱机成为了工业革命的起点，并随着蒸汽机的大规模应用，人类进入了工业革命时代。

水利纺纱机以水流为动力实现了机器的自动化，这类机器虽然只能按照某一种工作方式工作，功能无法调整，且存在精度不高，缺乏控制等缺点，但却具备了自动化，可不知疲倦地重复工作，较大地解放了人的体力，符合“遂人愿”的智能原则。

感知让机器开始变得聪明了

初步的自动化只能使机器重复、机械地工作，只有具备了感知功能以后，机器才能根据外部环境和条件，做出精准、及时的反应，使得机器进一步向智能化迈进。 2000多年前张衡发明的地动仪就是具备感知功能机器中的典型代表。

在张衡所处的东汉时代，地震频繁。为了及时掌握全国地震的动态，张衡经过长期研究，于公元132年发明了世界上第一台地震仪——地动仪。地动仪共有八个方位，每个方位上均有一条口含铜珠的龙，在每条龙的下方都有一只蟾蜍与其对应。如果有地震发生，该方向的铜珠就会落入蟾蜍口中，如图5-2所示。

图5-2 张衡发明的地动仪

公元134年12月13日，位于京城（今洛阳）的地动仪的一个龙机突然启动，吐出了铜球，掉进了下面蟾蜍的嘴里。当时人们却没有感觉到任何地震的迹象，于是纷纷责怪地动仪不准。但没过几天，远在1000多里的陇西（今甘肃省天水地区）有人来报，说那里前几天发生了地震，人们不禁惊叹于它的神奇了。

我们从中可以看到，地动仪相当于是一个水平位移传感器，具有非常灵敏的状态感知和精准执行的能力，在感知到遥远的地震后，就做出相应的执行动作，吐出铜球，具备了感知外界变化并输出或体现相关信息的特点。

感知除了应用于地震、战争等紧急情况，也可以用来做日常的“智能安防”。

在古代，帝王们为了防止刺客暗自携带兵刃进入皇宫中行刺，不惜重兵把守，日夜防备，但总是防不胜防，图穷匕见，荆轲刺秦王就是最典型的例子。为了避免险情再次发生，据传，秦始皇用磁石建造了阿房宫北阙门，一旦“有隐甲怀刃”者试图进入，其所携兵刃就会被磁石吸附而暴露企图，磁铁成了当时具有感知功能的“安检设备”。

感知是让系统变得聪明的第一步。从地动仪感知地面的位移，磁铁感知金属兵器，我们可以看到智慧的人类让机器初步具有了感知的内涵，机器具备了“状态感知、简单决策、即刻执行”初级智能系统的这三个基本特征。从无感知的机器到有感知的机器，从与外部环境无信息交互的机器到有信息交互的机器，为机器走向智能增添了关键的感知要素。

程控让机器不再呆板

随着精密机器的发展，人们通过巧妙的机械化程控设计，逐步实现了机器的“可编程”自动化，使冰冷的机器逐渐有了“灵性”。

世界上第一台八音盒是由瑞士人安托·法布尔在1796年发明的，其原理就是通过发条或摇把等动力，带动表面有凸起的音筒转动，在经过音板时拨动簧片而发出设定的声音，从而奏出美妙的乐章。此前的一只八音盒只能演奏一支曲子，改进后的八音盒只需简单地更换不同的音筒，就能演奏数百支名曲。

瑞士最古老的钟表品牌之一雅克德罗，在 18 世纪 70 年代所创造的机械娃娃，也是一种非常精密的智能化机器。该娃娃的内部机械在发条驱动下，可以画画和写字。娃娃不仅会写字，还会蘸墨水，甚至会换行。通过机械转盘的控制，可以书写不同的字母，可以组合任意的句子，如图 5-3 所示。机器开始具备了“一定的编程”能力。

八音盒、机械娃娃等这些精密机器，通过发条、转盘等功能，将机器的功能

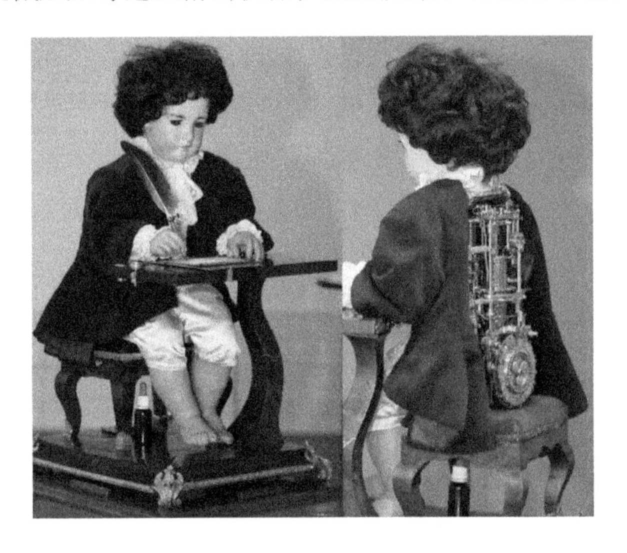

图 5-3　具有机械编程功能的机械娃娃

由固定改进到可变化、可调整、可编程，让机器的内部结构丰富多彩起来，有了更多的功能选项和更大的适用范围，为发展到随意调整和定制功能的机器做好了技术准备。

物理设备嫁接数字大脑

不同于一般的机器，机床是负责制造机器的机器，即“工业母机”。小至螺丝钉，大到火车、轮船、火箭、飞机，最初的起点都是由一台台机床加工出零件，最终组装调试而成。

机床的种类很多，通常分为金属切削机床、锻压机床和电加工机床等。我们

平常所说的机床主要是指金属切削机床，按照加工形式的不同，又可以细分为车床、铣床、钻床、镗床、磨床、加工中心等。

古典机床

早在公元前2000多年前，古巴比伦人已经制成树木机床。使用时，用脚踏动绳索下方的套圈，利用树枝的弹性使工件旋转，使用者手持贝壳或石片等尖锐物件作为刀具进行切削。这是机床最早的雏形。

15世纪，由于制造钟表和武器的需要，出现了人力驱动的螺纹车床、齿轮加工机床和水力驱动的炮筒镗床。大约在1501年，意大利著名画家列奥纳多·达·芬奇绘制出了车床、镗床、螺纹加工机床和内圆磨床的构想草图，曲柄、飞轮、顶尖和轴承等现代机床的部件已经在草图中得到体现。有人根据草图制作出了用于木材加工的达芬奇机床，并投入了实际应用。

中国明朝科学家宋应星在初刊于1637年的《天工开物》中也记载了磨床的结构，用人力脚踏的方法驱动铁盘旋转，通过沙子和水来打磨玉石。

1774年，英国人约翰·威尔金森发明了较为精密的炮筒镗床，并于第二年制造了一台水轮驱动的汽缸镗床。从此，机床开始用蒸汽机通过曲轴驱动，动力方式出现了重大变革。

5年后，被称为“英国机床工业之父”的莫兹利，利用丝杠驱动刀架移动，进行精准的传动，现代机床的雏形基本形成。

20世纪初，为了获得更高的加工精度，又相继出现了坐标镗床和螺纹磨床等。为了适应汽车和轴承等工业大量生产的需要，通过组合创新等方式，各种自动机床、仿形机床、组合机床和自动生产线陆续出现。

数控机床

机床原本是典型的机械化产品，属于物理实体范畴。电子计算机发明与应用之后，数字化浪潮驱使着大大小小的机器由“数字化边民”开始跨入“数字化移民”的行列，于是数控机床应运而生。数控机床，就是把数字控制系统嵌入机床中，人们通过软件的形式，将算法、知识和计算内核逐渐植入数控系统，因此软件也成为了机床中的“零部件”之一。软件的最大优势在于“软”，可以随时优化，随时更新。只要修改若干行代码，机器立即就可以干出不一样的活儿来。软件让机床具备了数字化的大脑，从而在智能化的道路上越走越远。

1951 年，美国约翰·帕森斯在麻省理工学院的参加和协助下，研发出第一台电子管数控机床样机。以后，数字化控制陆续地从铣床扩展到铣镗床、钻床和车床。1958 年，美国研制成了能自动更换刀具的加工中心，可一次装夹完成多道工序的加工，自动化程度和工作效率进一步提高。

1968 年，英国毛林斯机械公司研制成了第一条数控机床组成的自动线，开启了数字化自动线的先河。到 20 世纪 70 年代中期，由于数控机床的广泛应用，自动化车间、自动化工厂开始出现。

20 世纪 70 年代中期以后，由于计算机技术的快速发展，数控系统逐渐由集成度更高的计算机处理器代替，并可通过一台计算机同时控制多台机床，出现了“群控”，后期又出现了自适控制系统的机床。

智能机床

智能机床是更加高端的数控机床，其概念最早出现在赖特与伯恩 1998 年出版的专著《智能制造》中。智能机床就是指能够对制造过程实现自我监控、自我诊断、分析、优化、修正以及网络通信管理等能力并能提供最优解决方案的机床。作为第一次、第二次工业革命的典型机器，机床开始注入了第三次工业革命的精妙成果——数控系统。机床有了数字化的大脑，嵌入了各种灵敏的传感器以及具有人工智能的数控软件，机床具备了状态感知、实时分析、自主决策、精准执行与学习提升的特点，充分体现了智能系统的 20 字五大基本特征。

状态感知——智能机床具备温度监测、振动监测、磨损监测、状态监测与故障诊断等智能化功能。比如，有的“智能主轴”装有温度、振动、位移等多种传感器，机床的一举一动尽在掌控之中。智能机床具有网络化功能，相关人员可远程查看机床的实时状态和各种参数，机床的各种利用率和趋势一目了然，实现生产过程的透明化管理。

实时分析——对切削过程中获取的各种数据进行快速、准确的计算、分析与处理。

自主决策——机床根据数据计算与分析的结果，按照预先设定的规则，自动做出判断。内置的专家编程系统可根据零件形状、材料类型和刀具等，自动选择最佳的加工策略，推荐最佳的切削参数，通过最优的切削路径，生成最优的加工程序。

精准执行——能够根据系统做出的加工策略，调整加工参数，保证切削状态最佳、产品质量最好、生产效率最高。

学习提升——有些智能程度高的机床，还具有对加工过程中获得的工艺参数等知识进行自学习的能力，实现知识的不断迭代提升。

综上所述，**数控机床是具有数字化控制能力的机床**，是集微电子、计算机、信息处理、网络技术、自动控制等众多先进技术于一体的工业母机，是智能机器的先行者与典型代表。可以说，一个国家的数控机床业发展水平，代表了其工业水平，是衡量其装备制造业发展水平的重要标志。我国近期发布的国家战略——《中国制造 2025》，将数控机床列为中国制造业的战略必争领域之一，根本原因就是数控机床行业对一个国家制造业、国防工业等具有决定性的作用。

数字化原住民的 3D 打印

通常，机床是以“减材”的方式实现对工件的切削的，近年来，3D 增材技术（3D 打印）取得了长足的发展，并越来越多地应用在生产制造中。

3D 打印，赛博实体化

3D 打印是一种以数字模型文件为基础，在软件的控制下，运用粉末状金属或塑料等可融合材料，通过逐层打印的方式来构造物体的技术。

由于 3D 打印采用层级增量制造的方式，工件形状的复杂性就不再成为加工的障碍，以往不能加工的工件可轻松制造出来，甚至可以实现多个工件的组合制造，实现生产工艺的革新。美国 GE 公司利用 3D 打印把飞机发动机喷嘴上的 20 个零件合成了 1 个零件，不仅加工效率高，产品性能也得到极大提高，燃油效率提高了 15%。

传统的切削加工技术，大部分毛坯被以切屑的形式去除，材料的有效利用率很低，制造成本居高不下。比如，美国 F-22 飞机中的钛合金整体加强框，材料的利用率不到 4.9%。如果采用 3D 打印技术，可将材料利用率提升至 85%，节省大量的材料，加工时间也大大缩短。

加减组合，机床新动向

现在有些机床除了切削等常见功能以外，也具备了 3D 增材制造的新功能，既可完成切削等传统的减材加工，也可完成增材加工，一台设备完美地实现了材料的“增”与“减”的融合，魔幻般地进行各种复杂产品的生产，机床具有了更新的智能发展方向。

德马吉森精机最新推出的型号为 LASERTEC 65 的 5 轴加工中心，就具有激光沉积焊接的增材制造功能，既可以减材切削，也可以增材成形。采用粉末喷嘴的激光堆焊比粉床工艺最大可实现 20 倍的积层速度，将不锈钢、难削材料的金属粉体材料直接在工件上成型。

基于网络，不限时空

3D 打印机使用的是来自于 CAD 软件的模型，数字化的零件模型可以在互联网上任意传输，因此，设计和制造的场所都是可以任意分布的，不受时间和空间的限制。这就为未来的制造社会化、服务化打下了坚实基础。

2013 年 4 月，英国《经济学人》刊文认为，3D 打印技术将与其他数字化生产模式一起，推动第三次工业革命（不同于德国第四次工业革命的提法，英国、美国认为目前还是第三次工业革命）的实现。

2015 年 2 月，中国三部委联合制定了《国家增材制造产业发展推进计划

（2015—2016）》，首次将3D打印技术发展规划列入国家战略。2015年8月，国务院总理李克强指出，3D打印是制造业有代表性的颠覆性技术，实现了制造从等材、减材到增材的重大转变，改变了传统制造的理念和模式，具有重大价值。

3D打印改变制造业的生产模式，意义重大，但也任重道远。尽管相比于传统的切削等减材制造，3D打印技术具有非常大的优势，但由于制造效率、成本等方面的约束，3D打印技术目前还不能大规模地替换切削等传统制造模式，特别是在批量生产中，优势尚不明显。

作为新一代制造技术，**3D打印从诞生之日起，就是典型的数字化原住民**，通过数字化的手段，体现了更好的控制、更好的材料、更好的工艺、更好的可制造性。3D打印技术应用到数控机床后，减材增材，高度柔性，使得机床在数字化、智能化方面增加了无限的发展空间。

被称为"人"的智能机器

工业机器人是机器人大家族中的重要成员。它不仅在生产效率方面具有非常明显的优势，而且更适合在危险、污染、重复、劳动强度大等情况下代替人工生产，比如易燃易爆、喷涂、焊接等危险或污染的环境中，以及机械加工中对物料的搬运、转移等重复性的体力劳动中，将人力解放出来，让人们从事更有创造性的工作。

1921年，捷克作家卡里洛·奇别克在科幻剧《罗萨姆万能机器人制造公司》作品中，首次使用了机器人（ROBOT）这个词，从此诞生了"机器人"这个新概念。

自20世纪60年代初人类创造了第一台工业机器人以后，工业机器人就得到了快速发展。目前，工业机器人应用最广泛的领域是汽车制造业，并正在不断地向其他领域拓展，如机械加工、电子电气、橡胶及塑料等领域。

工业机器人作为智能制造的关键装备，是世界制造大国争先抢占的新一次工业革命的制高点。美国、德国、日本及中国等均把工业机器人作为国家战略中的重要组成部分。

2015 年 11 月下旬，习近平主席在写给“2015 世界机器人大会”的贺信中指出：“随着信息化、工业化不断融合，以机器人科技为代表的智能产业蓬勃兴起，成为现代科技创新的一个重要标志。”“中国将机器人和智能制造纳入了国家科技创新的优先重点领域。”

据国际机器人协会（IFR）统计，2014 年全球工业机器人销量为 22.5 万台左右，增长 27%，中国市场的工业机器人销量增长为 54%，达到 5.6 万台左右，中国已经成为了全球工业机器人的最大市场。2015 年中国市场销量超过 7.5 万台，同比增长 36.6%，占到了全球的 1/3。

工业机器人在中国制造业中得到了迅速的应用，主要原因是工业机器人不仅生产质量稳定，而且在生产效率方面明显高于人工操作，可以明显地降低企业的生产成本。

工业机器人可以单独使用，也可以与数控机床一起组合使用，在多台机床之间，通过机器人实现工序的转换工作，组成灵活、高效、智能化的柔性生产单元，**工业机器人在智能制造中起到柔性连接器的作用，由此产生了一种全新的智能化生产模式**。

中信戴卡宁波轮毂制造有限公司通过构建工业机器人等自动化设备，并实施了先进的信息化管理系统，工作效率明显提高，用人数量也大为降低。在机械加工生产线，以前是一台机床配一人，现在是由三台机床、自动轨道外加工业机器人组成一个生产单元，14 个这样的单元组成了全自动的生产线。在压铸生产线，过去两人操作一台设备，在工业机器人的帮助下，现在 1 个人可以看护 12 台设备。整个车间实现了高度的自动化、数字化、智能化，工人们只需站在“信息化面板”前轻点触屏，就可完成大部分工作，生产效率明显提升，车间员工人数也降为同行业的三分之一。

“机器引导机器”是智能制造的重要手段。美国某公司研发了一种被称为“工作主管”的机器人。机器人如同机床的一个部件一样，机床可以对机器人发出信号告诉它何时移动。在一些更复杂的应用中，机器人的程序可以控制机床。机器人与机床组合使用，甚至融为一体，可极大地提升自动化、智能化的生产水平。

德国库卡公司认为工业机器人已经发展到了最新的第四代。第一代是具有自动执行功能；第二代为具有感知、高安全性；第三代为可移动、具有感知和高安全性；第四代在第三代基础上，又增加了机器人的认知能力。在上海举办的“2015中国国际工业博览会”上，作者亲身感受到新一代机器人的“可爱”：在德国博世展区，有一台外罩皮革的机器人正在忙碌地搬运着工件，如果有人触碰到它，机器人就停止下来，当再次拍一下它的时候，机器人就再次继续工作，机器在“知人意”方面有了显著进步。通过机器人的感知、逻辑思维、判断和决策能力，可确保人员的人身安全，实现了人—机的和谐协作。

通过数字化与智能化，机器听人指挥，向人学习，类人思考，为人工作，它们的动作、外形、感觉、脾气等开始像人，同时开始与人协同与沟通。

智能工厂　机器革命大本营

智能的机器需要有用武之地，而工厂是机器集中放置并工作的地方，是机器智能革命的大本营，是智能机器大展身手的舞台。

机器联机器　畅通数据流

现在的电脑、手机等终端设备都在网络中工作。试想一下，如果这些智能终端不能联网工作而只能单机工作，影响工作效率不说，几天下来，我们就可能要崩溃了：没网络，怎么干活儿？

同样，一台机器即便是自身智能化程度非常高，如果不能联网工作，能发挥的作用也是有限的。

通过专业的设备物联网系统，将网口、串口等不同的接口形式，不同的数控系统，数控铣床、数控车床、加工中心、机器人等不同的数字化机器进行联网，实现机器的互联互通，可彻底改变以前机器信息化孤岛的局面，从而可以发挥机器集群控制的优势，形成机器群体的数字化、网络化、智能化，实现集约化、网络化、柔性化的生产模式。设备物联网如图5-4所示。

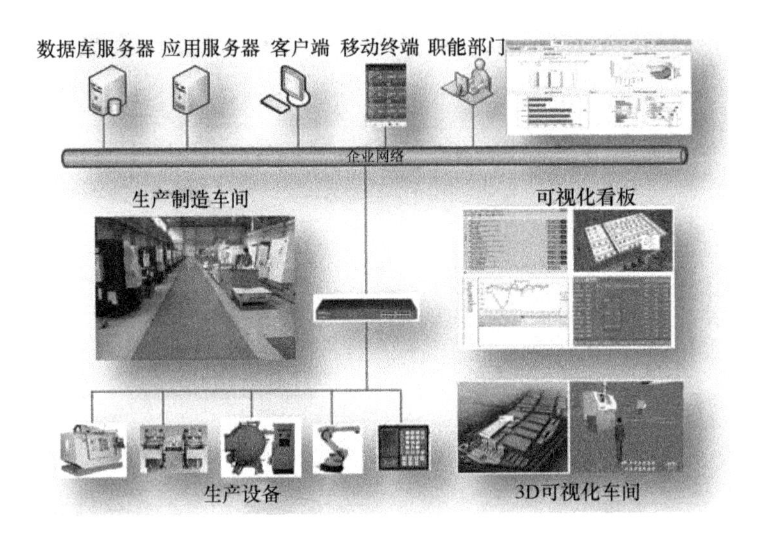

图5-4 设备物联网

联网实现了机器与机器的通信，而机器远程采集则实现了机器与人的交互。

利用通信协议、传感器和网络等技术，对数控机床、热处理设备（如熔炼、压铸、热处理、涂装等设备）、机器人、自动化生产线等各类数字化机器进行数据的远程自动采集，可监控到每台机器的实时状态、异常情况，对故障停机、关键工艺参数超差等重要事件可通过计算机系统或手机短信等形式及时送达相关人员，实现机器状态透明化、实时化的管理。通过机器的远程诊断与主动式预测性维护，智能系统像医生一样，在机器还没出现故障之前就得到及时预警，通过保养、维修，为机器健康、经济、高效地运行提供了保障。

从本书三体智能角度来看，机器互联互通，打通了数据流在数字虚体世界与生产设备物理实体两个世界之间的流通，数控加工程序等数字虚体承载着意识人体的智慧进入生产机器，从而驱动机器按照正确的、最优化的方式进行生产，机器的状态、生产进程等机器的信息通过采集、分析等数字虚体及时反馈给人，人基于系统的智能提示或者依据自身智慧对机器进行干预、优化，从而完成数据在三体智能模型的双向循环。数据承载着人类的知识，在意识人体、数字虚体、物理实体三体中流动，实际上是人类向数字虚体世界注入知识，驱动物理世界执行、体现人类意愿，并反作用于人体意识的迭代发展过程。

工业大数据　内脑 + 外脑

被誉为“大数据商业应用第一人”的维克托·迈尔·舍恩伯格的著作《大数据时代》出版后，在全球掀起了大数据研究、应用的热潮。大数据不仅在商业领域取得了成功，在工业领域也得到了广泛的应用。

工业大数据在制造企业中有更广泛的应用场景。

美国辛辛那提大学李杰教授认为，工业大数据具有专业性、关联性、流程性、时序性和解析性等特点。中国机械工业联合会专家委员会名誉主任朱森第进一步指出，工业大数据是以工业系统的数据收集和特征分析为基础，对设备和装备的质量和生产效率以及产业链进行更有效的优化管理，并为未来的制造系统搭建无忧的环境。

GE 公司在 2012 年秋季提出了工业互联网（Industrial Internet）概念，希望通过生产设备与 IT 相融合，改变以前以单体智能设备为主的模式，通过高性能设备、低成本传感器、互联网、大数据收集及分析技术等的组合，大幅提高现有产业的效率并创造出新产业，实现产品的智能服务。

早在几年前，GE 公司就将旗下的飞机发动机公司改名为 GE 航空，开始了经营模式的转变。公司以前的业务只是生产航空发动机，现在通过在飞机上安装众多的传感器，实时采集飞机的各种参数，通过工业大数据分析技术，为航空公司提供运维管理、能力保证、运营优化和财务计划的整套解决方案，还可以提供安全控件、航行预测等各类服务。GE 航空已经有 5000 名软件工程师，外加 9000 名 IT 工程师，逐渐转变为一个不折不扣的软件公司，在为客户创造了更大价值的同时，自身也获得了丰厚回报。

GE 公司为意大利航空的每架飞机上安装了数百个传感器，可以实时采集发动机的运转情况、温度和耗油量等许多数据，利用 GE 公司的软件进行海量分析后，精准地给出理想的操控方法，仅此一项，意大利航空 145 架飞机一年就节约了 1500 万美元的燃油成本。并通过这些数据提前预测发动机故障的可能，做出提前性的预防维修，避免因为机器故障造成航班延误、成本增加，甚至发生安全事故。

飞机发动机原本是典型的物理世界的机电产品，不具有智能的特点，但安装传感器联入网络后，就成了数字化移民，进入了数字虚体世界，成为了智能产品。通过网络化联接，对发动机进行数据采集，形成了巨量的数据，并对这些交汇在一起的工业大数据进行计算、分析、挖掘，形成智能化的决策性知识。

如果说数控系统等数字化组件是机器的大脑，具有远程采集、分析功能的工业大数据系统就是机器的外脑，内脑与外脑联网协作，机器变得更加智能。

人机物互联　机器自组织

在 2015 年的政府工作报告中，李克强总理提出，“制定‘互联网 +’行动计划，推动移动互联网、云计算、大数据、物联网等与现代制造业结合，促进电子商务、工业互联网和互联网金融健康发展，引导互联网企业拓展国际市场。”

本书第一章指出，智能化进化第二条路径就是“要素网络化联接，形成广域比特化数据通道”。“唯有互接，赛博系统才能发展成为赛博物理系统（CPS），唯有互联，才能打通比特化数据流通道，搭载数据、信息与知识，实现计算、控制和决策。万物互联，既是智能化的路径，也是智能化的结果。”而“互联网 +”，就是一种实现要素互联的快捷、有效的方式。

当前，“互联网 +”正以一种全新的理念、模式冲击着各行各业。未来的工厂将通过“互联网 +”制造模式，实现人、机、物相互联接，消费者与企业，企业与企业通过网络进行零距离交流、协作的全新制造模式。

在这方面有些先进企业已经进行了很多有益的探索，并取得了良好的应用效果。

为实现从大规模制造向个性化定制的转型，海尔公司早在2012年就开始了互联工厂的实践，致力于打造按需设计、按需制造、按需配送的体系。海尔公司通过“去中介化”“去产品化”与用户零距离地打造了用户交互定制平台，用户可以远程查看自己所购产品生产的全过程。从定制选择、订单流转、生产过程、物流运输等各个环节，用户将不再是被动地等待，而是全流程的参与者、监管者。智能化的交互定制平台，将用户、企业融为一体，极大地拓展了企业智能制造的范围，企业内外互联互通、协同生产，用户与企业关系更加紧密。

博世公司是德国智能制造的一个样板企业。在洪堡的物流中心，设备与工件之间已经借由互联网和传感器建立起了实时的联系：每个工件或者装工件的塑料盒里都有记录产品信息的无线射频识别电子标签（RFID），每经过一个生产环节，读卡器会自动读出相关信息，反馈到控制中心由工作人员进行相应处理，绝大部分生产活动都可以实现自我组织。比如，工件在什么位置、在什么机床上加工、加工的时间长短及物料库存有多少、是否需要补料等。这些信息直接与生产管理软件无缝集成在一起，生产过程中所有的数据均可在网络上实现高效、实时的流动和可视化展现，可轻松有效地解决生产过程中遇到的问题。新系统投入使用后，工厂库存减少了30%，生产效率提高了10%，由此节约的资金可达几千万欧元。

在博世公司北京工厂，所有的机床也实现了互联。一台计算机管理着所有的数控机床，程序集中存储在中心服务器中，每台机床需要加工程序时会远程自动下载，机床的状态一目了然，开机、关机、运行，加工什么产品，加工多少件，故障信息，机床的利用率等，所有信息都自动、准确地显示出来，实现了生产过程的透明化和自组织。

人、机器、物料，企业生产的三要素，通过数字化手段实现互联互通，实现物理实体世界与意识人体世界数字虚体世界的深度融合，从而将制造业逐步推向智能化。联接产生协作，联接产生效益，联接产生自组织，联接产生智能。

智能制造 究竟改变了什么

毫无疑问，智能制造已经成为了2015—2016年的热门话题。显然，这个话题将10年、20年地持续下去。

智能制造，究竟要解决什么样的问题，究竟能够给传统制造业带来什么样的改变？为此，作者与中国信息化百人会成员、智能制造专家安筱鹏博士等专家进行了深入的学术交流与沟通，尝试简要回答这个问题。

现在，我们非常明确地强调这个观点：智能就是要解决不确定性的。因此，智能制造主要是用来解决生产制造系统的不确定性的。

制造上的不确定性至少来自两个方面：一是要充分满足客户日益增长的个性化需求而带来的成本、质量、效率的复杂性；二是产品本身的复杂性，如飞机几百万个零部件，设计、加工、供应链，企业内部管理、外部供应链协同，生产过程和使用过程充满了高度不确定性。

前面几节论述的内容，都是为了智能制造的目的而服务的。

在数字化、网络化、智能化技术的支持下，作为实现智能制造的标志，制造业将实现以下几个方面的转型：

在生产方式上，要从生产者驱动的“规模经济”模式，转向由消费者驱动的“范围经济”模式。

在动力机制上，要从早期的“更低的成本、更高的质量和效率”，转向解决“成本、质量、效率的挑战以及带来的不确定性、多样性和复杂性”。

在管理模式上，要从一度流行的“泰勒制——科学管理理论”和正在流行的“丰田制——精益管理模式”，转向摸索和创建适应信息时代的新一轮管理变革。

在系统体系上，要从确定性是常态的简单的机械系统，转向不确定性是常态的复杂的生态系统。

在解决之道上，要从物理实体世界生产装备的自动化，如基于自然科学中的材料、能量、工艺、零部件，采用芯片、传感器、软件/硬件等集成能力的制造技术，转向数字虚体世界“生产装备”的自动化，如基于自然科学、管理科学、人工智能等交叉学科而实现的数据生成、加工、执行的自动化，实现从智能单机到智能工厂，从数据、软件的综合集成到形成统一的工业互联网。

在产品形态上，要从黑箱产品，转向透明化产品（数字孪生），数字孪生让绝大部分物理世界的产品在数字虚体世界中都有一个对应的映射（数字镜像），由此而实现产品本身的完全数字化。未来，数据即产品。传统制造与智能制造的对比如图 5-5 所示。

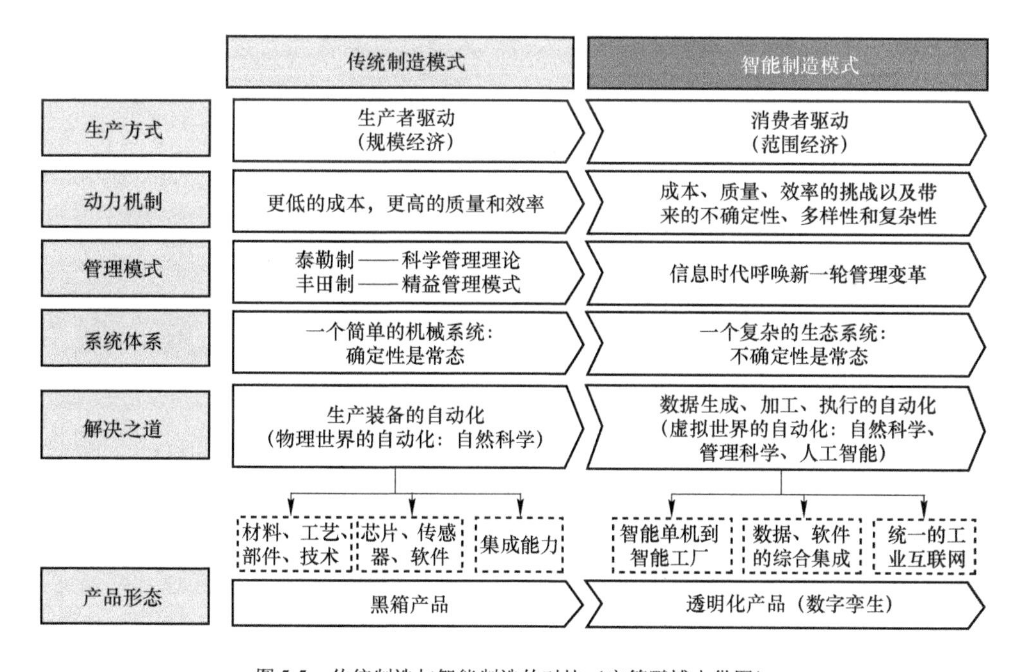

图 5-5 传统制造与智能制造的对比（安筱鹏博士供图）

图 5-5 所示的这些智能制造的逻辑，清晰地表明了即将发生的第四次工业革命的内在机制，预示了产业和企业的未来发展方向。工业领域革命性的变化，必将在未来 20 ~ 30 年内发生。

企业变革　工厂将不再是工厂

马克思在《资本论》提出了“生产力决定生产关系”的根本原理，认为生产力发生巨大变化的时候，必然会促进生产关系的变化，生产关系要适应生产力的发展。

从德国工业4.0、美国AMP2.0、工业互联网到中国制造2025，都致力于打造敏捷、高效、满足个性化与社会化生产需要的智能制造新模式，促进生产关系的巨大变革。

人类正在迎来一次影响深远的智能化浪潮。在这一革命性的进程中，作为市场的主体，企业的商业模式、组织模式、管理模式等都将发生翻天覆地的变化。

未来的梦幻工厂

蓝天白云下，在湛蓝的大海边，在金黄的沙滩上，阵阵海风伴随着海涛声，吹动婆娑的椰子树轻轻摇摆，景色迷人。

一个古铜肤色的男子躺在太阳伞下，悠闲地拿起全息投影个人智能终端，点击了一下“车间全景”，远在千里之外的车间内的灯光立刻自动打开，刚才的“黑灯工厂”瞬间变得明亮起来了，只见众多的机床、机器人、自动传输带、AGV小车（自动导引运输车）等自动化设备在有条不紊地运转着，产品正源源不断地陆续下线，在屏幕的右下角清晰地显示着设备状态、生产进度、质量情况等实时信息，一切都很正常。

这时，一个金发碧眼、身着干净利索工作服的漂亮女孩出现在屏幕上。

“嗨，杰克，今天开心吗？”

“非常开心，安琪拉，生产情况怎么样？”

“OK，一切正常，计划完成率100%，产品合格率99.999%，都在控制之内。放心休息好了。”安琪拉的蓝色大眼睛眨了几下。

“蓝得有点像这边的大海，”杰克心想。

“杰克，您这边当地温度25.9°C，中午紫外线较强，请注意防晒，最好涂些防晒霜。我的智能终端上显示在你住的海滨度假村西边280米处有一家叫‘康美尔’的药房，您可以买一瓶名字为‘肤乐安’的防晒霜，定价为156布林特。现在是午餐时间了，杰克，你可以去用餐了，我也需要继续工作了。再见，祝您开心！”

杰克扫了一眼屏幕上的时间，显示为“2066年6月28日12时30分”，啊哈，怪不得肚子有点饿了。

“杰克，一起吃饭了，不要和机器美女聊天了。”身边一起晒太阳的朋友在喊他，杰克起身与朋友向餐厅走去。

“祝各位用餐愉快！”安琪拉甜美、愉快的声音，在身后伴随着清爽的海风飘荡。

未来的工厂，自动化、数字化、智能化程度会越来越高，人类从体力、脑力上被逐渐解放出来，将更多的时间投入到更有价值的工作和生活中，同时，工人会越来越少，会出现黑灯工厂，甚至是无人工厂。所有的物料、机器、系统都按照人的意愿自动地、智能地、高效地工作。

由于互联网、赛博物理系统（CPS）的深入发展，工人甚至实现了劳动位置和劳动时间的解放，地点分散，形式自由，再也无需集中到车间上班，可在任意时间和地点从事生产，操控机器。

一如前面的工作场景，生产就在这种惬意的环境中，自动、高效、智能、可视化地进行着，这也许就是50年后的场景。那时，数字虚体有效地控制了物理实体，人类的体力、脑力得到了极大的解放。工作不再辛苦，工作就是一种享受，工作就是一种生活方式。

消失的工厂围墙

在历史上，工厂是随着自动化机器生产的普及而出现的一种组织管理模式。

为了管理及物料转移方便，将工人集中在一个场所进行集中生产、集中管理，“工厂”这种组织形式应运而生，特别是自动化生产线出现后，工厂又得到了进一步发展，工厂成为机器的集中营，成为制造业的大本营，成为社会的重要组成部分。

今天的工厂是一个相对成熟与独立的生产组织，对内具有较为完善的层级管理，各种机器、专业、职能相对齐全，设备、员工归属关系清晰。对外，除了业务协作之外，相对封闭，可以说，工厂具有组织与物理上的“两道围墙”。

但随着智能制造革命的到来，自动化、数字化、网络化、智能化成为主流，在数字虚体空间实现了信息的实时共享，消除了以前距离带来的不便，电子流程化管理减少了组织管理、协调沟通的困难，社会协作成本明显降低，因此，在信息沟通、组织管理等方面，工厂在效率方面的优势将被弱化，甚至落后于外部市场的组织效率，传统的工厂组织形式与物理形式存在的价值和必要性正在降低。

笔者预测，随着用工成本快速升高、市场需求频繁变化、竞争进一步激烈，以及数字化、网络化、智能化等新技术的快速普及，为适应市场发展，满足个性化、社会化、敏捷化的智能制造模式的需要，将来的工厂一定会改变当前“麻雀虽小，五脏俱全”的局面，一定会向充分利用社会资源方面发展，包括订单、人员、物料、设备的共享，也一定会淡化工厂与社会之间的边界，甚至推倒横亘在工厂与社会之间的围墙，打破封闭、独立的生产模式，构建成开放的、服务型的平台，数据将在工厂内外、人机料之间、信息系统与机器之间通畅地流动，工厂不只是生产产品，更是生产数据，数据将成为企业的核心竞争力。工厂将不再是今天的工厂。

未来，企业不再是相对封闭的一个组织，可充分利用社会资源，形成一个社会化的、具有高度智能调度的、超级加工能力的组织。该组织不属于任何企业，可以随时随地把它们的加工能力分享出去，承接世界上任何人、任何组织的订单。

工厂通过设备物联网技术，物理设备变成赛博设备，传统工厂变成智能工厂，传统企业变成社会化制造组织，传统封闭模式变成开放式的模式。全国乃至全世界有什么样的加工能力，哪里设备空闲，哪里擅长生产什么，都能通过信息系统一目了然！ 基于数字化、网络化、智能化的工厂，企业的制造能力也将实现社会化和服务化。

将来的企业也并不一定需要规模有多大，组织有多健全，只要有自己的特长，就能在市场中通过社会化分工而赢得自己的市场。这种全球化、社会化、服务化的生产模式，将会改变数百年来形成的工厂的概念，并会影响到工厂的规模发展、组织建设等方方面面。

基于“互联网 +”制造两者深度融合、以及智能化制造模式的逐渐形成，制造业走向深度全球化势不可挡，产品研发、生产、销售、服务都可能由位于全球不同的公司共同完成，即便是生产的同一环节，也可能是根据生产的能力、特长等进行全球性的动态组合。以前企业从研发、生产、销售、服务全部自己完成的封闭模式将被打破，以前研发、生产长期依赖某一两家的固定关系也将不再牢固。企业将来的竞争力不在于规模，更不在于多元化，而在于行业的竞争力。

智能制造逐渐走来，“互联网 +”模式深入人心，以前封闭的、大而全的粗放模式将被颠覆，**企业将会变成全球化的一个节点，一个开放的生产资源**，企业应当适应这种改变，而不是漠视这种变化，甚至是企图通过“筑墙”来隔离、保护自己。被称为“趋势大师”的托马斯 · 弗里德曼在《世界是平的》里已经给出了警告：“世界被铲平，你也感受到铲过来的那股力量时，请找一把铲子向自我的内在挖进去，千万别想要筑墙。”

数据充分自由流动

未来的企业是价值驱动的企业，是数据自动流动的企业。

企业与消费者通过互联网交互平台建立密切的联系，消费者可根据自己的需要、喜好在网上或手机端选择或者定制自己的产品。企业研发中心基于模块化、智能化设计系统快速生成客户需要的产品模型，并将复杂产品分解为简单的零部件，经过拆模、加工程序编制等任务，通过“云协作平台”交给“云端资源”进行社会化协作。供应链系统根据制造BOM计算出最佳采购数量，企业也可随时查阅供应商的物料准备、运输状态，如时间、位置、数量等，实现准时化生产。根据企业内部与合作伙伴设备的真实生产能力，自动排出最优的生产计划，可细化到每一工序、每一设备、每一分钟进行精准执行。

车间内，AGV自动小车将工件从立体仓库运送到机床边，工业机器人进行自动装夹，机床会根据工件的身份信息知道“这是什么零件”“什么材质”“该进行哪道工序加工”“需要生产多少件”“交货期是什么时间”“将来用于什么产品”，以及“哪台设备生产”“需要哪个加工程序”“使用哪些刀具”“每件工件需要加工多长时间”等信息。机床开始自动生产，包括自动检测工件、自动调用正确的程序、自动补偿刀具参数、自动粗加工与精加工、自动检验并判断工件是否合格等，对于尺寸留量较大的工件，机床会自动识别，增加切削次数，同样，对留量较少的工件，机床也会自动减少切削次数，使得加工更加高效。在生产过程中，机床也会告诉生产管理系统“我正在生产什么产品”“生产件数”“多长时间生产完成”“我是用什么参数在生产”“在30天后丝杠会有机械故障，请提前准备维修”等，生产管理系统也会告诉机床“下一个任务是什么”“请接收下一个加工程序”，加工即将完成，机床会通知机器人“30秒后完成加工，请做好接转移准备”。加工完成后，机器人将工件取下放入AGV自动小车，小车将工件自动载入成品库，包装机进行自动包装，提前接到任务的运输卡车通过自动传输带将包装箱装入车厢内，按照既定计划为客户送达。

车间内的立体仓库、机器人、AGV自动小车、机床配合默契，生产在有序地进行。而所有这一切，都可以被任何地点的员工所监视和调整优化，管理者随时可以通过电脑或者手机知道计划执行、设备状态、原材料库存、产品送达等各种情况，远在千里，尽在掌控。如果出现质量问题，可随时追溯出产品是什么批次，是由什么设备、什么人、采用什么制造参数生产的，整个生产是完全透明受控的。

未来的工厂，一切以客户价值为导向，承载知识的数据沿着产品价值方向而自由流动，从市场需求、产品研发、生产计划、生产执行、市场营销、售后服务，数据在收集、分析、决策、执行中增值，虚实精准映射，数字虚体世界指导、控制着物理实体世界的生产，解决了物理实体世界中的不确定性、多样性和复杂性问题，确保正确的数据在正确的时间发送给正确的人和机器，并进行正确的执行。同时，物理实体世界又通过反馈优化着数字虚体世界。**虚实两世界相互融合，共轭发展，共同实现智能化生产**。

自组织蓬勃兴起

未来智能化的机器及系统嵌入了数体智能，具备了类人的智能，从物理实体机械升级为具有类人智能的智能机器，可以更大程度地帮助人类、代替人类的工作，机器将人从危险、危害、繁重、重复、紧张的生产中解放出来，人类将充分发挥与享受自己的创造力与主动性。工人将不再是机械、乏味的操作工，而会成为谷歌创始人埃里克·施密特在《重新定义公司》中所描述的“创意精英（Smart Creative）”，能自我赋能，能将技术知识、商业头脑与创意才思融合为一。如果公司能把先进的科技工具交予他们，并给予他们广阔的空间，创意精英们就能以惊人的速度做出惊人的创举。

在美国，现在大约34%的工作者是自由职业者，总数达5300万人。他们已经不属于任何企业，只属于自己感兴趣的若干职业“圈子”。他们在“圈子”这样的组织中，他们为了一个共同的目标，自愿走到一起，愿意付出、分享、参与共创，他们自我管理、自我激励、自我驱动、自我督促、自我实现。总之，一切都是在“自我赋能”的前提下完成的。未来，这种形式的自组织将会越来越多。

未来30年，企业不再是今天的企业，组织不再是今天的组织。产品不再是今天的产品，服务不再是今天的服务。生产力和生产关系都发生了革命性的变化。

企业将会改变现在集中、大规模生产的传统模式，通过互联网，通过小微企业、创客等新的组织模式，企业将成为一个个的生产服务平台，成为一个个面向社会提供加工能力的新型组织，“企业”和“企业”之间不再有明显的边界，组织也将不会再僵化，组织会随时根据市场、订单等情况进行虚拟的组合、调整。如同优步、滴滴等应用软件解决了司机和乘客的信息不对称矛盾一样。未来，需要加工的客户与提供加工能力的企业，都可以随时对接。于是，工厂的加工能力，成为了一种社会化的服务。

此时，组织与生产的关系已经不密切，严密组织存在的必要性逐渐降低，组织的边界将会逐渐模糊或消失，依附于组织的太多的事物都将被逐渐瓦解，今天的企业形态大多数将不复存在。未来的工厂只是一种兴趣化的组织，工人、工程师，都未必是属于这个工厂的员工，一个员工可能同时属于若干个组织或“企业”。所有人的知识与能力，也是公开的，社会化的，只要你愿意公布、分享出来，于是，招聘这种事情可能就不再是必需的了。企业和员工之间，企业和企业之间，企业和社会之间，都变成了相互信任的新兴的合作与服务关系。

工厂，诞生于200多年前的第一次工业革命，人们因为有了机器而集中在一起，又因大规模生产的第二次、第三次工业革命而得到进一步完善，但随着智能化的第四次工业革命，工厂将不再是传统意义上的工厂，无论是机器设备、生产模式、组织方式，都会因为数字化、网络化、智能化而被重新定义。

将来，我们不能只聚焦在机床、机器人等物理实体世界的发展与应用，还应该关注数字虚体带给我们的巨大冲击，将来的工厂，一定是专业化、少人化、个性化、社会化的生产模式，这将是工厂的发展趋势，制造企业需要提前感知趋势的演进，以积极的变革应对挑战，从而赢得主动。

智能制造的中国路径

智能制造不仅仅是我国与整个制造业转型升级所面临的一次难得的历史机遇，也是全球主要工业国家正在实施的重大战略与共同演进的方向。

“企业智，则国智。工业能，则国能。”如何在本轮智能制造进程中抓住机遇，成功转型升级，这是举国上下特别是工业企业高度关注的课题。通过三体的演化分析，发现智能化规律，总结相关路径与实施方法，帮助、启迪中国制造企业更好地走向智能制造，也是本书写作的初衷。

我们坚信，在向智能化转型的过程中，只要思想上高度重视，规律是可以发现的，技术是有章可循的，只要能把握住机会，中国企业完全可以占据主动，赢得最终的胜利。

国家战略　企业协同

本轮智能革命是机械化、电气化、信息化发展到一定阶段，从数字化、网络化向智能化进军的新科技革命和产业变革，是从以前生产能力不足而需要大规模生产的阶段，转变为生产过剩、个性化需求明显的一个转折点，是几乎所有工业国家不约而同采用的战略，是全球制造业共同的努力方向。

中国错失了前三次工业革命的先机，只有本次的智能化革命与各发达国家处于同一起跑线，甚至在互联网 + 应用方面处于领先位置，这是千载难逢的机遇，是一次赶超工业强国的绝好机会。在实现民族伟大复兴的中国梦进程中，制造业从来没有像今天这样被寄予了厚望。

2015 年推出的制造强国战略《中国制造 2025》中明确指出“制造业是国民经济的主体，是立国之本、兴国之器、强国之基。”加快从制造大国转向制造强国，这一部黄钟大吕的历史交响曲，离不开中国制造企业的智能化之歌。可以说，智能化转型升级，是全球的焦点，是国家的战略，是企业的突破口。在迈向智能的过程中，当然需要巨大的投入，很可能几经曲折才能达到光明。企业家要有强烈的使命感，要化创业精神为报国精神，勇于承担智能强企的重任，而不囿于短期的眼前利益。企业应以“中国制造 2025”为指引，参考德国工业 4.0 及美国 GE 工业互联网等先进理念，结合企业实际情况，以人为本，打造中国特色的智能制造新模式。

以人为本　综合取胜

思想上认识要重视，战略上定位要准确，不要紧盯单项指标，中国要靠综合实力取胜。

德国和美国智能制造战略并不神秘。德国工业 4.0 战略是德国在国家人力匮乏、老龄化严重、中小企业居多等不利条件下，基于世界领先的制造业、工业软件，以及高素质劳动者、企业高协同化、高工业文明的基础上，扬长补短，有针对性地制订的国家战略。美国也是在“实体空心化”严重的情况下，发挥自身IT技术的优势，促进回归制造业的一个“再工业化”战略。

德国和美国已经基本上走完了工业3.0的历程，我们还是处在工业水平发展极不平衡的多进程并行发展的复杂阶段，不同的发展阶段，注定我们采取的策略与它们有所不同。

我国制造企业在制定智能制造落地战略时，一定要充分发挥“扬长补短、综合取胜”的原则，既要汲取德国工业4.0等战略的精华，又不要死搬教条、盲目跟风，要以“中国制造2025”为宗旨，以“创新驱动、质量引导、绿色发展、结构优化、以人为本”为方针，扬长补短，不仅要在先进技术、设备上有所突破，更要充分发挥人力资源相对充沛的优势，深入挖掘人的价值与潜力，制定适合自己企业的战略和战术，确保自己企业的未来！

毫无疑问，CPS（赛博物理系统，数字虚体↔物理实体）是智能制造落地的核心与关键技术。但是第一章中提出的三体智能模型，并非只是清晰阐述CPS的原理，还力图提醒业界人士，应当高度重视意识人体与数字虚体两者衍生的CCS（意识人体↔数字虚体）系统，以及物理实体与意识人体形成的PCS（物理实体↔意识人体）系统。

我们要特别重视意识人体的智能的价值，要把企业中宝贵的知识进行提炼，在软件中以知识建模的方式对知识进行数字化，从而更好地驱动物理实体的智能化执行。CPS其实是一个通过数字虚体向物理实体赋智的关键技术环节，而CCS则是将人类特有的知识、智慧向数字虚体赋智，以及数字虚体通过大数据分析等手段反作用于意识人体的双向过程。应该说，CCS是CPS的源头，是更高阶段的智能化，是企业可以充分发挥自身知识、走向更高效智能化的一条重要途径。

智能制造不能只关注数字虚体与物理实体，还应该关注意识人体的存在及重要意义，只有这样，才能全面地认知、实现智能制造。

在以人为本方面，我们应该重视以下几方面的问题：

- ▶ 我们长期忽略了对高级技术工人的培养。而德国近百年来一直采用“学徒制”来培育产业工人。技工有保障，生产效率与质量才能有保障。
- ▶ 在基本原则上，机器并不是替代人的，而是要辅助人做得更好。即使机器升级到智能系统，仍然是以充分解放人的创造力和想象力为目标，既不是替代人，更不能伤害人。
- ▶ 意识人体中仍有大量的知识没有被发掘出来，未来需要继续发掘和提炼。

我们应该清楚地看到，在工业2.0、工业3.0两个阶段大约100年的工业发展进程中，德美等发达国家所沉淀下来的“人”的优势：高素质的劳动者、高水平的企业管理、高成熟度的社会化协作等，这些软的方面，正是数百年工业革命带给人的意识空间的深厚积淀，不仅仅包括设计、工艺、生产、维护的隐性知识，更包括根植于心的“工匠精神”，这恰恰是中国制造业最为匮乏的，也是我们必须也要“补课”和“普及”的。

在数字虚体的支持下，我们不必重复走国外百年的发展历程去摸索经验、提炼知识，我们可以通过成熟的设计、生产、管理等软件系统，尽量将隐性知识显性化，显性知识泛在化，便于人员素质与技能的快速普及与提升。这些优秀的系统实质上是工业文明的浓缩精华，是隐性数据到显性数据，隐性知识到显性知识的载体，是实现智能化的一条捷径。

有章可循　少走弯路

尽管中国的智能制造与德国工业4.0等战略“异曲同工”，但我们不能照搬德国的工业4.0，要建设具有中国特色的智能制造，要使中国工业现有的大量工业2.0、工业2.5、少量工业3.0，一起走向工业4.0，这是一个独具特色的庞大系统工程，常规情况下做不到，但是，在清晰地了解了智能的机理，搞清楚了智能制造的关键之后，我们可以在智能制造的基本原理指导下，无须按照过去的常规速度去发展，在较短的时间以内，让某些工业2.0~3.0的企业大踏步地迈向4.0，这就是中国智慧和中国速度。

五大特征，判定智能

现在，制造企业都对智能制造寄予厚望，认为智能制造是企业转型升级的抓手与关键，然而，对如何判断智能制造感到模糊不清。

本书在第一章中已经清晰地定义了初级智能、恒定智能、开放智能三种智能系统，特别是为智能最高阶段的开放智能系统定义了“20 字的五个特征”：状态感知、实时分析、自主决策、精准执行、学习提升。具备了这五个特征的人造系统一定是高度智能的智能系统。企业根据这五个特征，结合企业的实际情况，就能很容易地设计出自己的智能制造系统。

例如，智能系统首先要有状态感知。对企业而言，市场动态、订单情况、研发进展、生产进度、设备状态、质量情况、财务状况等，这些因素都是需要随时“状态感知”的，这就需要用无处不在的传感器、软件系统等进行采集，否则一个系统没有状态感知的信息输入，必定是“哑系统”，更谈不上智能。企业应根据自身需要，确定相关的信息输入，设计有针对性的智能系统的数据源头。

感知到的信息输入系统之后，要有计算，那么就要有计算内核的功能，要有分析，就要有软件的功能来支撑。要有自主决策，就要有相关算法的设定，有推理，有认知。最终给出输出信息，驱动各种致动器（电动机等）来以最恰当的动作实现精准执行。同时，对执行结果进行分析验证，取得最佳实践经验，实现学习提升。

这样，根据需求目标，企业可以很清晰地按照这五个阶段划分，确定相关的感知要素、分析目标、决策条件、执行动作、学习提升内容，进行具体的智能系统判定与规划。

三条路径，轻松进阶

本书明确地给出了系统走向智能的三条进化路径，企业依据这三条路径，结合企业实际情况，就完全可以走出一条方向明确、路径清晰的智能化转型之路。

1）第一进化路径：数字化移民，在物理设备中嵌入数字化计算内核。

设备和产品之间实现对话的前提就是产品和设备都嵌入了数字化芯片，都含有必备的数字化信息。

在产品和设备上嵌入数字化芯片，这是物理设备走向赛博化的一条捷径。在过去20多年，部分企业已经完成了“研发手段的数字化”。在今天，这些企业应该逐步迈向“产品/设备本身的数字化”。而要做到这一点，只需在常规的设备中增加嵌入式数字化系统，具体的嵌入方式有：

- 叠加——在现有的物理设备上加入诸如RFID芯片、PLC、工业PC等数字化原住民，让原有的物理设备成为数字化移民。例如，物料上增加RFID，机床上加上智能采集终端，汽车加上导航仪或行车记录仪等。
- 互嵌——在物理设备的设计阶段就植入数字化设备，同时也在数字化设备上接入物理设备，例如刀具、测量仪器、电动汽车等嵌入计算机等数字化设备，计算机中也有硬盘支架等物理设备。
- 融合——产品/设备在设计伊始，就是物理与数字设备充分融合、彼此交汇、自成一体的，如3D打印机、数控机床、工业机器人、自动驾驶汽车等。通常这类产品都是高度智能的设备。

另一方面，也要将知识数字化，把知识嵌入各种信息系统，实现研发、生产、销售、服务、管理等企业活动的数字化管理。

其结果是“数字化一切可以数字化的事物”，让设备、产品、生产与管理模式等都实现数字化移民。这是智能制造的基础与前提。

2）第二进化路径：要素网络化联接，形成广域比特化数据通道。

将数字化设备、产品联入网络，联接一切可以联接的数字化事物。打通企业信息化之间、设备之间、信息化系统与设备之间，以及企业内外之间的信息化集成与联接，赛博空间、物理实体通过数据流动而深度融合，并相互促进。

例如，基于互联网来开辟新的商业模式、服务模式。既要让企业内研发、生产、销售、服务等所有人员相联，实现信息的共享与协作，提升企业管理水平与效率，形成智能服务的新模式，如“云设计”“云制造”“云服务”；也要让设备互联互通，实现网络化、智能化管理，例如设备物联网，形成了工厂加工能力的社会化与透明化；基于工业大数据技术，让企业设备运维的关键数据和信息都可以提前预知，从而能获得最佳维护预防。各种专业领域的“互联网 +”的举措，都可以形成形式多样、范围广泛的智能产品、智能商务、智能物流和智能服务。

虚实联接、内外联接，网联一切可以联接的数字化事物。联接产生价值，联接产生新的商业模式。

3）第三进化路径：主体认知化，形成三体大知识交互能力。

在不同软件系统之间、软硬件系统之间、硬件及硬件系统之间、企业内外信息等众多系统的数据交汇，会激发更多的智能挖掘潜力，通过数字孪生体、大数据等理念和技术手段，实现更加智能化的研发、生产、销售、服务，为企业创造更大的价值。

赛博与物理虚实两个世界的融合，物理世界增加了嵌入式系统，联入网络，物理设备和产品就有了智能，有了灵性。计算辅助设计、制造、仿真（CAD/CAM/CAE）、3D 打印、产品生命周期管理系统（PLM）、企业资源计划系统（ERP)、制造执行系统（MES）、设备物联网系统（IoT）等信息化系统，实现了赛博世界与产品物理世界的精准映射，企业除了生产产品，还生产数据和知识，未来数据就是一种典型的产品，知识就是必备的基础设施。数字孪生（Digital Twin）模型将颠覆以往只注重产品本身的管理理念，任何一个物理实体产品都有一个数字虚体相伴，都有相关的知识说明，虚实二体互控互动，可明显缩短研发生产周期，并大幅度提升产品研发质量，任何产品的研发都是一次做对，质量最优。

意识与数字的融合，可帮助企业建立完善的知识体系，物理与意识的融合可以帮助人类自身走向更高的智能。从三体演化历史上看，意识人体的智能已趋向成熟，数字虚体的智能（认知智能）刚刚开始，物理实体的智能（控制智能）也是渐入佳境。但由于物理实体的智能一般是通过数字化、网络化等数字虚体控制的方式去实现，所以，作者认为，当前工业控制界要更多地关注、利用数字虚体领域的智能成果，关注智能数据问题，关注数据自动流动问题，关注虚拟现实的应用问题，择机发展小范围、小领域的物联产品与精准控制产品，这是最易取得成功的突破口。

智能，是人类不懈的追求，是不断向机器赋智赋能的过程，是机器常规功能不断变为智能服务于人类的过程。作为汇集智能机器的重要场合，作为产品制造的发源地，作为将来产品智能服务的承担主体，工厂是智能制造的主战场。智能不只是改变了机器、生产线，不只是改变了研发、生产、销售、服务模式，智能也会促进企业商业模式、管理模式乃至生产关系发生巨大的变化，也会体现解放人类体力、脑力、精神不同层面的形式与转变。

机器智能化、企业自组织化、制造社会化、创新常态化、一切服务化和体脑自由化，这是必然的发展趋势。

智能，因人而起，为人所用。

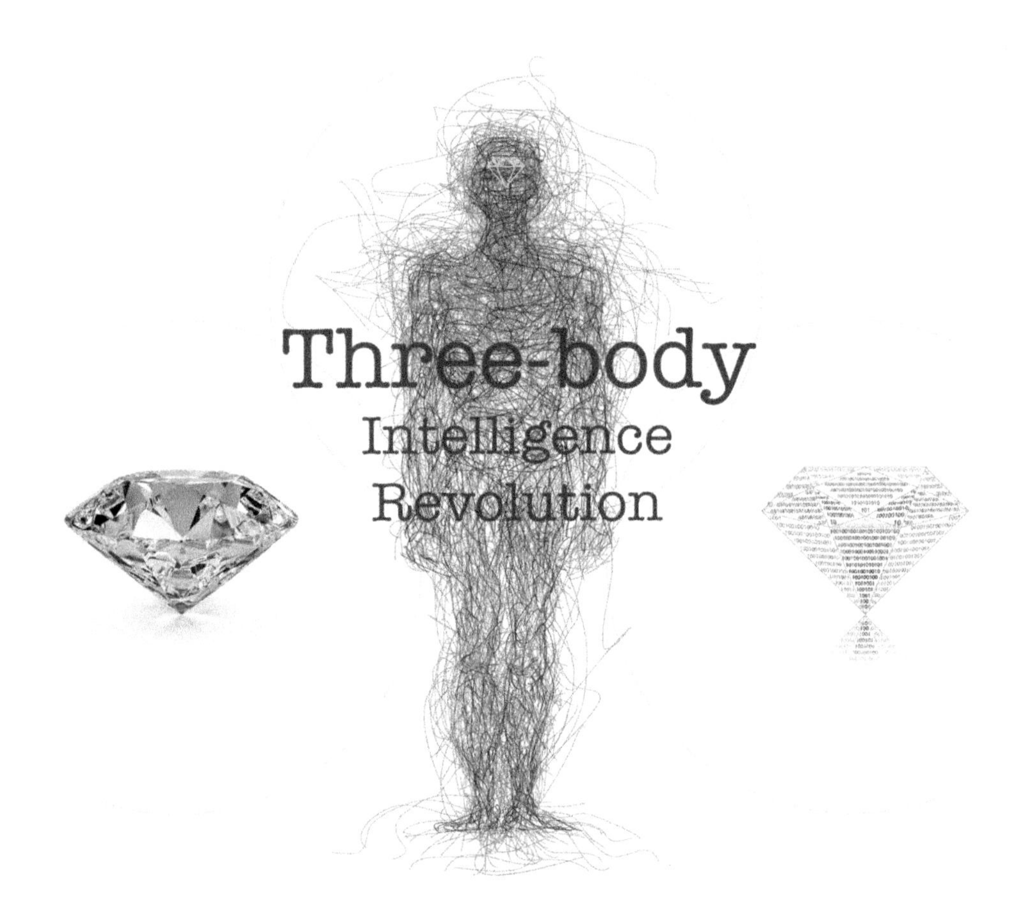
Three-body
Intelligence
Revolution

Chapter 6

第六章 赛博统军

这个世界——赛博空间——是一个我们赖以生存的世界……。在人类历史上，它使我们比任何时候都更加相互关联。

——巴拉克·奥巴马

赛博不仅仅是一种技术，更是一种硬实力。谁能更好地认识赛博、开发赛博、掌控赛博，谁就拥抱了更先进、更强大的智能力量。

——本书作者

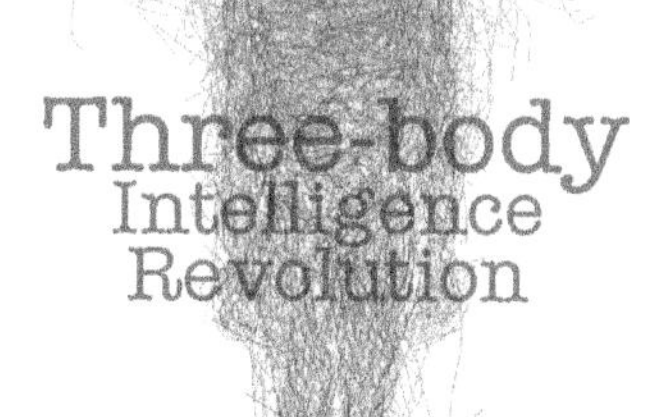

飞行是动物界的高级智能，也是人类远古以来的梦想。人造飞行器帮助人类获得了梦寐以求的飞行智能，并将人类文明从陆地文明、海洋文明带入了空天文明的新纪元。飞行器作为最复杂的工业产品，为了成功应对最扑朔迷离的空天环境，在历史上第一次演化出物理系统的智能化技术——CPS，集现代工业之大成、融数百个专业、数十种先进制造技术于一体的航空工业，通过全面应用CPS所代表的先进思想，在数字化研发、虚拟化设计、协同化制造等领域率先开启了智能制造的大门。通过回顾与勾勒飞行器本身与航空制造的智能化历史和前沿趋势，本章将帮助读者找到整个工业文明打开智能世界的金钥匙——赛博。

大国重器　空天制胜

雄鹰翱翔　空天竞逐

2015年9月3日，北京天安门广场，第二次世界大战后胜利日的中国第一次大阅兵庄严威武。巨大的轰鸣声从远处空中传来，中国空军、海军和陆军的航空兵驾驶着总计189架固定翼飞机和直升机组成了新中国成立以来最大的阅兵空中梯队，分批次顺序飞越天安门广场上空。参加此次阅兵的10个空中梯队，包括空中护旗方队、领队机梯队、预警指挥机梯队、轰炸机梯队、歼击机梯队、海军舰载机梯队、海上巡逻机梯队、加受油机梯队、直升机梯队，涵盖了我军现有先进作战和保障机种，并且全部正式列装部队。此次阅兵，空中梯队规模涵盖20多种飞机，陆军、海军、空军的航空兵机型和数量都超过了历次阅兵。如新一代预警机、轰炸机、歼击机、舰载机、直升机等类型飞机均为列装后首次亮相参阅，而这些飞越天安门上空的飞机全部由中国航空工业集团公司（中航工业）研制生产。

中国自主研制的军机堪称中国军工制造皇冠上的明珠。飞机，顾名思义就是会飞的机器。让飞机上天，是人类几千年的梦想与智慧的结晶。为了让飞机在各种复杂的气象条件下全天候飞行，执行载人、货运、战斗、轰炸、干扰、侦察、播撒、实验等各种复杂任务，航空工业在全球工业界中最早并大规模应用了CPS

（赛博物理系统）技术。因此，作为一项尖端智能产品，飞机的制造与演进最为典型地体现了意识人体、物理实体、数字虚体三体互动实现智能提升和智能发展的基本原理。

飞机飞行的过程，就是一个智能的过程，符合本书第一章中所描述的智能系统的五个特征（20 字箴言）：

状态感知——早期飞机没有各种仪器仪表，以人的五官来感知各种外界信息，然后操作飞机；而后一步步加装了高度表、经纬仪、速度表、发动机运行仪表、电台等简单仪器，简化了飞行员状态感知工作；到一架现代的飞机上有数千个传感器，飞行员可以随时获得各种必要的数据，以便于做出各种判断和决策。

实时分析——过去早期飞机低空、低速、感知信息不足，导致对地域、机场、天气要求极其苛刻，获取信息后由飞行员大脑分析；随着电脑技术的逐步应用，现在飞机自主分析能力有了极大的提高，如飞行员错误操作猛推飞机的操纵杆，电脑就会分析判断出是飞行员错误操作，屏蔽掉错误操作并发出警报。

自主决策——早期飞机就是人脑决策，由于低空、低速、小范围，飞机的飞行地图就存在于飞行员大脑中，可以根据地标判断飞行路线是否正确，是否到达目的地；现代飞机高速、高空、全天候飞行，靠飞行员已经无法判断各类空情，比如出现恶劣气候，飞行导航的电脑就可以快速把高度表、经纬仪、气象雷达、导航雷达、地面导航信息综合判断生成多个安全飞行航线并与存储的电子地图做计算、分析、比较，供飞行员选择决策，而这些在以前是无法做到的。

精准执行——早先的飞机控制都由四肢来执行，形象比喻就是如中国早期的解放牌卡车，因为没有助力器，驾驶员转向几乎要用尽全身力气才可以，因此，飞行风险极高、事故经常发生；后来，发明了液压系统，大大减少了人的体力消耗，使飞行控制比较容易了；现代飞机几乎全部采用电传操控系统，就是用电脑控制升降舵、方向舵、副翼、襟翼等来让飞机转弯、起飞和降落，当然，起落架的收放也由电脑控制液压系统配合各种舵面完成各类行为和动作。综上所述，飞机本身就是一个大的 CPS 系统，它也是具有多个 CPS 的飞行器。航电设备如仪表、雷达、电传、通信、计算机和许多非航电设备等都可以看成一个个的小型

CPS，通过这些 CPS 设备实现对飞机状态的精准控制。

学习提升——飞机在试飞和飞行过程中，不断由人来提炼总结飞行经验，并且将最好的飞行知识写入飞机的软件中。未来，飞机可以通过自动分析飞行过程大数据来优化自己的飞行状态，优化飞控软件。

上面仅仅讲了一架飞机本身，实际上阅兵仪式上出现了 189 架各类飞机，包括高空、中空、低空，高速、中速、低速，大型、中型、小型，所以空中调度是一个极其复杂困难的问题，一个不小心就会机毁人亡，实际上国外大阅兵空中撞机事故教训不少。要做到米秒不差，要做到各类各型飞机之间的协同，各类各型飞机与地面指挥的协同，各类各型飞机与卫星通信、导航的协同等，这些构成了一个巨大的 CPS 作战指挥体系。

机器飞行　顶级智能

飞机飞行时有的飞行员在睡觉——这听起来是不是有些可怕？乘客睡觉的时候，如果驾驶员也在睡觉，那么，谁在操控机器？想到这个问题，估计所有乘客再也难以入眠了。实际上，现在几乎所有的民用客机都配有自动驾驶系统。

自动驾驶能够提供飞机的自动导航、自动飞行、自动推力、限制与保护功能，按照自动设定的姿态、航向、高度和马赫数飞行。通过自动驾驶，飞行员把常规符合飞行原理和导航原理的操纵交给自动驾驶，大大减小了工作负荷，可以留出更多时间让飞行员监控飞机状态、观察运行环境、处置突发情况、提高飞行效率、节约飞行成本等。

实际上，这一切都得益于赛博物理系统（CPS）的高度发展。人的经验被软件化，重复性的工作也被各种程序代替，仪表和设备都变得更加智能，从而实现数字虚体世界与物理实体世界的交互和控制。飞机就是意识人体、物理实体和数字虚体相互结合的三体智能系统。现代驾驶舱的设计，则是三体智能系统的典型示范场所，能够满足空中飞行的自动飞控要求。从原理而言，在正常情况下，不需要做出创造性或复杂的判断时，驾驶舱的一切动作都可以实现自动化。

传统的飞机驾驶舱，往往涉及几千个开关和按钮。飞行员上、下、左、右、前、后几乎全部是各类指示灯、手工开关和按钮，非常复杂。然而，现在这些情节只能在老电影里看到了。在这样的机器环境下，人、机器是完全分离的，手工操作来全面控制机器，也要求飞行员全神贯注、集中精力来保持对机器的控制；飞行员不是一两个人，而是五六个人组成的机组同心协力来驾驶一架大型飞机，与此同时，也必须要随时应对外界环境发生的各种可能的变化。这是一个二体分立的世界。

而在CPS的三体智能系统中，飞机驾驶开始变得轻松了。飞行管理计算机系统里装有导航数据库和性能数据库，包括所有航线的计划航路，只要飞行员在起飞前输入所飞航线的相关参数，那么，从按下自动驾驶仪按钮的那一刻起，飞机的控制权就会交给数字虚体系统中的飞控软件，它就会操控机器和仪表，完全按照计划航线自动飞行，直到着陆。这就形成了意识人体、物理实体和数字虚体的合体。用数字虚体实现人的意识与思维能力，并且进一步操纵物理实体机器，大幅度降低了人的劳动强度；传统由五六个人组成的机组也变成了现在的两人驾驶机制。

在飞机飞行的过程中，赛博系统根据探测到的大气数据信息、姿态及加速度数据和导航数据，自动检测各种舵面和油门位置参数，通过控制飞机舵面和油门实施飞行，同时检测出各种实际飞行参数与理想状态的差值并进行实时修正。

在整个航线飞行过程中，起飞与降落是最复杂的关键时刻。对于降落而言，自动驾驶也大部分可以实现。因为机场一般都装有引导飞机着陆的仪表着陆系统，该系统利用无线电波在空中形成一条看不见的飞机下滑道。当飞行管理计算机将飞机引导到下滑道时，赛博系统可以通过接收无线电信号来控制飞机，使飞机沿下滑道自动着陆到跑道头，再由飞行员操纵飞机沿跑道滑跑。在波音767、747-400、777和787飞机上，滑跑这一段甚至也可以由飞机自动完成。

当然，自动驾驶仪的存在并不意味着飞行员在飞行过程中无所事事。在飞行过程中飞行员需要与地面保持联系，同时监控自动驾驶系统，确保可以随时接手飞机的操作。而在重大系统故障、飞机结构严重受损、积冰、地形告警、雷雨绕飞、紧急上升或下降、强烈颠簸等情况发生时需要立即人工干预。因为赛博毕竟是机器系统，它并不擅长创造性判断。然而人们对 CPS 强烈的兴趣，正在推动这个领域的快速发展。目前谷歌公司已经成功完成无人驾驶汽车的 30 万公里测试，它是基于大数据后台运算的人工智能服务。由于飞机悬浮在空中，外界环境会有突发紧急的情况，因此它对于人工智能的要求会更高一级。随着人工智能的发展，赛博系统会变得越来越强大，逐渐具备不断自我更新和打破常规的能力。这样的话，民航客机完完全全地无人驾驶将会成为现实。

飞机里潜藏着很多我们不知道的真相。实际上，这些不被注意的事实，正是高科技炫酷的地方：机器飞行包含着顶级智能。一段越洋飞行，看似波澜不惊，却是高科技保驾护航之旅。飞机是典型的三体智能协作系统，以飞机为例的三体智能系统互动演变进程见表 6-1。

表 6-1 三体智能系统互动演变进程（以飞机为例）

时间	状态感知	实时分析	自主决策	精准执行	学习提升
早期飞机，1950 年前	人体感知：眼睛视觉、耳朵听觉、鼻子嗅觉、人体触觉	飞行员大脑	飞行员大脑	飞行员身体	脑体协作提升
过去飞机，1990 年前	人体感知和部分机、电、光、磁、声、热等传感器	飞行员大脑和部分机载专业电脑	飞行员大脑	飞行员大脑、手、脚、身体和部分机载执行系统共用	脑体与电子系统协作提升
现在飞机，1990 年后	人体感知和各类机、电、光、磁、声、热等传感器	飞行员大脑和部分机载专业电脑	飞行员大脑和机载中心处理机或分布式处理机并行	飞行员大脑、手、脚、身体和各类机载执行系统共用	脑体、电子系统与智能软件协作提升
未来飞机，2020 年后	完整的各类机、电、光、磁、声、热等传感器	各类机载专业电脑	机载中心处理机或分布式处理机	各类机载执行系统	数体智能主导，人脑优化数体智能

赛博物理　数物合体

无论是工业4.0，还是智能制造，其核心的智能制造体系基本上分为两大部分，第一是智能产品，第二是智能制造过程。无论是智能产品还是智能制造系统，都离不开CPS。

1926年，尼古拉·特斯拉在《远程自动化》中讲到“当无线被完美应用时，我们的地球将会变成一个大脑，事实上就是通过仪器我们能实现一些惊人的事情，就如同现在我们使用电话一样，比如一个人可以将任何东西放在他的口袋里”。1948年，诺伯特·维纳在《控制论》中援引了希腊语单词Kubernetes（其原意是万能的神，因为希腊是航海大国，被引申为舵手），创造了Cybernetics一词，意思为控制。1961年，美国人查尔斯·德雷珀研制的“阿波罗制导计算机”是世界上第一个嵌入式系统。1967年，美国国防部预研局（DARPA）在连接几台不同的大型计算机，开发通信协议时提出了赛博空间的概念（Cyberspace），这就是国际互联网的前身。1988年，美国人马克·威瑟提出“无处不在的计算”。由于太空探索经常需要派无人飞行器执行各种危险的太空任务，因此NASA在1992年率先提出并定义了CPS（Cyber-Physical Systems）的概念。这个概念因为一个危机事件而被美国政府高度重视——1993年，数百名美国特种兵在索马里首都摩加迪沙的军事行动中被数千名索马里民兵围攻，结果造成19名美军士兵死亡，73人受伤，事后索马里民兵将美军士兵尸体吊在桥上向全世界展示，该事件极大地刺激了美国民众和美国政府。

由于CPS技术可以让士兵在安全的军事基地中远程控制各种武器装备，执行危险的作战任务，从而大大降低部队的伤亡，因此很快引起美国国防部（DoD）的重视。2006年，美国国家自然科学基金会（The US National Science Foundation，NSF）的海伦·吉尔把CPS（赛博物理系统）定义为：**“赛博物理系统是在物理、生物和工程系统中，其操作是相互协调的、互相监控的和由计算核心控制着每一个联网的组件，计算被深深嵌入每一个物理成分，甚至可能进入材料，这个计算的核心是一个嵌入式系统，通常需要实时响应，并且一般是分布式的。”**

在美国国防部的推动下，美国将CPS技术从太空探索领域引入军事领域，其无人机作战系统能够在军事基地控制数千公里外的无人机，对目标进行侦察、打击，很大程度上得益于美国无人机系统利用CPS技术随时获取了所需要的地空信息，在军事基地的控制端就可以对无人机侦察、打击所需要的各种要素进行评估，并进行数字化的展示，这就是CPS在军事领域的具体应用成果。

根据网络资料，2005年5月，美国国会要求美国科学院评估美国的技术竞争力，并提出维持和提高这种竞争力的建议。5个月后，基于此项研究的报告《站在风暴之上》问世。在此基础上于2006年2月发布的《美国竞争力计划》则将赛博物理系统列为重要的研究项目。2006年美国国家自然科学基金会（NSF）将CPS技术列为其重要研究项目开展研究。到了2007年7月，美国总统科学技术顾问委员会(PCAST)在题为《挑战下的领先——竞争世界中的信息技术研发》的报告中列出了八大关键的信息技术，其中CPS位列首位，其余分别是软件、数据和数据存储与数据流、网络、高端计算、网络与信息安全、人机界面、网络信息平台与社会科学。

为了加深对CPS的理解，我们还需要提到意识人体。众所周知，世间万物与人类皆有智能，但唯独人有智慧。 意识人体说的是，人类由大脑意识和身体构成，人类是由意识来控制身体从而产生各种人类行为的。高中毕业时，每个人的知识结构高度相近。但是当我们大学毕业工作几年后，就会发现每个人的知识结构、思想意识渐行渐远。差异在哪里？通过分析发现人体物理结构变化引起的差异极小，而人脑意识的变化造成了巨大的差异。人类在后天的自学习、自提升，以及人所接受的有关训练和职业培训，使得每个人在面临不同情况时，形成了不同的解决问题的方法和对策，形成了每个人特有的知识结构；如果这个人工作变动，通过再培训就可以适应另外一种工作。人换的是什么？换的是思想意识而不是身体。

如果把CPS与一个意识人体模型做比较就会发现，Cyber是什么？就是人的思想意识；Physical是什么？就是人体及其行为；人是意识控制身体行为，CPS就是Cyber控制Physical。那么，Cyber从哪里来？实际上，早在很多年前，绝大多数IT

人员的共识是：软件定义世界，软件定义产品。那么，又由谁来定义软件呢？这就不得不提到知识管理和知识工程了，经过多年的积累，人类的经验和知识可以写成算法、形成软件、嵌入硬件，帮助人们控制 Physical 设备；因此人类定义软件，软件集人类知识之大成，而且软件要能用、好用、耐用。

这样构建一个赛博物理系统 CPS，既需要 Cyber，又需要 Physical，而且两者要结合形成一个系统；在这个系统中，Cyber 控制 Physical，虚（Cyber）实（Physical）精确映射。目前大规模应用的智能手机就是一个典型的智能产品；我们都知道，智能手机在具备基本软硬件的条件下，使用不同 App（应用软件），可以马上让手机具有不同的功能。

美国国防部 2013 年推出的 AVM（自适应航空航天运载器制造计划），就是把一个智能手机的思想，翻版放大应用到工业体系的产品生产线。简单地说就是在一条生产线上，仅仅靠更换软件或者更换少量设备和工装工具，就可以制造出完全不同的产品，这就大大满足了人类对产品不断提升的个性需求。

回顾 CPS 发展历史我们可以看出，CPS 是因为控制而兴起，由于计算而发展壮大，借助互联网而普及应用。飞机，特别是无人机，就是 CPS 应用的重点领域之一。

聪明灵巧　飞行电脑

关于飞机，人们有两个非常关心的问题。

第一个问题，人们总是在问：飞机是怎么来的？不同的人有不同的回答。下面的答案很有意思，供读者参考。飞机是画出来的——设计人员如是讲，飞机是制造出来的——飞机生产工厂工人如是讲，飞机是试验出来的——飞机强度试验人员如是讲，飞机是飞出来的——试飞员如是讲，飞机是吹出来的——飞机风洞吹风工程师如是讲，飞机是电脑计算出来的——信息技术人员如是讲，还有多种说法，这里就不一一列举了。实际上，以上讲的都是飞机的研制过程，说法都对，但是都不全面。

第二个问题，飞机是什么？大家很可能会脱口而出，飞机是会飞的机器。那么，火箭、气球等都会飞，它为什么不叫飞机呢？显然这么说是有问题的。实际上，借助于动力的推动，使得一架机器在大气层中的升力大于重力，并可以受控飞行、反复起飞降落于机场的飞行器才叫飞机。以前的飞机需要人工控制，现在的飞机自动化程度越来越高，驾驶员的工作越来越少，手动操作也越来越简单，原因就是电脑的大规模应用，操作的经验和飞行技巧都以知识的形式变成了软件，进入计算机了。如美国的 F22 战斗机，我们开玩笑说：这架飞机是一架不折不扣的会飞的计算机，它的每架飞机内部就有 13 套计算机系统，包括雷达、飞控、火控、导航、气象、非航电计算机系统等，采用美国军用标准 1553B 双总线把这 13 套计算机系统连接形成了计算机网络系统。它的机载软件有 200 多万行代码之多，用来帮助人们操作飞机，减轻驾驶员的工作；新研制的 F35 飞机，单机机载软件为 900 万行代码，如果算上与之相关的地面导航、降落等支撑系统，一次飞行背后是数亿行软件代码支撑的异常强大的数字化活动。

从以上数据可以看到，飞机具有非常完整、强大的基于计算机的控制系统，CPS 贯穿其中，是一个具有高度智能的产品。

飞机上安装了大量计算机之后，每台计算机各司其职，随时处理大量的内部和外部信息。外部信息如：机场塔台指挥、地面风速、航线、导航、气象、高度、空速、到达目的地的时间。内部信息如：飞机质量质心变化、飞机的机翼机身温度和积冰、各个系统工作情况、发动机燃油消耗、温度火灾巡检报警等的实时监测。这些都是状态感知，当把数以千计的状态数据采集送到计算机后，可以按照设定好的算法进行实时的综合分析计算，给出最优的飞行数据（这是机器自主决策），通过赛博系统反馈给飞机的各个飞控设备（这是机器精准执行），控制飞机的空中姿态始终处于最好的状态；与此同时，综合后的信息发送给飞行员，在飞行员面前的大屏幕液晶显示器上展现，特殊情况或者紧急情况直接由飞行员直接介入，由人工自主决策。这样，以前飞行全部靠飞行员完成的工作，现在已经基本上靠计算机完成了，而且这个过程不断演变，人的工作越来越少，越来越轻松。在飞机上强大计算机的支持下，飞机达到了高度智能的状态，计算机可以瞬间完成飞行员无法在短时间内完成的计算工作，让飞机更加安全可靠。

复杂产品智能技术的大规模应用，也为工业体系转型提供了绝好的支持，我国提倡“制造型企业由生产型实现向生产服务型转型”，如果产品没有智能化技术的支撑，不能实现远程诊断和随时可控的维护维修，向生产服务型转型是不可能实现的。

空天竞逐　智能交手

电磁引路　无线追踪

1996年4月22日凌晨4时，俄罗斯车臣共和国首府格罗兹尼西南约30公里的小村庄，俄罗斯空军“A－50”预警机捕捉到车臣反政府武装领导人杜达耶夫使用海事卫星手机通话的电磁信号，在全球定位系统的辅助下，预警机准确测出了杜达耶夫所在位置的坐标，并将数据迅速传递给俄空军“苏－25”战斗机，在距目标约40公里的地方，战斗机发射了两枚精确制导导弹，导弹循着精准指示的方向呼啸而至，恰好击中了杜达耶夫正在通话的汽车，杜达耶夫和4名贴身保镖当场被炸身亡。

杜达耶夫是怎么被侦测到的？俄罗斯空军是怎么行动的？飞机发出的导弹是怎么自动找到杜达耶夫的？

2011年10月20日，利比亚苏尔特近郊，逃亡车队中的利比亚前领导人卡扎菲不经意地拨打了一个手机电话，该通话被北约指挥中心覆盖利比亚全国的无线通信监测设备记录，经过短暂的比对分析后，确认了通话的正是卡扎菲本人，随后，美国、英国、法国等国的多批战斗机立即调整航向，径直朝逃亡车队扑去。美军捕食者无人机首先收到进攻命令，发射导弹打乱车队前进次序，紧接着，数架法国阵风战斗机使用“铺路石”激光制导导弹对地面进行再次袭击，车队溃不成军，一片火海，卡扎菲被闻讯赶到的利比亚过渡委员会军队包围并抓获。

卡扎菲的手机通话是如何被侦测到的？美国无人机是如何跟踪信号的？法国战斗机激光制导导弹是如何命中目标的？

无论是杜达耶夫还是卡扎菲，泄露他们行踪的是一个我们寻常看不见、摸不着的东西——赛博空间的电磁波。

其实，在无线技术高度发达的今天，凡是持有手机的人，都可以被准确定位，不管你是否开机，除非电池彻底没电或者卸掉手机电池。

本书第一章指出，现代化战争，已经进入陆、海、空、天、赛五维一体化时代，战争同时在有形的陆、海、空、天四维空间和看不到硝烟的赛博空间展开。在技术含量最高的空中电磁较量中，智能侦控技术、智能飞控技术、智能火控技术，成为空天智能战争的典型技术特征，全面融合了电子战、网络战、光电对抗，以及其他可以感知环境、通信、导航、目标瞄准、敌我识别的技术。

谁率先掌握了上述智能战争技术，谁就将主导未来战争，成为战场上最终的赢家！

智能侦控 战略支援

第一次世界大战促使航空工业得到了快速发展，空战的发展从空中侦察开始。真正意义上的第一次空战是 1914 年，加装了机枪的法国侦察机击落了一架德国的侦察飞机。从此，各国便一发不可收拾，共制造了 20 多万架飞机。战争期间，共有 50 多架次德国轰炸机袭击伦敦，投下 73 吨炸弹，伤亡近 3000 人。为提前预知德国轰炸机的到来，英国人沿着海岸部署了很多观察哨，每个观察哨都有一个大喇叭口状的装置，用于收集飞机引擎声音，然后用耳朵听，再发出空袭警报。

第二次世界大战前由英国发明的雷达保卫了英国，英国海岸线建立了 20 个链向雷达站，可以提前预知德国飞机的到来。

雷达是利用目标对电磁波的散射来发现、探测、识别各种目标，测定目标坐标和其他情报的装置。作为发生和捕捉电磁波的传感器的广泛应用，大大提升了防空侦控系统的“状态感知”能力。

雷达由天线系统、发射装置、接收装置、防干扰设备、显示器、信号处理器、电源等组成，是典型的赛博物理系统 CPS。其中，天线是雷达实现大空域、多功能、多目标搜索和跟踪的技术关键之一；信号处理器是雷达具有多功能能力的核心组件之一。

随着战斗机、轰炸机、导弹等空天作战力量的快速发展，各种防空武器必须更加聪明、智能、精准才能御敌于国门之外，因此提前侦控空中来袭之敌成为空中防御的重中之重，智能侦控技术应运而生。

而现在的空中预警机，整个是一个空中指挥中心，不仅仅有飞机上的各类雷达来完成**状态感知**任务，还有大量的实时**分析计算**（获得的探测信息：目标的方位，经过实时计算，判定准确的位置、方向、高度、航速、敌机或友机等信息，提供给指挥系统），然后就是人机交互的**自主决策**来确定各种战斗方案，最后就是**精准执行**（根据不同的敌情，拿出不同的对策，派出执行不同任务的机群，并动态跟踪战场形势，随时做出调整）。简单地说就是通过先进的雷达技术感知飞行目标的临近，分析计算飞行目标的速度、方向，判断飞行目标的种类及飞行坐标，预判飞行攻击目标，并实时反馈给防空武器，最终实现精准击落来犯的飞行器。

2015 年 9 月 3 日的大阅兵中，有一架极为独特的飞机——空警 500，它是中国最新的预警机（全名预警指挥机，就是空军的空中作战指挥所）。预警指挥机在空中飞行，实时获取侦察卫星和通信卫星数据，用机载雷达进行细节侦察、展现并详细定位方圆四百公里内敌人的空中目标、海上目标、陆地目标，然后指挥各种武器系统装备跟踪、瞄准、制导、控制，最后达到消灭敌人的目的。新型的固态有源相控阵雷达可以实现远程发现目标，并实时跟踪几十个中近程目标，同时具有指挥多架次飞机对敌作战的能力，实现空中智能侦察、管理、控制和作战指挥能力。也就是说预警机是融状态感知、实时分析、自主决策、精准执行于一体的大型 CPS 系统。

2015 年最后一天出现的中国战略支援部队是全球独一无二、闻所未闻的部队。战略支援部队不是一个兵种，而是独立军种，应该叫“战略支援军”，是解放军第五大军种。战略支援部队主要由三大部分组成：一是网军；二是天军；三是电子战部队。“未来战争中，这支部队的使命就是要占据赛博优势，夺取制网络权和制电磁权。”中国在全球首创了战略支援部队，理念甚至领先于美军——“美军战略支援力量分散在陆海空军中，重复建设，争夺经费资源，譬如美海空军各自的广域监视卫星系统，至今还在艰难整合。”

智能飞控　空中精灵

空天竞逐中，飞行器的智能飞控系统让飞行器成为空中精灵。飞机飞行控制分为人工操纵和自动控制。人工操纵是指驾驶员通过机械操纵系统操纵舵面和油门杆，控制飞机的飞行；自动控制是指通过飞行自动控制系统操纵舵面和油门杆，自动控制飞机的飞行，这时驾驶员只进行监控，正常情况下不直接参与对飞机的控制，出现紧急或意外情况时驾驶员才介入处理，这种人/机协同的智能飞控技术，让飞行器以更灵活的空中姿态翱翔于天空，确保完成各种任务目标。

刀尖起舞　精准起降

随着我国第一艘航空母舰“辽宁号”的入役，飞鲨歼 15 舰载机也进入了人们的视界。飞机在航母上面起飞降落，有几个难点需要解决：第一是起飞，需要弹射或者滑跃起飞，弹射就是在几秒内要让几十吨重的飞机从静止状态达到起飞速度，超高的加速度对飞行员的大脑会产生急剧后甩与碰撞，而跃升甲板让正在准备起飞的飞行员感觉面前就是一道钢铁墙壁，要加速向墙壁上撞；第二是降落，地面机场飞行员降落可以很远飘下来，航母飞行员在空中看到航母就像一片小小的树叶，按照导航降落航线是急剧降落，形象讲就是要“砸”在航母上，地面降落飞行员是减油门减速，但是航母降落飞行员是加油门加速，因为如果拦阻索没有拦阻到飞机，飞行员马上要复飞；第三是电磁系统间干扰，地面机场方圆几十公里都有导航设备和雷达通信设备，而航母上区区 300 米乘 70 米的窄小区域需布置大量电子设备，相互之间的干扰和串扰严重影响正常起飞降落。因此，飞行员在航母上的起飞降落是最困难的起飞降落，被称为“刀尖上的舞蹈”。实际上自 1954 年美国航母开始换装喷气式战斗机以来，除去战斗损失，在训练和起飞降落时已经摔了 1500 余架飞机，牺牲近 1000 名飞行员。

再看看航母设备和设施的复杂程度：它装有核动力压水反应堆、飞机升降机、飞机弹射器、近程火炮武器系统、三维对空搜索雷达、二维对空搜索雷达、火力控制系统、雷达电子对抗系统、雷达电子监视系统、舰对空导弹发射装置、干扰火箭发射装置、鱼雷防御系统、海军战术及先进作战指挥系统、多种数据链和联合海上指挥信息系统、卫星通信系统、导弹指挥仪、空中管制、航母控制飞机进场雷达、导航雷达、导弹火控雷达、“塔康”飞机战术导航系统等几十台套大型复杂机械与电子设备，还有近百架各类作战飞机，这些复杂装备通过大量计算机联网构成了两大 CPS 系统，一类就是航母运行和飞机起飞降落的管控系统，另一类就是和作战有关的指挥系统，两者有机互联。

分析美军航母损失 1500 架舰载机的情况，按照时间节点共 62 年，可以简单分为前 32 年和后 30 年，前 32 年损失飞机约占四分之三，后期飞行事故明显减少的原因就是大量计算机和雷达等传感器的应用形成了两大 CPS 系统，提升了航母飞行管控能力和飞机本身的飞行控制能力，大大减少了飞行员的工作以及人为操作错误，安全性大大增加；把两大 CPS 系统综合起来，航母就是一个不折不扣的大型 CPS 作战体系。

无人机群　数据引导

2007 年美国诺斯罗普·格鲁门公司着手研发 X-47B 无人机，X-47B 为美军研发中的无人空战系统项目；2011 年 X-47B 完成首次试飞；2013 年 X-47B 成功从航母起飞降落；X-47B 无人机降落航母依赖全球定位卫星系统（GPS）提供坐标定位与先进航空电子设备，航母电脑通过数据链传输航母的速度、侧风与其他资料，发送给从数英里外逐渐接近航母准备降落的 X-47B 无人机，让无人机提前获知关键的着舰数据。

2014 年，X-47B 无人机首次展示了与 F/A-18F 超级大黄蜂战机共同编队飞行，并由 F/A-18 战机在空中对 X-47B 无人机进行操控测试，目的为测试未来由有人战机在战场上直接指挥与操控无人舰载战机的可行性，机器引导机器，本身就是设备智能性的高度体现，可以说有人战机指挥无人战机作战开创了机器引导机器划时代的里程碑。未来，无人机指挥无人机作战也将不再是梦想。

2015 年，一架 X-47B 无人机自动接近一架空中加油机，并成功地抓住其加油伸缩装置接收了燃油，这让 X-47B 无人机的性能又提升了一个档次。因为对于人为控制的战斗机的空中加油，已经是非常具有挑战性的高难度动作，对飞行员操控飞机的精度要求很高，而对 X-47B 无人战斗机来说，这证明了其自身携带的各种传感设备的高度状态感知能力、实时的分析计算能力和与其他战机之间的数据链互传能力，瞬间的自主决策能力和高度精确的动作执行能力。

现代空战　赛博左右

传统空战在地面指挥员的引导下，飞行员紧紧看着罗盘等仪表，人工驾驶飞机向目标飞去，在接近目标时，地面会通过无线电台告知飞行员目标特性，下面就要靠飞行员的眼睛来搜索敌机了，发现目标之前都属于状态感知的范畴；在发现目标后，飞行员经分析判断，由大脑决定作战方案，然后就是精准执行了；由人工操纵、控制飞机接近敌机，紧紧瞄准咬紧目标，发射炮弹。这些飞控和火控的所有工作都是由飞行员来完成的。

现代空战是这样的：空中的侦察卫星始终监控敌方的重要机场和相关基地，把监控数据通过通信卫星中转，结合远程预警雷达，监控敌机动向，一旦发现特殊情况，通知在某个重要战区持续飞行的我方预警机，预警机就在重点监控方向给予细节监控，并根据敌情不同指挥我方地面飞机起飞。在我方战斗飞机上，大量的智能设备可以接收预警机的海量数据，在战斗机的大屏幕显示器（也叫玻璃座舱）上显示敌机和我机的坐标以及高低位置信息，主动引导飞行员接近目标进行拦截。

从以上大家可以看到，现代战争的所有各类作战装备形成的是一个作战系统，已经不是过去简单的单机或者多机空战了，而其中最为重要的就是各类作战装备之间的数据的准确和实时传递，这就是现代战争的数据链。由于飞行速度极高，又是无线通信，以及飞机隐身的关系，数据链连接非常困难，要实现 Cyber 空间中的控制，首先就是Cyber空间中的网络和通信，没有Cyber空间中计算能力的支持，这些都不可能实现。

电传飞控 智能制导

传统的飞行控制系统，是用液压系统完成的，靠人工判断各类空情，手工操作驾驶杆，使液压系统工作，控制飞机的各种舵面如襟翼、副翼、升降舵、方向舵，实现飞机的起飞、降落、升降和左右转弯等。电传飞控系统就是用电信号传递代替液压油的力矩传递，将信号发给飞控计算机解算，驱动各种电动机操作各种舵面，完成同样的飞控动作。显然，电信号方便控制，更加精准，而且对人的错误操作经过计算可以反馈回来，最大限度减少了人为的失误，同时也大大减少了飞行员操控飞机的工作量。空中客车320飞机开创了电传飞控的先河，也以此新技术为突破口，打破了波音多年对民用飞机的垄断地位，空中客车到今天能和波音并驾齐驱，电传飞控功不可没。

美国太空探索技术公司（SpaceX）于2015年12月21日在佛罗里达州卡纳维拉尔角发射“猎鹰9号”运载火箭，成功将11枚微型通信卫星送入轨道后，其第一级火箭成功回收。这是“猎鹰9号”火箭首次实现发射、回收全过程，同时也是人类第一个可实现一级火箭回收的轨道飞行器。一级火箭回收的全过程，完全是由箭体自带的CPS设备智能操作，依靠传感器和计算机自动搜寻、对准着陆点、自动电传飞控、修正箭体姿态、自主决策开启各种减速设备（降落伞、反推火箭和支架等）来完成的。“猎鹰9号”可回收火箭成功试射，对太空探索领域来说将具有划时代的意义，它将大幅缩减太空旅行的花销。若能实现火箭的全面回收，预期发射成本将降低90%以上。

在2015年9月3日的中国人民抗日战争胜利纪念日阅兵式中，东风-21D反舰弹道导弹、具备反舰能力的东风-26中远程弹道导弹在阅兵式期间首次亮相。

反舰导弹打击的是数千公里外的移动大型舰艇目标，必须具备几个要素：第一，要有侦察卫星实时监控目标位置和航向信息的能力；第二，导弹飞行速度要快，尽量缩短敌舰进行机动躲避的时间；第三，导弹应能在高空自主搜索、判断并精确定位敌舰。

反舰弹道导弹的关键技术有以下几个方面：侦察目标、目标定位、导弹制导技术、导弹突防技术，其中导弹制导技术及突防技术就是典型的智能飞控技术。反航母弹道导弹通常采用“惯性+末端制导”复合制导方式，且需具备多种关键精确的智能飞控技术，才能确保最终命中移动中的航母。

飞机电传飞控、弹道导弹反舰作战、“猎鹰 9 号”的一级火箭回收有着异曲同工之妙，都是 CPS 系统智能飞控技术的典型应用。

智能火控　精准制敌

飞机上的火力控制系统有四类：一是对空作战，武器有各类空空导弹、火炮、机枪等；二是对地支援，武器有空地导弹、火箭、反辐射导弹、激光制导炸弹、火炮、机枪、常规炸弹等；三是对海攻击，有各类空舰导弹，火炮、机枪、炸弹等；四是空中的电子战，武器就是各类雷达和电子战装备。当然，激光武器也日渐成熟，不久也会看到其在飞机作战中的应用。

传统空战中，飞行员在目视发现目标后，就要尽量在后上方紧追敌机，当瞄准镜瞄准了敌机，飞行员就开炮，直到把敌机击落，即融状态感知、实时分析、自主决策和执行四者于一身，而这些复杂过程都是由飞行员来瞬间完成。可想而知，两架飞机空中高速飞行，空中开炮打中目标概率极低，还谈不上精准执行，只能算是即刻执行。实际上过去的空战就是飞行员操作飞控和火控，全部依靠飞行员作战的过程。

随着计算机的小型化、微型化，机载的计算机越来越多，就出现了专业的火控计算机，它读取雷达的目标数据，计算分析敌我机的目标特性以及空情数据，可以迅速完成敌我识别工作；在空战时，告诉飞行员最佳的开炮时间，空空导弹发射的最佳条件；对地攻击时可以根据气象条件提前计算好炸弹投放的提前量，根据地面目标的移动情况设计好弹道；对海攻击时的目标优化选择。这些都是数字化的状态感知和实时分析，就是这些大大简化了飞行员的工作，然后就是依据飞行员大脑的自主决策，用手工控制对目标的攻击就是精准执行了。

美国空军20世纪70年代空军战斗机的头盔显示瞄准系统（HMD）的研究用来给飞行员提供领航图像、飞行信息及火控图符。F15、F16综合头盔指示系统，加装了光学投射式的头盔显示装置和用来瞄准的武器传感装置。它极大地提高了空对空、空对地、空对舰导弹的瞄准效率。在以前的飞机近距离格斗中，飞行员必须参照显示屏上的各项参数来调整好机身角度，才能进行瞄准射击。而该系统只需要飞行员转动头部，用眼睛看着目标就可以瞄准射击。大大提高了飞机近战的瞄准和作战能力。该系统把原本显示在屏幕上的一些关键飞行参数显示在头盔护目镜的内表面，并且这些显示信息不会影响到飞行员的舱外视野。实现目标跟踪主要依靠固定在飞机座椅上的电磁发射单元和装在头盔上的电磁接收传感器。通过这两个装置定义头盔的3D空间位置，另外又把人从复杂的跟踪过程中解放出来。状态感知和实时分析都是由计算机完成的，自主决策和精准执行仍然由飞行员完成，但是技术进步巨大。

现代战斗机和武装直升机飞行员所戴的智能头盔，已不再仅仅是防护装置，智能技术的广泛应用将多种功能凝聚在头盔里，使其成为飞行员进行状态感知、瞄准攻击的智能化武器平台。2014年美国空军采用了新一代“联合头盔显示系统Ⅱ”，使佩戴者能够随其眼睛瞄向哪里就向哪里发射武器，而不用管头盔对着什么方向。该新版头盔采用了更好的硬件和软件来跟踪飞行员的眼部运动，让飞行员看哪儿打哪儿，不但不用调整机身，飞行员连头都不用转过去。简单地说这种智能头盔就是瞄准即可发射，无须再由飞行员给出发射指令，完全是自主决策了。军事界称“这是引发空战革命的一个重大创新”。显然，“联合头盔显示系统Ⅱ”已经完全融合了“状态感知、实时分析、自主决策、精准执行”四大智能要素，是一个彻彻底底的智能系统。

未来战场是融陆、海、空、天、赛于一体化的战场，作战平台也多样化，包括有人机平台、无人机平台、卫星、飞船、空天武器和其他平台等，是一个真正的智能角斗场。无须人指挥的、无须人参与的、高度智能的空战，其实距离我们越来越近！ 智能火控系统，必将以其超高作战效能、精确打击能力、协同作战能力、独立作战能力、全天候作战能力，在未来战场的复杂环境中大显身手。

智能遨游 赛博领航

当前流行的德国工业 4.0、美国制造业回归、中国制造 2025、工业互联网等多种工业制造体系的提法，实际上都还只是方法和手段，并不是目标。我们的目标是要把传统工业体系转型为现代工业体系。传统工业体系就是以试错法为中心的工业体系，现代工业体系就是以智能化、网络化、数字化为中心的工业体系。在上述多种提法中，CPS 和智能制造是全球共性的提法。

飞机不仅仅是设计出来的，是制造出来的，也是经历各种试验试出来的。飞机属于典型的复杂产品，产品本身、制造设备和维护设备都异常繁复庞杂。一架飞机传统的研制过程就是要解决制造业的三大技术问题，如图 6-1 所示。

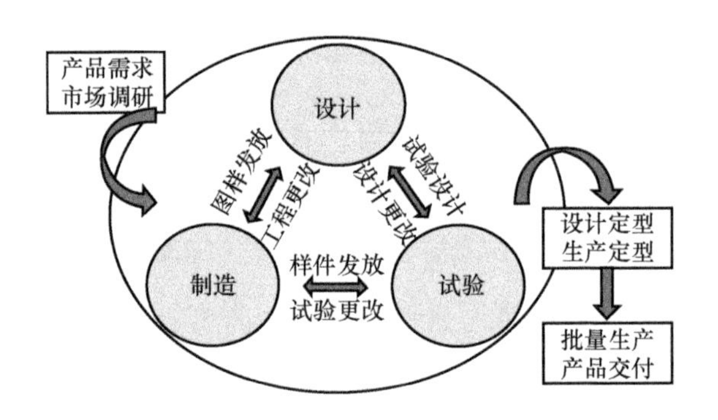

图 6-1 飞机制造业三大技术问题

传统研制过程就是爱迪生的基于物理实物的试错法：人工画图样，然后设计出工艺路线，生产制造试验件，上试验台架做各种实验，看看零件、部件甚至全产品是否满足功能和性能需求，如果不满足，就修改图样，再次制造，试验，一直到试验件可以满足功能和性能要求，这时产品就可以设计定型了；由于试验件只是为了能够造出来，不管成本和工艺性好坏，因此，还需要小批量投产来逐步完善工艺、降低成本，这样才可以生产定型；然后就是大批量生产、销售和客户服务了。

实际上试错法的成本居高不下，资源浪费极其严重。以风洞试验为例，一架战斗机全飞机风洞耗电量相当于一个中等城市的耗电量！造一个飞机缩比模型就需要四个月左右，而且精度要求极高，在常规风洞中吹一次风，经费就是几百万元，研制一架飞机，最少也需要几十次风洞试验，因此“风洞一响，黄金万两”就变成了航空工业行话。以波音 787 飞机为例，就做了 5 千次材料试验，8 千次零件、部件、子系统、系统、全飞机的各类试验及飞行试验。这样读者就不难理解，为什么研制每一架新飞机至少需要 10 年以上以及数百亿元的投资了。

有了赛博虚体（数字虚体）才有了全数字化飞机的出现，就是在赛博虚体世界里解决设计、制造以及试验三大问题。因此，一架飞机、3 个赛博，就是设计的赛博化、制造的赛博化、试验的赛博化三者构成了虚拟数字样机，彼此相互关联。基于赛博的全数字化设计、制造与试验为航空界带来巨大的进步，也带来了研制成本的大幅度降低，产品质量的大幅度提高，研制周期的极大缩短，资源的极大节约。

虚实合体　数字整机

2013 年冬，中央电视台纪录片《大国重器》热播。在其中一集《核心突破》中，重点讲述了航空工业数字化设计、制造技术的进步。中航工业集团第一飞机设计研究院（以下简称一飞院）和西安飞机工业集团公司（以下简称西飞）设计制造的新飞豹，代表的是中国航空工业吃到的第一只数字化“螃蟹”。

1999 年，新的飞豹飞机研制任务极为紧迫，为按时完成任务，一飞院和西飞决定打破常规，在设计手段上取得突破，即采用国际上最先进的飞机设计软件进行全机三维数字化设计。此前，这类设计在国内只在航空工业很小的零部件上做过尝试，现在要在计算机上设计 54000 多个飞机零部件、几十个系统、43 万个标准件，并实现全机数字化装配。更何况，这一版本的软件又是在世界上首次使用。面对来自各方的疑虑，在黄强院长、唐长红总工程师的领导和组织下，抽调专业人员，组建攻关组，大家一起不分昼夜地奋战，饿了啃几口饼干，困了轮流在沙发上打个盹儿……

经过上千名工程师近一年艰难的攻关，在连续突破五大关键技术（总体论证、外形建模、OX 段全数字样机建模试点、全机预装配、数字样机工艺设计与加工）之后，终于在2000 年9 月 26 日，将三维数字样机中关键部件设计的几个典型零件，采用基于三维模型的产品设计、工艺设计、数控加工设计，最后由数控机床加工生产出来了完全满足设计要求的零件。

这是世界历史上首次运用最新版的基于 Intel + Windows 平台的大型 CAD 软件，设计出的国际第一架全机数字样机，在国内第一次实现了全飞机研制三维设计和数字化预装配，从传统手工二维图样设计一步跨越到国际先进水平。国际航空界震惊了，中国人仅用一年时间就实现了国外需 3 ~5 年才能实现的技术革命。与世界上第一架全数字化设计的飞机波音 777 相比，数字化技术应用仅差 8 年，如图 6-2 所示。

在2001 年4 月北京展览馆举行的国家“863”计划十五年成就展上，“863”计划自动化领域首席科学家吴澄院士以及李伯虎院士，面对中央电视台记者伸出大拇指：这才是真正的高科技！而该 CAD 软件的创始人、公司董事长弗朗西斯·伯纳德，在发给一飞院的传真贺信中竟连用了 3 个叹号表示惊讶和祝贺。此后，该项技术在业内迅速推广，使我国航空工业的设计手段与世界先进水平全面接轨。该项成果也荣获了2003 年度国家科技进步二等奖。

在“和平使命2007”联合军演中，参演各国官兵对新“飞豹”的表现给予了高度评价。俄罗斯飞行员进入驾驶舱后惊叹道：“没想到中国能造出这么好的飞机！”

图 6-2　2000 年中国第一架飞机全机数字样机

没有建立在数字虚体中的数字样机技术，就没有“飞豹”的快速研制成功。全机三维数字化设计技术使原本计划两年半的飞机设计周期缩短为一年，使工程更改单由常规的六七千张减少到一千余张，大大节省了成本。

新飞豹是中国第一个飞机全机数字样机：1999 年决策，2002 年 7 月 1 日首飞，开创了中国复杂产品全数字化设计制造的先河。如前所述，通用软件、硬件和网络只是工具和条件，关键有三：一是摸索出一套数字化设计规范和三维标准件库，核心是要融入研究单位长期积累的宝贵经验和要汲取的教训，使后人能够传承和发展；二是建立数字化协同研制平台，统一工程语言，把数字化设计、仿真、制造、试验（系统、设备等）等整个研制链关联起来，实现快速迭代优化；三是要在全寿命周期内提供基于单一产品数据源的便捷优质的服务，这样最终才取得了成功，让我国自主研制新型歼击轰炸机的能力实现了又一次新的跨越！

关联设计　智能优化

智能制造的基础是网络化和数字化，数字化本身就是一条漫长之路。飞机数字化设计技术发展历程要跨上八个台阶，如图 6-3 所示。

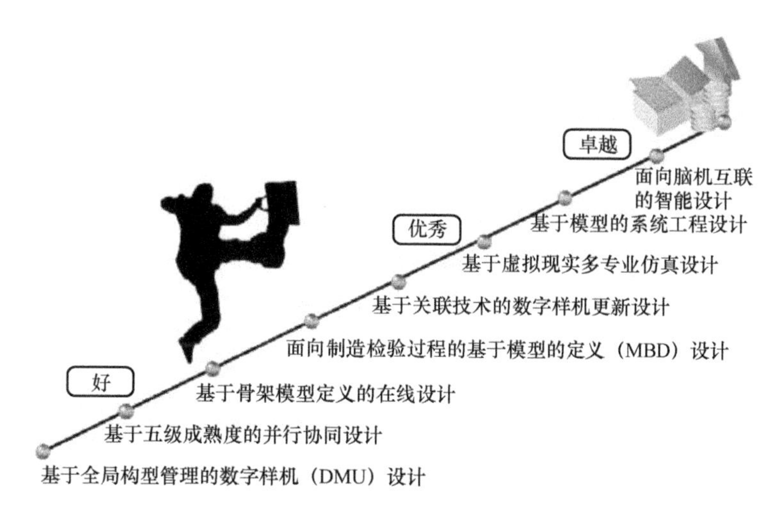

图 6-3　飞机数字化设计技术的八个台阶

基于全局构型管理的数字样机（DMU）设计

基于三维 CAD 软件进行数字样机（Digital Mock-Up，DMU）的设计，这样做的好处是，可以在实际造出真正的飞机实体之前，在数字虚体世界中，以虚拟现实（VR）的方式非常直观地把所有的零部件设计出来，装配起来，仔细观察各个细节，看看其安装、配合、运行是否恰当，解决了大量分析、仿真、计算、工艺、装配问题，并基于 DMU 生成二维工程图。这种产品研制模式是一种高度数字化的设计手段，通常是基于产品结构进行产品数据的关联管理，并实现了数字化审签和变更管理。由于在三维模型上表达不了用于工艺、制造和检测的全面信息，所以仍然将二维图样作为制造依据。随着产品数据管理（PDM）软件的全面和深入应用，全部用 PDM 来全面管理产品的 DMU、二维图样、工程更改和研发流程。

基于五级成熟度的并行协同设计

根据飞机研发过程中产品数据的完善程度，我们定义了飞机研发的五级成熟度，设计制造并行工程的开展很大程度上要借助于成熟度预发放管理来实现。成熟度数据预发放管理的主要目的是在设计数据正式发放之前，将达到一定成熟度的设计数据发布给相关业务部门，相关业务部门的工艺部门、工装部门、采购和制造等部门能够并行地开展相关工作，同时对设计开展相应的审查工作及早发现存在的问题，从而实现设计制造的并行工程，以加快飞机研制的进度。

基于骨架模型定义的在线设计

过去产品设计方法是“自顶向下的分解，自底向上的设计”，就是总设计师分解工作到每个设计员，每个设计员在各自的计算机上设计零件，层层上交迭代，反复修改到最后完成；而现在产品设计方法是“自顶向下的设计，自底向上的综合”，即把总设计师设计出的“骨架模型”，通过基于骨架模型的自顶向下设计方法，设计意图的变更可以自顶向下的传递，直到传递到最底层的零件和模型，从而使产品的修改性大大提高，修改的工作量也大大降低，同时还能保证各部件设计的一致性。过去设计飞机，模型在每个设计员的计算机单机工作站上，零乱分散，而现在的飞机模型在服务器上，这是革命性的变化，对今后的知识管理推进有极大的促进作用。

面向制造检验过程的 MBD 设计

三维设计批量应用后，如何减轻设计员、工艺员、制造工程师和工人的工作量，减少差错就成了一个问题，俗话说一图胜万言；传统蓝图尤其是复杂产品的装配图难以理解，出差错是普遍现象；如果是三维模型，想理解错都不容易；基于模型的定义（MBD）技术就是这样诞生的，即在三维模型上表达工艺、制造和检测所需的各类信息，这样就可以不用蓝图了。在中航工业集团，现在所有研制的新飞机都已经把三维的 MBD 模型作为技术交流和信息传递的主要方式，用于开展各种设计、工艺、制造和验证活动。

基于关联技术的数字样机更新设计

过去在飞机方案确定的情况下，开始初步设计建模，形成了 DMU，但是飞机外形在风洞试验的持续优化过程中，常需要做一些小幅度的更改调整，外形一变，内部所有关联的结构件全要跟着变。但是早期软件做不到，没有办法，只好全部扔掉已经完成的工作，重新开始设计，这些重复性的劳动让设计人员极其痛苦，干着干着又重新来过！

飞机关联设计就是在在线设计的基础上，通过定义飞机设计总体参数及传递上下游和各专业之间接口关系的骨架模型，实现设计信息的有效传递和控制。飞机外形一变，其特征影响到骨架模型相应变更，骨架的变化也引导大约 60% 以上的相关结构件的自动变化，这就是典型的智能设计。在关联设计中也体现了“状态感知、实时分析、自主决策、精准执行”的智能特征，设计软件基于特定算法，可以自动检测到装配关系上不匹配的零部件，再经过分析计算之后，做出自适应的更改。

基于虚拟现实的多专业仿真设计

基于虚拟现实的多专业仿真设计以全三维模型为核心实现全飞机的数字化设计、计算、分析、仿真以及产品优化设计，构建面向设计工程师的敏捷分析模式，应用 MCAD 和 CAE 的集成应用能力，实现设计计算分析优化一体化。

在飞机研制过程中，基于模型的三维数字样机不断完善，仿真验证和评审就应该展开，而不是等到设计完全结束后再去检查和验证。因此虚拟样机的验证和分析应该用在从方案论证、生产、装配到维修培训，以及商务过程中的一系列活动中。当虚拟模型用来代替实际模型验证设计时，通过可配置的数字化样机能力，在数字化环境下实现飞机总体、机电、航电、液压、飞控等多专业的设计协调及模拟装配，从而提前进行质量验证。

基于模型的系统工程设计

飞机研发涉及总体、结构、气动、强度、机械、电子、电气、软件等诸多学科技术运用和集成优化，融合了可靠性、维护性、保障性等多类工程专业的切入和开展，其系统内部体系结构及与外部背景环境的相互交联中充分体现“系统之系统”的本质属性。在未来联合作战以及商用航空通勤的运行概念中，飞机的利益攸关者的要求和需求不断增加，系统内部及其与背景环境的交联关系的复杂度不断提高，系统和子系统设计与综合的复杂度和风险不断增大，并且随着系统智能化要求越来越高，传统的基于文件的系统工程已经难以驾驭需求定义、运行方案设计、功能设计、架构设计、方案权衡等过程，必须引入和开发支撑飞机创新的开发方法论、流程集和工具软件，基于模型的系统工程就是其中一种先进方法和实现模式。

面向脑机互联的智能设计

2013 年德国工业 4.0 出现以后，在网络化、数字化基础上的智能制造已经成为工业热点，而智能制造是以智能设计为基础的。如果说现在我们的设计还是基于鼠标、屏幕、各类大型 CAD 软件的手工设计，叫作“所见即所得”的话；那么，下一步为简化设计、工艺、制造工程师的工作，可以用“所言即所得”的方法；最终可以发展到“所想即所得”。这些并非梦想，按照 TRIZ 创新方法论的思想，所有人类产品的发展都是基于物质、能量以及信息。从固体到液体到气体，最高境界就是场，按照第一章所介绍的人造智能的最新进展情况，用脑电波（电磁场）控制设计已经不是一个梦想。无论是用键盘和鼠标，或者用语音和电脑交互，最高境界是设计者大脑想到的数据，电脑都可以检测到。只是告诉电脑的方法不同，后台处理生成产品模型和制造模型的结果都是一样的。智能设计让设计者随心所欲地在数字虚拟世界中轻松地造飞机。

以上八部曲，中国航空工业已经全部或部分完成了前六部曲的工作；2010 年后航空工业的所有飞机研制，出现了爆发式增长，网络化和数字化研制水平的大幅度提升是核心要素。

马航成谜 赛博寻踪

2014 年 3 月 8 日，马航 MH370 航班事件震惊全球。后来数据显示，失联之前，MH370 航班曾遭遇突发电力故障，印证了“僵尸飞行”这一推测，即失联客机的航电系统失效，机组人员无能为力，飞机继续“自动”飞行，直至燃料耗尽。那么这一段时间，为什么没有预警数据？那些数据都去哪里了？一时间，该飞机波音 777－200ER 的罗尔斯·罗伊斯发动机也成了大众关注的焦点。

罗尔斯·罗伊斯公司位于英国德比郡的全球发动机健康监测中心，可以对全球的发动机进行监控。实际上，这也是实时监控的“大数据引擎”之一，该发动机的传感器数据“实时”（每隔半小时发送一次健康报告，故障信息将实时发送）统一发回了罗尔斯·罗伊斯的全球发动机监控中心。然而这一次，数据并没有提供更多的信息。

MH370 的失踪暴露出了世界航空导航系统的缺陷，现有的跟踪飞机系统往往依赖于地面雷达，全球大约 70% 的空域处于空白之中。这种局面，正在改观。一方面未来追踪技术一定会是飞机和地面信息流的不间断的双向实时信号追踪。构建一套飞机追踪系统，以确保完全监控全球空域。另一方面，永不停歇的发动机成为了新的跟踪对象。

发动机正在成为赛博系统 CPS 的最佳示例。通过在飞机上安装数百个传感器，实时采集飞机的运转情况、温度和耗油量等各种参数。发动机实体正在被数据化、软件化，形成了一个 Cyber 空间。人们可以在这个 Cyber 空间，通过数据分析模型，来理解物理空间发生的事情——即使是远在万里之外。

实际上，通过这些数据，可提前预测发动机故障的可能，并做出提前性的预防维修，避免因为机器故障造成航班延误、成本增加，甚至是更大的安全事故，并通过大数据分析技术为航空公司提供运维管理、能力保证、运营优化。

过去飞机发动机中的传感器都是被动模式——直到出现故障才会在仪表盘上亮红灯。这类传感器有很多，如测量温度、压力和电压，这些传感数据过去很少被保留和研究。在大多数飞行中，发动机只会保留三个平均值，分别是起飞、巡航和降落数据。而在美国 GE 公司下一代 GEnX 发动机中（装备波音 787 飞机），将会保留每次飞行的所有基础数据，甚至会从飞机实时传输回 GE 公司做存储和分析。

英国罗尔斯·罗伊斯公司如今甚至已经可以通过数据分析预测可能出现的技术问题。所有的罗尔斯·罗伊斯发动机，不论是飞机发动机、直升机发动机，还是舰艇发动机，都配备了大量的传感器，用来采集发动机的各个部件、各个系统以及各个子系统的数据。这些信息通过专门的算法，进入发动机健康模块的数据采集系统（EHM）中。无论是在 37000 英尺的高空，还是在海底深处，数据都会被传回位于英国德比郡的总控室。如果发现发动机的一个错误，也可以马上进行修复。

如果有了这样实时数据回馈，马航失联如此长时间的情况，将不可能再发生。

为了预防马航悲剧的再次发生，全新的全球卫星追踪客机体系也在紧锣密鼓地建立。2015 年 11 月，在日内瓦召开的联合国国际电信联盟召集的世界无线电通信大会上，来自全世界 160 多个国家的与会代表做出一项具有里程碑意义的国际协定。该最新协议将能够让卫星收到飞机发出的监控信号，并将卫星接收飞机信号的无线电频率做出分配，开放 1087.7～1092.3MHz 频道，而目前接收这种信号的只有其他飞机和地面站。该系统将“在世界任何地方对飞机进行实时跟踪”，包括在海洋、极地和其他偏远地区。联合国国际民用航空组织现在定下行动期限，决意在 2016 年 11 月以前采用新的飞机跟踪规则。

飞机轰鸣作响的发动机，将成为真正的大数据引擎，它保留飞行的所有基础数据。这意味着一台发动机一年产生的数据量，可能会超过发动机供应商整个航空业务历史上所有的数据。这样一个全新的赛博物理系统将无处不在，它像空气、像水、像光线、像黑暗一样，在地球上无处不在，形成全新的飞机运营管理体系。

智能发展 虚拟仿真

为什么智能制造必须以全三维模型为基础呢？需要从人类的感知说起，人类对客观世界的感知有五觉：视觉、听觉、嗅觉、触觉、味觉，其中视觉得到的信息超过 85%，当您进入一个陌生的环境，视觉看到的全是三维立体模型，而且在大脑里成像了这些三维立体模型。但是苦于难于表达，用孔夫子的话说：“书不尽言，言不尽意。”就是说人的思想用语言表达就会不完整，再用文字表达语言也会有丢失。

第一次工业革命期间数学方法的突破为人类带来了福音，第一就是画法几何，第二是投影几何，在这两者的基础上，人类发明了二维设计图的制图标准，到现在两百多年了，今天蓝图还在大规模使用。由于过去三维表达极其困难，我们的工业体系就绕道而行，从大脑的三维设计思想先转变成为二维图样，然后利用人的智能依据二维图样，在大脑中形成立体图。这样的蓝图标准全球通用，可以实现在英国设计，拿到美国生产出实物产品，这就是传统的二维制造模式。显然，用今天的眼光看，这是一个少、慢、差、费的产品研制方法，但是就是蓝图，把人类从农业社会带进了工业社会。

计算机的出现，让我们实现了在数字虚拟世界里三维模型的直接表达，把人类带到了一个全新的世界，尤其是上节讲到的基于模型的定义（MBD）的出现，人们不绕道而行了，直接从三维的思想到三维的数字产品，再到三维的实体产品，这就是三体智能模型的具体应用，这就是不折不扣的工业革命。

传统工业体系的试错法，仅有物理原型（Physical），未来的产品研制模式是CPS，就是基于Cyber的数字虚拟原型外加物理产品（Cyber + Physical），同样，过去的物理试验我们统称为物理仿真，过去的缩比模型试验和半物理试验统统称作半物理仿真，现在和今后大量采用的就是基于全三维数字模型或数字虚拟原型的虚拟试验了。

显然，“试错法”用的物理模型制造时间长、经费高、浪费大、不环保、更改困难；而数字虚拟原型建模快、时间短、花钱少、绿色环保，但是问题是用数字虚拟原型进行仿真，如果不能如实反映物理产品的真实状态，就不是仿真而是造假了。如图6-4所示，CPS一定要做到数字虚拟与物理实体的虚实精确映射，Cyber控制物理。图6-4上半部分描述了在Cyber空间中完成产品方案设计与仿真、初步设计与仿真、详细设计与仿真、工艺设计与仿真、工装设计与仿真、装配设计与仿真、试验设计与仿真、虚拟实验等，这就是一个产品完整的虚拟制造过程；在此过程中不断发现问题，修改模型，重复迭代优化，直到找不到问题；下一步就是物理实物生产过程了，整个生产过程一定要数字化，把完整的数字虚拟样机映射到实物的生产过程中和实物产品上，实现虚（Cyber）实（Physical）精确映射。

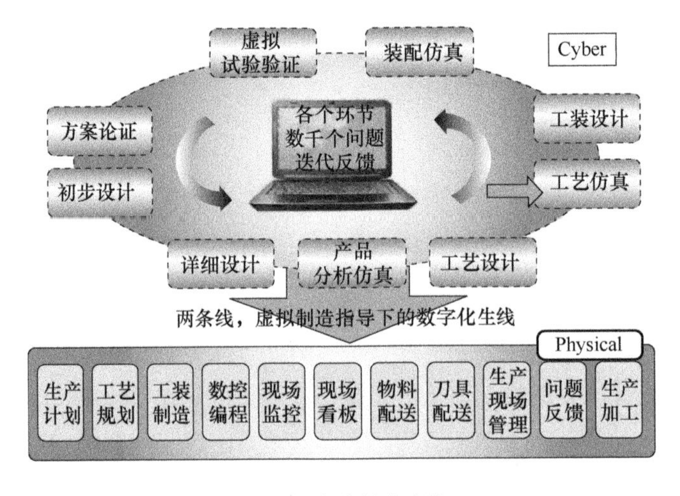

图6-4　虚实精确映射

就拿风洞测试来说，“风洞一响，黄金万两”可以不再是现实存在，我们现在采用数字虚拟飞机三维外形来做数字风洞试验已经成为常态。波音787项目高级副总裁迈克·拜尔(Mike Bair)指出：“在767项目中，我们曾对50多种不同的机翼配置进行过风洞测试。而在787项目中，只测试了10多种。”波音借助现代化计算流体动力学（CFD）工具，设计人员能够对飞机外形数字虚拟样机，在数字虚拟的飞行环境中进行多轮次、低成本的各种虚拟仿真试验，使设计的可信度比过去大大提高。因此设计人员只需对从中筛选出来的、确实有实际应用前景的设计方案进行风洞测试。

实际上，不仅仅是全机数字化样机简化、减少了风洞试验，在飞机研制过程的每个阶段中，基于全数字样机的虚拟仿真技术已经广泛应用于飞机全产品的各类零部件、组件、全机的设计、分析、试验、仿真、测试和故障诊断、制造和维护之中。例如：结构强度分析、各类机电、航电系统试验仿真、运动机构仿真、生产线建设仿真、数控加工仿真、维护维修的人体仿真、地面虚拟测试等。工艺仿真分析工具可对DMU进行“可加工性”评价，可分析切削、钣金、锻铸造工艺对产品质量的影响（残余应力、回弹、温度场、流场等）。

可以说，没有数字虚拟世界，就没有现代飞机设计；没有基于数字虚拟样机的仿真技术，就没有高质量的实体飞机。

探月登星　智能生存

2016年2月，几个听上去无比梦幻的科技消息，进入日常舆论中并引起强烈的关注。

美国科学家在2016年2月宣布，人类首次直接探测到了引力波。在华盛顿召开的记者会上，科学家现场播放了来自宇宙深处的“声音”——这个沧桑的声音，来自于13亿年前一个双黑洞系统的合并。二者合并所产生的引力波信号，经过13亿年的漫长旅行，终于抵达地球，被科学家的两个探测器以7毫秒的时间差先后捕捉到。

科学家的话音未落，美国航天局 NASA 紧接着宣布，目前正在和国际马铃薯中心合作，在秘鲁利马开展实验，从 100 种马铃薯品种中选出适合在火星上种植的品种。NASA 实验团队将把近 100 公斤的阿塔卡马沙漠沙土运到实验室里，因为阿塔卡马沙漠的土壤条件和火星很像。

在大片《火星救援》里，马特·达蒙扮演的被困宇航员利用自己的植物学技能，在火星上培育了土豆。如今，荷兰研究人员仿效他，在美国航天局提供的模拟火星土壤里，种出土豆、豌豆、黑麦、芝麻菜、小萝卜和水芹，收成高得惊人，可以和盆栽土栽培育出来的蔬菜相比。这项研究的负责人瓦科宁恩大学的维格·瓦姆林克说："实验显示的结果让我们感到非常惊讶，如果配置适当，水浇得合适，模拟的火星土壤具有很大的潜力。"

这几则先后发布的消息，充分表明了人类对于生存的看法，早已经从地球延伸到太空之中。我们既充满哲学情怀地关心遥远的过去，也迫不及待地想知道未知的未来。

探索未知是人类的天性，从第一颗人造卫星、第一艘载人飞船、美国阿波罗登月计划，到火星探索计划、土星勘探计划、彗星深度撞击、中国嫦娥探月工程、侦听宇宙深处等，好奇心驱使人类不断迈开太空探索的步伐。而越来越广泛、多元的智能技术，则为好奇心插上了飞翔的翅膀。人类的智能化生存，是数字化生存的继续，是未来希望之所在。

2004 年，中国正式开展月球探测工程"嫦娥工程"。十多年来取得了长足的进步。根据国防科工局最新发布的消息，作为中国"嫦娥"探月计划的后续步骤，"嫦娥 - 4"号探测器预计将于 2018 年发射，并在月球背面着陆。如果成功，这将是人类探测器首次降落月球背面，中国也将由此成为首个实现探测器在月球背面着陆的国家。

此外，我国已经开展了两个引力波探测项目：由中国科学院高能所主导的"阿里实验计划"和中山大学领衔的"天琴计划"。一个是在地面上聆听引力波的音符，一个是到太空去捕捉引力波的声响。接通宇宙深处，追逐宇宙源头，掌握宇宙规律，也已经成为中国科学家正在实施的计划。

无论是访月、探星，还是听波，都是一个投资规模大、多学科交叉、多团队紧密合作的典范。这样规模的科学探索远超出某个单一学科的范畴，也超出某一个研究小组、一个大学或研究机构，甚至一个国家的能力，必须是物理、天文、机械、激光、精密仪器、信息等多学科各方面的专家共同参与，当然，赛博领衔必不可少。

智能技术，使得各个航天大国的多种宇航探测器，能够搭载人类探索和开拓宇宙的梦想，去寻求“我们是谁”“我们要去向哪里”的终极答案。而赛博，正是揭下上述梦幻世界面纱的唯一入口。赛博不仅仅是一种技术，一种能力，更是一种思想。谁能更好地认识赛博、开发赛博、掌控赛博，谁就拥抱了完整的智能世界，甚至就能走出人类今天目光所及的“世界”，走向更遥远的星系，走向更辉煌的宇宙未来。

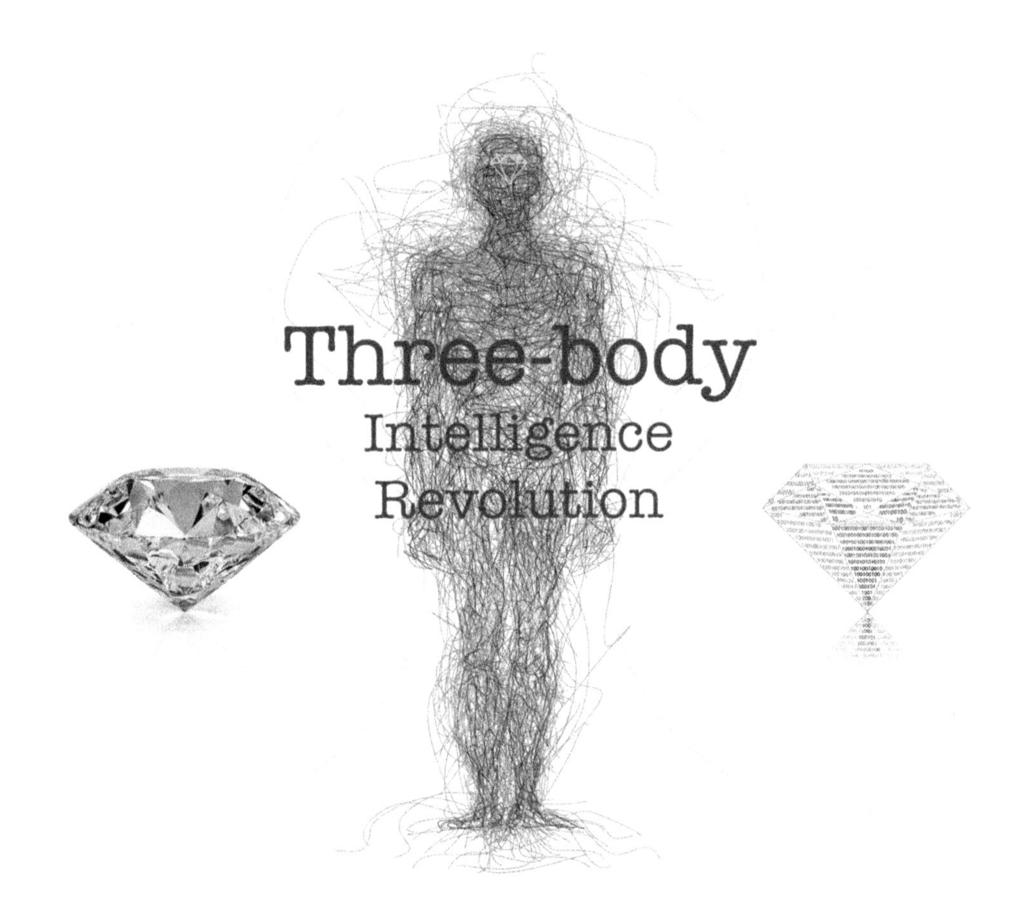
Three-body
Intelligence
Revolution

Chapter 7

第七章 互联创新

创新就是把各种事物整合到一起。

——史蒂夫·乔布斯

互联网+，为三体互联打开了方便之门，为异质要素跨界融合实现创新、走向智能树立了可操作的模式与样本。

——本书作者

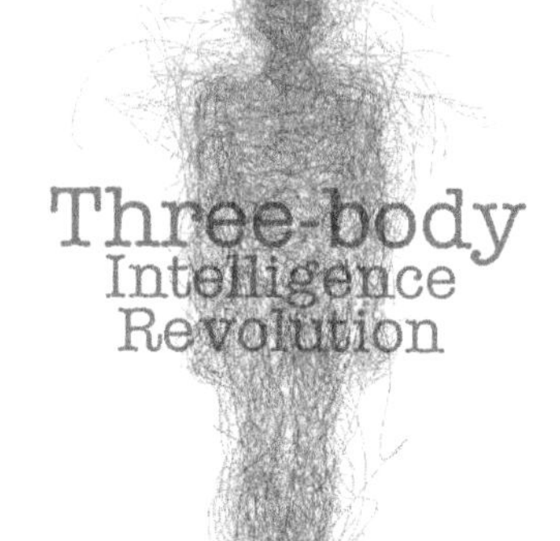

行行业业　要素联接

第一章中指出了走向智能的第二进化路径：**要素网络化联接，形成广域比特化数据通道**。

自从“互联网＋”兴起后，“连接”成为社会的热词，但这个“连接”偏于物理连接，而“联接”是一种更值得注意的科技现象，不仅有物质（机械，如螺栓）的联接，还包括能量（物理场，如传感器）的联接，以及信息（数字，如比特）联接，最终是意识（生物场，如思维）联接。

我们认为，网络的“连接”只是自然界众多“联接”中的一种，而“互联网＋”最重要的创新禀赋，就是将网络的要素与实体的或社会的关系等异质要素互联，这既是实现创新的形式，也是走向智能的路径。

客观世界　普适联接

飞机机身突然振动了几下，熟睡的人们大都醒来，系好了安全带，机舱内徘徊着些许不安。机长广播告知大家，只是在巡航飞行中遇到了一些高空湍流，让大家不必担心。

“机长刚才是在睡觉呢，还是在驾驶呢？他是手动驾驶，还是自动驾驶？是走在哪一条航路上？ ……”坐了这么多年的飞机，几个从没有细想过的问题，忽然浮现在脑海间。

我开启眼前的液晶屏，航路图赫然显示在眼前，屏幕上的小飞机在缓缓移动着，很慢，但是我知道它是在以每小时800多公里的巡航速度飞驰在万米高空。那是白令海峡么？我打开遮阳板向外看去，夜色下，地面上一片白茫茫，S形的河流隐约其中。屏幕上，也是白色一片，同样的数字化冰雪世界，这是物理实体在数字虚体中的逐一对应。这也是虚实结合、精确映射么？心里暗想着。自从飞机上的每个座椅背上安装了液晶显示屏，乘客就可以享受各种娱乐节目。而我，更愿意仔细看飞机所经过的航路，看那些我知道地名和大致方位，却从没有到过的地方，做一番数字化空中旅行。

困意袭来，我闭上了眼睛。似睡非睡时，想起了一句话："世界上原本没有路，走的人多了就有了路"。路是用来做什么的呢？路是让车跑的，让人走的？都是，又都不是。路是用来连接的吧，不是说"条条大路通罗马"吗？只要有地址，有路，就可以让人一直走到心仪的目的地。陆地上大大小小的道路连成了路网，联接了族群，联接了世界，让人流、车流、物流处处可达。鸿雁传书，大概是最早的空中航路吧？

陆路如此，航路如此，心路亦如此。我们只要走在路上，就知道一定能回到温暖的家。

那么，互联网呢，互联网与现实空间中的路网一样吗？走在互联网的"网路"上，就一定能让旅人回家吗？

想到这里，困意消失。打开电脑，连接机上 WiFi，付费，开始上网。万米高空，如同地面一般，仍然可以畅通无阻地获取全球信息。首先查询了飞机自动驾驶的有关知识，飞**中美之间的航路，飞行员需要手动控制飞机的时间只有 8 分钟！**现在的智能飞行控制系统太先进了！

刚才想到了互联网是什么来着？检索一下，有三个要点：①互联网是全球化网络；②互联网上的每一台主机都需要有地址；③这些主机必须按照共同的协议联接在一起。

有地址，有联接，通全球，原来互联网不过是古老的路网在虚拟世界中的复现而已。

飞机缓缓地降落在肯尼迪机场。我在手机"设置"中找到了"时间和日期"，单击进入，选择"自动时区"，手机告诉我现在是美国东部时间，所在的地点是纽约。手机上有 GPS 自动识别手机所在地经纬度，当手机与 GPS 相联接，就会准确地识别出你在哪个城市，哪个街区。一切都是自动判断。而自动判断，源于信息和知识的彼此关联。

乘坐穿梭巴士去了机场的租车公司，我所有的需求信息已经通过互联网送达这里，验照，刷卡，开车走人。打开导航仪，按照给定的地址，按照自己规划的路线，自由而开心地开始了一场自驾游旅行。

三体互动，无处不在。**要素网络化联接，形成广域比特化数据通道，是走向智能的第二进化路径**。联接构成了自然界中所有的物质、能量、信息的最基本的关系。联接是客观世界普适的方法。没有联接，就没有智能，甚至没有现代社会中人类所创造的一切，无论是机器、设备或任何人造系统，乃至包括人类本身。

实体设备　物理联接

“你看这反光镜怎么总是在抖动？”坐副驾的朋友说。

左边的反光镜还真是在轻微抖动！刚才租车的时候怎么没有细看？我后悔了。纽约的堵车是有名的，我们刚刚驶离了最拥堵的路段，现在回去换车肯定要耽误太多的时间了。赶紧找了个宽敞的地方靠边停车。

仔细观察，初步判断是反光镜背后固定镜片的螺钉松动了。其实，这也不算是什么大不了的毛病，只要是能拆下后壳，拧紧螺钉就行了。但是，手头没有合适的工具，怎么办？

突然想起来，背包里还有一卷胶带！马上用胶带在镜片边上粘了一圈，一分钟搞定！

重新上路后，朋友开心地说，有你这个资深理工男一路陪伴，真是太放心啦！

我心里说，这不就是一个实体设备中最常见的**联接**问题么？

相互联接的系统元件，相互联接的运作，构成了人造系统最基本的形态与结构。不管是什么机器/仪器/设备/设施，当一堆零件摆放在那里，没有按照彼此之间的联接关系安装起来时，即使所有的零件都在现场，它也不会成为机器/仪器/设备/设施。只有正确将它们联接起来、运转起来，才能实现系统的功能。如果再能够符合本书第一章所定义的智能系统的五个特征，那么这个系统就是智能系统。

在人造系统中，最常见的联接是实体**连接**，例如刚才说的反光镜的螺纹联接以及粘接，还有定心和定向连接、快速连接（活动紧扣件、拉链连接等）、销联接、键联接、无键联接（弹性连接、型面联接、过盈连接、夹紧联接等）、管连接、焊接、铆接、塑性变形连接、拉钉联接、卡勾联接和咬缝联接等。

为什么这里同时使用了“联接”和“连接”这两个词汇？其实，连接多指实体连接，相对狭义，联接则是一个含义广泛的术语，既可指实体的连接，也包括非实体的联接（以物理场、心理场、人际关系等所形成的联接）。在较为严谨的语境下，实体之间使用连接，有非实体要素加入时使用联接。例如，“互联网”而不是“互连网”，就在于要突出“联”的广义性。

一堆零件的联接，可以组成一台机器。多台机器的联接，可以组成具有复合功能的组合机器，更多机器的联接，可以组成能够连续加工或装配产品的生产线。

不过，尽管实体联接可以传递物质、能量和一定的信息，但是传输距离非常有限。生产线再长，也只能限定的车间或者工厂之内，无法超越工厂空间范围的限制。而基于诸如电磁波之类的物理场联接，则可以形成遥控，形成芯片，形成数字虚体，乃至形成专门传递信息的互联网或物联网，有效地跨越时间和空间的障碍，在全球、全太阳系甚至更大的范围内传递信息。

蹒跚起步于特斯拉的一艘小遥控船，登峰造极于让旅行者 1 号回头拍摄地球，电磁波打造了人类目前在联接上的最大尺度，并将继续让电磁波驰骋在浩瀚无垠的宇宙，把人类视力所不能及的信息带回地球，让人类借助赛博系统瞭望自己既熟悉、又陌生的宇宙。

从实体联接到基于物理场的赛博系统联接，是人造系统走向智能路途上的一个伟大的里程碑。

智能飞跃　语言联接

汽车开到了自然历史博物馆的门前。一直想看的人类起源新展馆正好开放。尽管当了几十年的资深理工男，但是对考古学有着浓厚的兴趣，从不放过参观人类学博物馆的机会。因为在我的脑海中，或隐或现，一直盘桓一个哲学式的疑问，我从哪里来？人类的祖先怎么没有停留在树上，而是走向了智能和智慧？

新展馆大量使用了数字化仿真技术，逼真的虚拟现实（VR）把远古与现代联系在了一起，让游客深切感受到人类的伟大进化历程。

大约300万年前，人类的祖先古猿就已经在非洲行走了。大约20万年前形成了智人这个重要的进化分支——现代人类的共同祖先。智人的学名来自拉丁语："Homo Sapiens"，其中Homo的意思是"人"，Sapiens的意思是"智慧"。

考古证实，从猿人到智人，期间有过若干分支与智人平行进化的古人类，但是最终都从地球上消失了。《自然》杂志曾经介绍过智人与其他人类的进化路径，如图7-1所示。

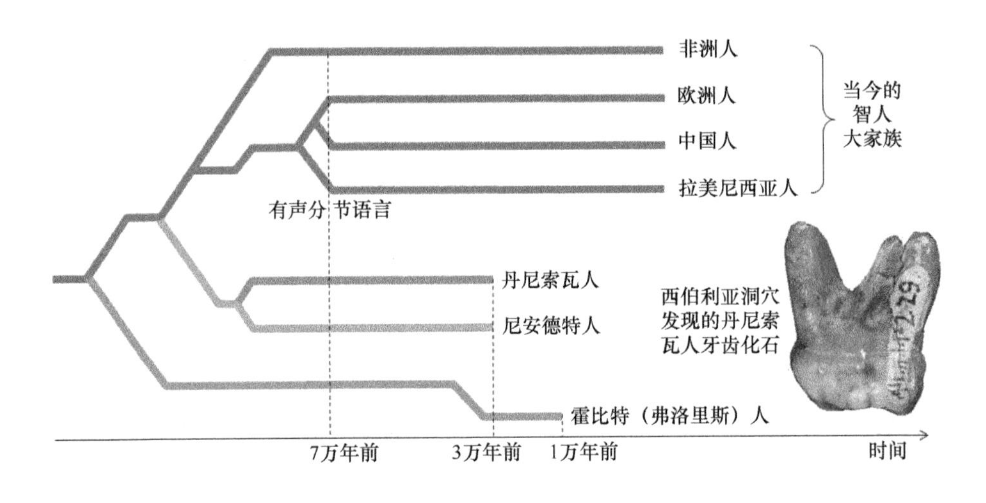

图7-1　智人与其他人类的进化路径

与智人平行进化的其他古人类灭绝的原因是多种多样的。那些在3.5万~1万年前灭绝的尼安德特人、丹尼索瓦人、弗洛里斯人，也都学会了用火，掌握了制造石、木、骨器等工具，但是与智人相比，他们缺乏了一项最关键的竞争优势。

最新的考古科研结果认为，大约七万年前，从非洲大陆走出来的智人实现了

“奇点”的突破，由此智人走出非洲，占领了整个世界。猿人至少已经在地球上存在了300万年，但是在大约7万年前时才实现了智能的突破，在这个漫长的时期里，究竟缺少了什么？在7万年这个时间节点上，智人又究竟获得了什么，让他们的智力突然开窍了呢？

答案是**语言**。关于人类语言的准确起源已经无从考证，可能永远是一个假说。但是，假说也必须是有根据的。智人在早期是没有语言的，在狩猎等必需的生产活动中，人类需要彼此之间进行交流，由此而产生了语言。大约在距今10万年的智人时期形成了有声胚胎语，大约在7万年前的体质新人时期形成了有声分节语言，大约在3.5万年的心智新人时期形成了现代语言。

形成语言的过程是极其复杂、难以考证的，但是可以肯定的一点是，形成语言的过程中，人的祖先一直在用体态、发音、手势、符号等与自然界的万物相关联，试图把自然界呈现给他们的各种自然信息都表述出来、理解明白，在不断的彼此关联中，产生了具有明确含义的象形字符，字符之间的关联产生了词汇，词汇的关联产生了语句，然后形成了完整的有声分节语言体系，搭建并打通了人类最早的信息传播通道。

有声分节语言的成熟，是人类历史上第一次信息革命的伟大成果，用什么形容词来形容这种成果都不过分。语言以及后来伴随语言所出现的文字，成为了现代人的有效信息传播工具，打开了人类通向现代文明殿堂的大门。**人类智能形成的标志，就是语言的产生以及其后所形成的知识体系**。

世界上的信息有三种。第一种是在物理实体世界中客观存在的自然信息，第二种是在意识人体世界中以语言、符号或手势等描述客观世界的表述信息，第三种是在数字虚体世界中由前两种信息经过数字化之后所形成的数字化信息。这三种信息有序发展，一脉相承，长期共存，打下了人类文明的坚实基础。尤其是进入新世纪后，数字化信息的急速膨胀，让人走向更高的智慧，给人造系统赋予了更高的智能。

人脑电脑　信息联接

正在仔细琢磨着语言信息的发展与人的智能的关系，忽然，身旁一个稚气的声音问道："Mom，is human brain fast，or computer（妈妈，是人脑快，还是电脑快）？"回头一看，是一位妈妈领着一个不满10岁的孩子，正在兴致勃勃地看关于人的脑容量的介绍。对啊，去年听说IBM正在开发基于人脑神经元的突触（Synapse）原理而开发的电脑芯片，看来人脑和电脑有一比了！

在人造系统中，最具智能潜质的机器大概就是电脑了。

电脑，是人们对计算机的另一个命名。顾名思义，大概就是以电一般的速度来运算的人造大脑。风驰电掣，是人们对速度的形容与追求。在计算速度上，通常都是用一秒钟能做多少次加法运算来统计电脑的运算能力的。截止到2015年，作者看到的数据是，中国国防科大研制的"天河二号"超级计算机系统，以峰值计算速度每秒5.49亿亿次、持续计算速度每秒3.39亿亿次双精度浮点运算的结果，成为全球最快的超级计算机；美国能源部下属的橡树岭国家实验室的"泰坦"超级计算机，理论运算速度峰值可达每秒2.7亿亿次，名列第二。

人脑是世界上最复杂、最高级的生物器官。根据有关资料，保守估计，人的大脑大约有几百亿个脑细胞，它们相互连接，构成巨大而高效的网络体系。有的科学家认为人脑不止有几百亿个脑细胞，例如维也纳大学的艾克诺摩博士就提出，人的脑细胞总量约有1500亿个。即使采纳人脑只有几百亿个脑细胞的说法，那么，每个脑细胞里大约有几百条脑神经，每条神经上大约有几百个突触，每个突触上大约有几百到几千个蛋白质，如此核算下来，把人脑的脑细胞构造与电脑中处理器的构造做类比的话，可以简单地推算出，一个突触的作用大约相当于电脑中的一块芯片，一个脑细胞的作用大约相当于一台大型计算机，人的大脑相当于数百亿个大型机或上万万亿块芯片组成的超级运算环境，现在还没有任何的人造计算环境可以与之相媲美。其优异之处在于，在如此狭小的空间内实现了从所有脑细胞到全部蛋白质之间的超级联接。

人脑是超级无敌的并行运算系统，所有脑细胞的突触以及每个突触上的所有蛋白质，都可以瞬间同时运动，电脑的芯片是做不到这一点的。由于蛋白质之间只有几纳米的距离，电流在这个距离上一秒可运行几千亿次，人脑运算速度的数量级因此大得无法形容，大约是1后面跟27～30个零。而1亿亿次，才不过是1后面跟16个零而已。现在世界第一的电脑的运算速度，比人脑差了大约十几个数量级。因此如果打算用电脑来模拟人脑的功能，以目前符合“摩尔定律”的研发速度而言，大概还要几十年。

基于对大脑结构的认识，开发专用的大脑芯片，一直是人类的梦想。如第二章所述，由IBM主导开发的TrueNorth是首个基于突触打造的模仿人脑功能的专用芯片，突破了冯·诺依曼的体系结构中的CPU与内存之间的瓶颈限制，实现了计算和存储一体化。该芯片内置100万个模拟神经元和2.56亿个模拟神经突触。不同芯片还可以通过阵列的方式相互联接。据称48颗芯片组建成的具有4800万个神经元的网络，足够实时执行复杂的感觉运动任务，智力水平已经和普通老鼠的大脑接近。

但是一切还都是刚刚开始尝试与探索，即使用目前最强的TrueNorth来模拟人脑，仍然力不从心。实际上，人类对大脑的运行机制（如思考问题、记忆场景、认识自我、产生情绪等）还缺乏了解。因此，大脑属于“数字化边民”。

由此可见，尽管电脑和人脑的基本作用原理都是联接，但是在计算功能上，有着天壤之别。在运算机理上，还有待探寻。在智能进化上，路还很漫长。

人脑的智能除了在并行计算速度上的绝对领先，还有两个电脑无法比拟的绝对优势，一个是自生长能力，即脑神经细胞受到外部的刺激，会长出新的神经元，新神经元与其他脑细胞结合且相互联接，自动“入网”。另一个巨大优势是大脑有大约90%的神经元仍处于“休眠待机”状态，一旦把这些神经元的运算功能开发出来，人类将迸发出几乎无限的智慧和创造力。

联接，大概是世界上最本质的关系与结构了——化学元素的联接，产生无穷的化合物；词句的联接，让人写出美好的文章；知识的联接，激发出人或系统智慧；跨界要素的联接，创造出新的发明成果；一块半导体两侧联接P和N型元素，就会生成 PN 结；PN 结的联接，就会生成晶体管、门电路；门电路的联接就会形成 CPU 和各种赛博系统；赛博与物理系统的联接，形成赛博物理系统；CPU 的联接，就会形成并行计算网格系统；人与人的联接，产生共同爱好的圈子；电脑与电脑的互联，形成横跨全球的互联网；互联网与其他专业的相连，形成范围广泛的“互联网 +”等。

联接决定了世界，联接改造了世界。联接形成了智能的大脑与电脑，让电脑中的数字虚体世界迅速崛起。

网内之网　网外之网　网上之网

中华民族的人文始祖伏羲，见蜘蛛结网而受启发，以葛藤结绳，模仿蜘蛛结网，编织出了第一张粗糙的渔网，教会了人们渔猎的方法。

在人类历史长河中，将纷繁复杂的要素“联接”成一种平面或立体的“网”是意识人体智能的重要表征，各种物质实体或者社会关系网络对人类社会的重要性，绝不亚于以数字化形态出现的互联网。而它们与互联网的深度联结，就构成了“互联网 +”的主要内容。

物质、能量网络

“我们下一站去哪儿？”

“克利夫兰州立大学。”

“怎么走？”

“这还用说，听 GPS 的。”

我在 GPS 上输入了克利夫兰州立大学作为目的地，于是 GPS 自动根据高速路网和省道路网等开始计算路径。从我们现在的出发地点开始计算，GPS 计算了几十万条可能的路径之后，给我在复杂的交通网络上指出了一条最快的路线。

交通网络

交通网是最常见的物质连接的网络。由陆（地面、地下）、水、空路等组成的连接各个交通点之间的交通线。汽车站、火车站、地铁站、道路的交叉点、机场、港口等是交通点，交通点之间的连接路线是交通线。交通网可以分为公路运输网、铁路运输网、水路运输网、航空运输网和管道运输网。各个网络之间的部分线路往往有所重合。

物流网络

货物流动的过程就是物流过程。物流过程由货物的运动过程（运送）和相对停顿过程（仓储、停放等）组成。如果类比运输网络，以执行物流运动任务的线路和执行物流停顿任务的结点两种基本元素来描述的话，线路和结点组成了物流网络。

物流必须流动在运输线路上，因此，物流的网络结构，大部分与交通网络在结构上高度重合，只是在“最后一公里”上，呈现出物流网络自身的特点：提供端到端、门对门的物流服务，增加了无数细微的、长途运载工具（飞机、汽车、船舶等）无法抵达的社区路线和非常规路线。

组件网络

各种形态的组件联网是最复杂的物质联接形式。无论是制造业复杂产品零部件之间的装配关系、功能关系，还是更复杂的生物体中的细胞连接关系，都复杂到难以用图文的形式予以详细描述。民用飞机一般有数百万个零件（如空客380大约有500万个零件），其中航空发动机有上万个零件。所有的零部件组成了大大小小的功能组件，各个组件之间的装配关系和相互作用关系异常复杂，形成了组件联接的网络。

蛋白质是以氨基酸为基本单位构成的生物大分子，由H（氢）、O（氧）、N（氮）、C（碳）组成，一般蛋白质可能还会含有P（磷）、S（硫）、I（碘）、

Fe（铁）、Zn（锌）、Cu（铜）、B（硼）、Mn(锰)、Mo（钼）等。这些基本元素的排列，构成了生命机体中的微观物质网络，如图 7-2 所示。

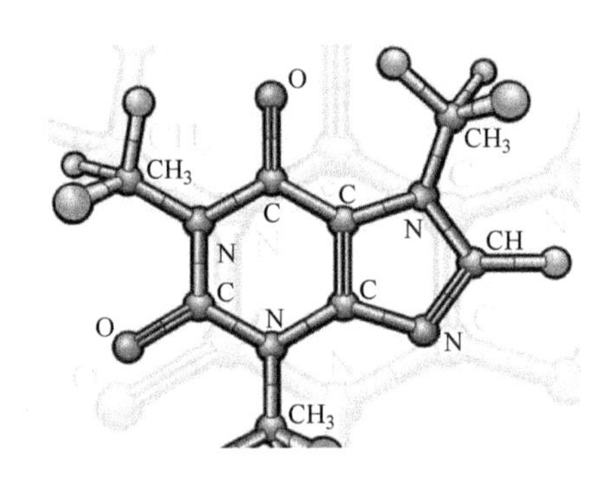

图 7-2　蛋白质分子中的微观物质网络

能量网络

能量网络支撑着整个国家经济命脉，以电力、燃气、石油等为主。

电网是电力系统中由输配电线路和各种电压的变电所组成的整体，是典型的超级网络系统。电网不仅包含了传统的水电、火电、核电网络，也包含了光伏、风电、生物质电、氢电等新能源网络，同时构成智能电网的基本要素，如智能用电设备、节电设备、安全设备等，也逐渐入网。

燃气也是一种能源供应网络结构，由燃气站、高压管网、中压管网和连接居民家用的低压管网、计量装置等组成。仅仅以天然气管道为例，陆地上大量输送天然气的唯一方式就是利用复杂的天然气管网输送。在全世界管道总长中，天然气管道约占了一半。

信息、控制网络

“你第一次来美国时有手机吗？”同行的朋友问我。

“没有。我第一次来美国是 1993 年，那时候只有 BP 机，还没有手机。我的

第一部手机是 1995 年买的。”

“那当时你怎么与家里联系，报个平安呢？”

嗯？这还真是个问题！ 我想起来了：“有两个办法，要么买个电话卡来打给家人，但是因为话费很贵只敢讲一两分钟；要么发传真到公司，让同事给家里打电话！”

仔细回想一下，似乎须臾之间，中国的通信工具就经历了从电报、电话、模拟手机、BP 机、数字手机、有线互联网、智能手机、移动互联网的飞速发展。国际长途话费也从每分钟二十多元降到基本为零（如使用微话）。

电信网

自古以来，人们一直在寻求远程通信的方式，如六百里加急快马报信、飞鸿传书、烽燧狼烟、鸣炮吹号等。这些通信方式最大的问题就是速度慢，即时性差。等到信息送达接收人的手中时，可能发信人这边情况早已经发生了变化。反应时间以天数甚至周数来计。

后来人类使用有线电话、电报来远程传递信息，电信网已经存在了一百多年了。

1836 年，库克（Cooke）和惠斯登（Wheatstone）发明了电报，并且为此申请了专利。电报在人类利用电磁波远程通信历史上迈出了第一步。所传递的信息实时送达，经过译码，可知内情。反应时间以小时来计。

1858—1866 年，横跨大西洋架设了跨海电缆，实现了直接快速的有线通信。

1876 年，贝尔（Bell）发明了电话。电话交换系统既实现了语音实时通信，也创造了最早的调制解调器“猫（Modem）”，为今天的互联网打下了架构上的基础。

1957 年，苏联发射了第一颗人造卫星，开启了卫星传输数据的历程。人类的信息触角已经抵达太空。

在以电话交换网络为主的传统电信网络中，传输媒介在早期是模拟信息，后来也可以接入电脑来传输数字信息；现代电信网络可以为固定电话、移动电话、卫星电话、传真机和电脑等终端提供信息交换服务。现代电信网络已经与互联网完全融合，形成了能够随时、随地接通全球的移动互联网通信服务。

互联网

互联网教父凯文·凯利（KK）在《必然》一书中写道：当电话线插进计算机时，突然间一切都变得不一样——电话插孔的另一端是一个新兴的宇宙，它巨大无比，几乎无垠。这个空间被称为互联网。这根电话线中的“传送门”开启了一个新的东西：它巨大，同时又能为人类所感知。

互联网又称因特网（Internet），伴随着计算机而兴起，由多种网络（如广域网、城域网、局域网），以及传输、交换（如路由器、交换机、集线器）和电脑终端等，按照一定的通信协议组成的国际计算机网络。

互联网历史可以追溯到 1946 年，冯·诺依曼发明了第一台计算机（ENIAC），开创了人类的数字化时代。

1962—1968 年，“包交换网络（Packet-switching Networks）”面世，信息以二进制数据的形式分成一个个小包传输，可以让它们经过不同的路由到达目的地。即使某个路由中断，冗余的路由依然可以保持通信。

1969 年由美国国防部高级研究计划局（DARPA）开发出了最早的实验性广域网阿帕网（ARPANET）。阿帕网是互联网的始祖。

阿帕网当时建立了四个主节点：加州大学洛杉矶分校（UCLA）、斯坦福研究所、加州大学圣巴巴拉分校（UCSB）和犹他州立大学（USU）。

1971 年，电子邮件（E-mail）诞生，人们通过分布网络就可以跨越时间和空间的障碍，时时处处顺畅地传送信息了。电子邮件今天依然是互联网上人与人沟通的主要方式。

1973 年，其他国家的主机如英国伦敦大学和挪威的皇家雷达机构也联入了阿帕网，由此开启了全球性的互联网时代。到 1981 年已有 94 个节点，分布在 88 个不同的地点。

1974 年，发明了 TCP/IP 协议。1990 年，www 万维网链接技术出现。

1997 年，共计有 1950 万台世界各地的主机连入，达到 1 百万 www 站点。

1994 年互联网进入中国，历经 22 年的发展，中国已拥有大约 7 亿网民，其中手机网民占 85% 以上。世界十大互联网公司中国占据了四席。当前，中国网民数量位列世界第一。

广电网

广播电视网简称广电网，是通过无线电波或通过导线向广大地区播送音频、视频节目的传播媒介网络。其中有线电视（CATV）网是利用光缆或同轴电缆来向用户传送广播电视信号或本地播放的电视信号的专用网络。它连接了千家万户，具有频带宽、容量大、多功能、成本低、抗干扰能力强、支持多种业务、可扩展性好的优势。有线电视的发展也已经伴随着电视信号的逐渐数字化而纳入了信息高速公路的轨道。

物联网

对物联网的通俗说法是“物物相连的互联网”，英文名称为“The Internet of Things（IoT）”，这一名称由麻省理工学院自动识别中心的凯文·艾什顿（Kevin Ashton）教授在 1999 年研究射频识别技术（RFID）时最早提出，因此他也被国内外公认为“物联网之父”。时至今日，物联网的定义和范围已经发生了变化，覆盖范围有了较大的拓展，不再仅指基于 RFID 技术的物联网。

物联网，应该是网络上的网络。物联网的终极目的，是要把一切人与人、人与物，以及物与物全部联接起来，未来的世界将是上万亿各种“终端（人、机、物）”的联接。

关于物联网的发展前景，谷歌公司执行董事长埃里克·施密特在 2015 年瑞士达沃斯论坛的座谈会上曾经大胆预言：互联网即将消失，一个高度个性化、互动化的有趣世界——物联网即将诞生。施密特说："我可以非常直接地说，互联网将消失。"

其实，按照作者的理解，消失的不是互联网，而是互联网现有的联接方式。因为发达的、无处不在的智能硬件都已经成了互联网的接入口，因此传统的上网模式随即消失。已经成为数字化原住民的物与物之间，完全通过相互感知（即互动化）而上网，诸如二维码这样的"入口"或许都没有存在的必要了。

CPS 网络

第一章中介绍的赛博物理系统（CPS），是一个典型的借由赛博系统中的数字虚体来联接物理实体设备的网络。从技术上说，赛博系统各有自己的唯一识别地址（ID），无须现在互联网的根服务器来分配 IP 地址，彼此互联组成 CPS，可以通过相互感知、自我决策、自动转发而形成多路径发送和接受信息，因此 CPS 完全可以自我发展成一个独立于互联网的物联网体系。

从以上的几个信息网络的介绍可以看出，在信息网络领域，电报、电话在百年之前开辟先河，但是在最近几十年伴随着电脑的崛起，互联网称雄信息领域，通信网络、广电网络已经与互联网融为一体。未来互联网要与更多的硬件集成起来，朝物联网方向发展，形成网络上的网络；物联网本身就是网络上的网络；CPS 网络则天生就是物联网。

互联网 + 硬件、物联网、CPS 网络，三者高度近似，发展理念和方向一致，但是彼此在技术路径上又有所不同：互联网 + 硬件、物联网两者原本与数字虚体是分立发展的，一开始并没有数字虚体的概念，后来逐渐补充融入进去，而 CPS 网络天生就是要把赛博设备嵌入物理设备，从一开始就有了数字虚体的概念；另外，物联网必须以互联网为基础，属于用互联网来联接物理设备，而 CPS 网络比较灵活，既可以用互联网来联接物理设备，也可以单独形成一个独立于互联网的物联网体系来联接物理设备，形成点到点、多通路的数据传输网络，不需要根域名服务器来分配 IP 地址，这在技术上是完全可以实现的。由此可见，德国工业

4.0 战略和技术体系中所蕴含的潜台词，还需要读者仔细体会。

人际、关系网络

每逢佳节，就该发一圈短信、微信给亲朋好友了！

微信朋友圈，只是人际关系网络的一个缩影。竞争情报研究学者包昌火教授对人际网络是这样定义的：人际网络是为达到特定目的，人与人之间进行信息交流的关系网。它基本上是由结点和联系两部分构成。结点是网络中的人或机构，联系则是交流的方式和内容。

一个人除了有血缘、姻亲等社会关系之外，还有很多类型的社会关系：

- ▶ "铁磁"关系型：如老同学、老战友。这种关系，说远，可以互不相认；说近，可以亲如兄弟姐妹。
- ▶ 从无到有型：原本毫无关系或关系疏远的人可以通过拜访、请客、送礼、结拜、认干亲（如干爹、干妈）等途径建立或加强关系。
- ▶ 从生到熟型：原本一面之交但并不熟悉的远亲、老乡、同姓人，可以套用"五百年前是一家"来强化关系。
- ▶ 世交世袭型：例如世交、世袭关系，现在某些红二代、富二代彼此之间的关系。
- ▶ 逐级搭桥型：以张三认识李四，李四认识王五，环环相扣，最后一环联接到那个关键的办事人。专门有这样一群人靠替人搭接关系而生存。
- ▶ 公共关系型，企业都有自己的客户或关系单位，因此而设有"公共关系"部门。

中国历来是一个讲究人情世故的国家。今天，互联网来了。这种通过终端建立的新型联接固然极大地映射了现实社会中的人际关系，但总体带来了一种天然的平等、自愿、有保留的新型网络人际关系。这种新型关系正在快速替代传统的基于社会关系的人际关系。例如：某些互联网人才与社交软件，使得人际关系的开发与拓展，既部分依赖原有的社会化人际关系，又更多依赖互联网搜索引擎的自动计算、查询和智能推荐功能，让原本不具备强大社交能力的人，尽量减少社交工作量，以微小的代价而认识、交结多个级别的、与自己的工作领域高度相关的高级白领或金领，尽情开拓自己的人际关系，而且把原本不太清晰的人际关系的来龙去脉，用图示化的软件界面显示得清清楚楚。用不了多长时间，建立在互联网之上平等、自愿的人际关系，必然取代根植于社会关系之上的人际关系，乃至根植于企业生产关系之上的组织关系。人与人的联接方式，正在优化、解构和重构。

脑际、意识网络

脑内网络

第一节已经提到，人脑中大约数百亿个脑细胞之间的相互连接，构成了巨大而高效的网络体系，在狭小的空间内实现了从所有脑细胞到全部蛋白质之间的超级联接。美国《圣地亚哥联合论坛报》报道称，科学家最近发现小鼠大脑中的神经元至少有26 个不同类型，从而提高了对人类大脑的网络体系容量的估值。类比一下，这就像原来只有一个二进制系统，只能用 0 和 1 编码，现在进化到能用整个字母表来编码，而且每个符号中还包含着更多的潜在含义。该研究证明每个神经元的突触具有储存更多信息的潜力。由此科学家估算人类大脑的规模大概具有 1 拍字节（1 Petabyte =1000000000000000 bytes）容量，大致相当于整个互联网的信息容量！

人类大脑的精妙之处在于，脑内的三种网络：物质（神经元）网络、能量（氧气等）网络、信息（生物电）网络实现了高度的叠加、融合与统一，这是目前任何人造系统在结构上、技术上都无法实现的。如果未来生物材料和生产工艺有了突破，具有高度智能的、精细无比的人造系统或许可以直接生产人类器官——例如百年之后我们可以用某种类似于 3D 打印的精密设备来打印出一个“大脑”。

脑际网络

美国华盛顿大学在 2015 年 9 月 23 日宣布，该校科学家将一个人的思想意识

（如扣动扳机开枪）的脑电波，经由互联网，以电磁波形式传给了在1.5公里以外的另一个人，控制其手指来按动键盘，如图7-3所示。这是科技界第一次通过实验证实，**一个人可以用自己的意识去控制另一个人的意识。人的意念和思维是一种物质，可以转换成电磁波发送和接收，可以通过互联网传输**。人与人的思维（意识人体）可以通过数字虚体而彼此联接！

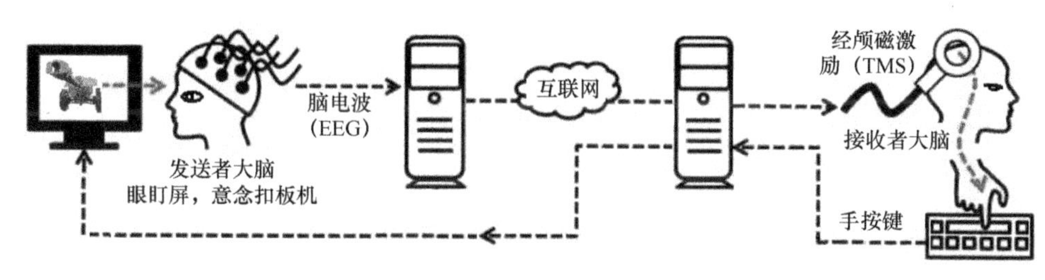

图7-3 脑际接口实验成功

类似的实验还有很多。美国杜克大学由米格尔教授领衔的团队，在十多年前就成功地用猴子的脑电波控制一个机械臂为猴子获取了食物，更为神奇的是，还让猴子的意识控制了远在日本的一个机器人实现跑动。如今，类似的实验已经在人脑上取得了成功。

意识网络

未来，如果人类对自己大脑内部的运行机制研究清楚，脑机接口取得全面的成果，那么，完全符合脑机接口的超级芯片就可以植入人脑，实现人脑脑际之间的意识网络互联。读者可以展开一下想象，穿越到未来，那个时候，人类不仅可以用意识直接精确控制网络上的任何一个结点上的任何一台物理设备，而且，可以随时与网络上的任何一个大脑直接实现意识上的互联：不同空间，如同见面，无须言语，直接“脑谈”，畅叙友情，互换文件，分享场景，遂心如愿，一切都在无影无形之间——这是多么令人憧憬和心旷神怡的科技画面！

作者之所以在这一小节罗列出以上几种不同要素的网络，主要是想指出以下三点：①广义的“互联网”以物质、能量、信息等多种形式存在于自然界中；②不同种类的网络之间也呈现出层级、叠加和嵌套的关系，在层级关系上，物质能量网络是位于底层的第一层，信息控制网络是第二层，知识服务网络是第三层，人际关系网络是第四层，最上面一层是脑际意识网络；③同层内是同质要素联接，跨层是异质要素联接。现在多层网络之间呈现出彼此交汇和相互融合的趋势，如图 7-4 所示。

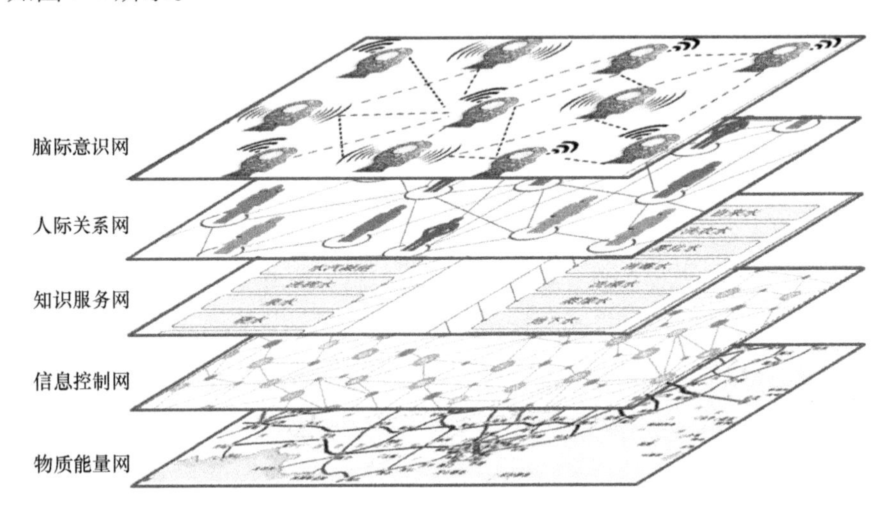

图 7-4　不同要素网络之间的层次

同质要素联接，属于经典的创新领域，方兴未艾；而异质要素联接，属于今天的跨界创新，机会无穷。从图 7-4 中不难看出，处于第二层的互联网，可以用“互联网 +”的形式，与其他层的异质要素加出无穷多的创新机会和创新产品。如互联网与第一层相加，就是物联网、CPS 网等网络；与第三层相加，就是各种知识类网；与第四层相加，就是诸如微信、LinkedIn 等人际关系知识网；如果与第五层相加，就是未来的脑际意识网。而且，这些相加出来的创新事物，彼此还可以再次相互叠加与融合，产生更多的创新事物，直至整个社会互联网化，极大地促进社会变革。

普天之下，万物之间，从大到小，处处有网。网内有网，网外有网，网上有网。“互联网 +”是促进异质要素互联的有效途径。从第一体、第二体到第三体，越是不同领域、不同层次、跨度很大的要素之间互联，创新程度越高。如果能像大脑中的物质、能量、信息的联接一样，互联网与这些形形色色的网络也能完美地叠加、融合在一起，那么创新的美好前景将不可限量。

“互联网+”何以诱发创新

重新理解创新

“什么叫创新？”朋友突然问我这个似乎被问了无数遍的问题。

“说起创新，其实与联接有关，与网络有关。”我这样回答朋友。

可以说，创新的基本原理之一就是采用联接与网络的手段，目的是产生效益。

创新与智能有关吗？绝对有关！ 走向智能的过程中，每一步都伴随创新的活动。

创新的定义

1912年，美籍奥地利经济学家熊彼特（Joseph Alois Schumpeter）在他撰写的《经济发展理论》一书中，首次从经济发展的视角提出了创新的定义：创新就是要“建立一种新的生产函数”，实现“生产要素的重新组合”，即把一种此前没有的关于生产要素的“新组合”引入到生产体系中去，以实现对生产的创新。在熊彼特看来，“创新”是一个经济范畴而非技术范畴，它不仅是指科学技术上的发明创造，而更多是指把已发明的科学技术作为知识体系引入企业，形成一种新的生产能力，为企业产生经济效益。

创新=新组合+效益，这是对创新范畴的极大扩展，丰富了创新的内涵，揭示了创新的着力点，指明了创新活动的常态。

组合必然产生联接，联接的形式包括关联。任何生产要素，不管是同质要素还是异质要素的组合，不管是混搭、搭接、跨界、拼合、合成、互联等，都是要素联接的具体形式，都是让创新活动落地的具体形式。

创新就是“新组合”

“新组合”是对创新形式的具体说明。“既有生产要素”是一个广义的概念，既可以是同质要素的组合，更可以是异质要素的组成。除了在生产中经常使用到的资源类生产要素，如人、财、物等物质化生产要素，还包括专业知识、常识、方法、算法、模型、信息、数据、标准、规范、服务模式等一系列知识类的非物质化生产要素。因此，创新（新组合）的形式是多种多样的，既可以是传统的生产资料（人、财、物）的新组合，也可以是新技术领域的信息制品、工业产品、原理知识乃至文字作品等诸多要素的新组合。

创新必须基于知识，就人造系统而言，要么利用知识构建一个全新的人造系统，要么利用知识去优化和改进一个既有的人造系统，其结果，是产生发明成果和高水平的发明专利（新知识）。创新的过程，既包含物质创新，也包含知识创新，或者是服务模式创新。

知识在创新中的作用

人与自然界打交道，始于自然信息。自然信息，是人观察到的自然界所有的事实和现象在人的意识人体中的基本反映。于是，人就有了对事实的记录、描述、分析、判断和推理，从自然信息中提炼出数据，产生表述信息，综合成为知识，并用知识激发出智慧。

意识是隐性的，因此大脑中的知识在本质上也是隐性的，但是经过一定的提炼处理之后，可以转化为显性知识。人类与客观世界相互作用的结果，是让隐性的意识活动的相当一部分实现了显性化、知识化和物质化。在第一章中介绍的经典的 DIKW 金字塔体系，就是用来描述人的知识体系的。**知识是模型化的、指导人做事的信息；智慧则是人的洞察力在意识上的体现**，推断出未发生的事物之间的**相关性**，在既有知识的基础上产生新知识，在大数据的基础上产生新知识，在三体互动的基础上产生大知识。

因此，基于既有知识，创新出新的知识，特别是关于知识的知识，是创新的重要内涵之一。

知识互联　大规模创新的社会基础

“吱”，开车的朋友突然刹住了车。

“怎么停车了？”我从倒时差的瞌睡中被惊醒。

“水箱开锅了，倒霉！”朋友下车打开前车盖，果然，一股水蒸气冒出。

“这前不着村后不着店的，我们怎么办？”我问道。

“没有关系呀！　我们试试车联网如何？”另一个睡醒的朋友搭话了。

“哈，对啊！　车上的 GPS 带有车联网的 Telematics 服务啊！”大家兴奋了起来。

果然，一按 Telematics 服务键，立即接通了租车公司呼叫中心的电话。应答者问明情况，首先抱歉没有提供一辆状态良好的汽车，然后讲解怎样处理这种情况。少顷，屏幕上显示出了操作步骤的动画：只需打开前盖晾 20 分钟，同时清理一下散热器上面集聚的灰尘和絮状物即可。

哈，有网就有数据传输，有数据传输就有信息和知识。遇到问题不发愁啊！车联网的工作原理如图 7-5 所示。

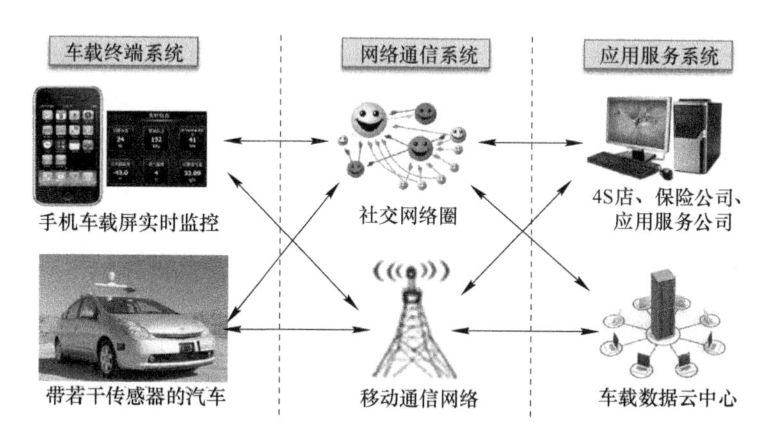

图 7-5　车联网的工作原理

知识表达的历史非常久远。中国人在七千多年前就已经开始用易经符号来表示信息和知识。直到大约五千年前出现了文字，知识便以原子介质的形式（如石、皮、木、竹、帛、纸等）记录和积累下来。但是原子形式的知识表达受到了时间和空间的限制，不易复制、收藏、保管、运送、传达等。

从第一台计算机诞生到彼此互联，从互联网诞生到全世界30多亿人用互联网真正地联接起来，只用了大约60年的时间。这是一个人类文明发展的奇迹。究其实质，就是数字虚体在电脑世界中逐渐建立、完善和崛起，数字化的事物逐渐被紧密地联接起来，比特化信息和知识可以在网络中不受时空限制而自由流动，这种比特化信息和知识的无障碍传递，使得人类社会中各种基于时空障碍所建立的信息与知识不对称，以及由信息与知识不对称而导致的系统不确定性被消除了。当互联网把诸如汽车这类传统工业品也纳入网络终端范畴的时候，服务就发生了质的变化。

按照三体智能模型，三体世界的三个交汇界面（PCS、CCS、CPS）上都存在着大量知识，数字虚体世界的崛起与发达，促进了三体世界的知识爆发。知识正在以惊人的速度不断产生。

未来，各种诸如Telematics式的知识服务，都会接入互联网，形成知识泛在，如同使用自来水、电等基础服务设施，人们可以通过开关，随时获取所需知识。

三体交汇，要素互联，知识指引，创新必成。当人类所有的知识能联接在一起形成大知识时，无论何人，在任何时间，从任何终端进入，都可找到关于任何事情的知识与信息，这对于创新来说起到了巨大的激发与诱导作用。

“互联网+” 引发知识跨界流动

朋友刚刚与家人用微信聊了一通，忽然发问我：“你说微信怎么就会流行起来了呢？”

“这个，我也说不好。反正现在用微信的人越来越多了。”

腾讯有了QQ为何还单独开发微信？这是腾讯洞察了公众的分享/传递知识的

需求，抓住了符合人性的沟通欲望，继承并超越了其他即时通信技术（包括 QQ）的优点，为公众提供了一款随时随地进行沟通、分享与制造快乐的软件产品。某种程度上说，微信已经再造了一个部分满足人类欲望的、具有多种复合功能的新型互联网。

互联网进入中国不过 20 来年，中间还经历了几次泡沫危机，但是，互联网依旧顽强地、不可阻挡地发展壮大了起来。这是因为互联网的发展有它基本的、强大的发展驱动力，即人的兴趣驱动和利益驱动，这是人类内生的、无法抗拒的驱动力。二者合一，形成价值驱动，并且以互联网 + 的诞生而将其价值推升到一个更高的阶段。“互联网 +”的高速发展，正在把人类带入一个崭新的数字化信息社会，继而带入智能社会。

“互联网 +”，怎么 +？

经典的互联网，是典型的同质联网结构，只是联接了无数的计算机终端，并没有联接其他物理设备。因此，我们要从两个方面来深入理解“互联网 +”：一是要与诸如传感器、致动器、RFID 芯片、手机、可穿戴设备等“数字化原住民”加起来，延伸互联网的“触角”，增强互联网功能化阵容，二是在此基础上，与各行各业的各种业务加起来，形成基于互联网的行业应用。

很多人对“互联网 +”的理解，只停留在了第二方面，忽略了第一方面，因此总是感觉找不到“互联网 +”的切入点或结合点。其实，**“互联网 +”就是一场数字化移民运动，在顺序上，一定要先“互联网 + 数字化原住民”，再“互联网 + 数字化移民”**。如此，“互联网 +”方可顺利落地。例如：优步等打车软件，首先是“互联网 + 手机”，然后才能对接出租车司机和乘客的信息需求。如果没有智能手机这个数字化原住民作为互联网 + 的第一步，是无法成功的。

互联网的三大关键作用

虽然互联网在技术上联的是电脑，但实际上是联接了电脑背后的人际关系网络，以及人所拥有的各种线上的信息资源网络、线下的物质资源网络。互联网的三大关键作用是：

- ▶ 信息互联：把人所需要发送和获取的信息，依托各种各样的应用程序，在任何时间、任何地点，送到任何一个需要这些信息的人。
- ▶ 资源整合：将人们闲置的、碎片化的空间、时间、劳动力、知识、思想、资本等各类资源汇聚起来，产生巨大的商业力量。
- ▶ 社会变革：当不同要素的各层网络全部互联互通时，整个社会趋于互联网化，极大地扩大了创新的社会总动员力量，增强了人对人造产品世界的控制能力，提高了人对环境的感知、保护能力，同时强化了中国所倡导的“人类命运共同体”的架构。

互联网的这三大作用，依次进阶，逐渐升级，相互穿透、融合与放大，充分体现了网络技术发展的层次性、系统性、应用性、复杂性和无限放大性。

从层次性和系统性来说，在网络的建设上，如果是几个局域网相加，则形成企业网或广域网；如果是不同的网络相加，则形成了互联网；如果是互联网技术与移动通信技术相加，形成了移动互联网；如果是移动互联网与服务器和硬盘相加，则形成了云存储和大数据中心。按照作者上一节提出的“网内有网，网外有网，网上有网”的观点，这种层次性和系统性是无限扩展的，可以随时形成“系统的系统，网络的网络”。

网络创新业态多样

基于互联网的任何同质、异质要素相加都会形成网络创新业态。

从应用性来说，互联网＋数字化移民，产生了很多的互联网应用，如互联网与搜索应用相加，形成了搜索引擎；互联网与信函相加，形成了电子邮件；互联网与社区相加，形成了 BBS；互联网与游戏相加，形成了网络游戏；互联网与电视相加，形成了 IPTV；互联网与营销相加，形成了电子商务；互联网与内容相加，形成了网页新闻或网络报纸；互联网与即时交流相加，形成了 QQ 和微信；互联网与提问和回答相加，形成了知乎网；互联网与威客模式相加，形成了猪八戒网；互联网与金融相加，形成了支付宝、蚂蚁金服、腾讯金融、京东金融、百信

银行 + 百安保险；等等。

从复杂性来说，互联网 + 数字化边民，促进了跨界，促进了不同专业乃至产业的融合，让创新变得更加容易。例如，互联网与医疗相加，形成了互联网远程诊断、治疗和康复；互联网与汽车相加，形成了车联网、互联网汽车和自动驾驶汽车等；互联网与教育相加，形成了微课、慕课、手机课堂和翻转课堂等；互联网与传统集市相加，形成了淘宝、京东、赶集网等；互联网与交通相加，形成了滴滴打车、优步和智能交通等；互联网与服装和配饰件相加，形成了智能服装和可穿戴设备等；互联网与物流相加，形成了互联网物流和智能物流等。

如果在更大的范畴上采用“互联网 +”策略的话，那么事情将变得更加复杂但令人鼓舞——互联网与工业相加，形成了两化融合和智能制造等——例如：互联网 + 设计和制造，可以让整个设计和制造的过程变得更加透明，如第一章中提到的透明工厂，客户可以通过互联网，参与产品生命周期中的所有环节，特别是设计和制造环节，客户不仅仅是客户，其角色也变成了产品设计者之一，质量监督者之一，过程见证者之一；互联网与农业相加，形成了互联网现代农业和绿色食品等；互联网与服务业相加，形成了互联网服务、数字化服务或务联网等；互联网与城市管理相加，形成了互联网“数字城管”和智慧城市等；互联网与经济相加，形成了互联网经济；互联网与所有可获得知识相加，形成了“中国大脑”；互联网与陆域、海域、空域、天域相加，形成了新的国家主权空间——赛博域或赛博空间；互联网与众创空间相加，形成全新的企业和业态；等等。

互联网 + 对于传统经济的放大能力几乎是无限的。一旦某个专业、某个行业、某个领域与互联网联接起来，把传统形式的业务形态嫁接、构建到互联网上，基于互联网对信息的 N 次传播与无限放大能力，将会释放出巨大的经济效益和社会效益。社会的各个行业、角落中，总是有很多闲置的、过剩的、碎片化的资源，由于信息不对称和传统体制的束缚而无法实现这些资源的社会化共享。没有共享的资源在社会的各个角落源沉积越多，社会的浪费就越大，社会管理的成本就越高。而当这些资源在互联网 + 的模式下以数字化的名义聚集后，当不合理的中间环节被数字化洪流荡平后，无论是从存量或是增量的放大效应来看，都会产生千倍、万倍甚至更多的放大与引爆效应，结出共享经济的丰硕果实，造福全社会的成员，强化人类命运共同体。

“互联网 +”已经从一种实现要素联接特别是知识联接的工具，逐渐演变成了一种跨界创新方法论。更进一步地，未来互联网依靠强大的互联能力，在洞穿并荡平了由物质能量网络、知识服务网络、人际关系网络、脑机意识网络等不同要素网络所形成的传统藩篱之后，互联网 + 有可能形成一种新的社会价值观，一种新的智能生存学，一种新的生产关系。或许，人类在三百年工业革命中所形成的对科技、现代工业文明的基本看法，都有可能被互联网在几十年内彻底改变。

伟大的发明　根本的变革

“30 年之后，还有企业、公司等单位吗？还有所谓的‘组织’吗？”朋友给我出了一个难题。

呵呵，问得好。好问题！

我的回答是：“未来可能会没有公司、单位了，但是还是会有组织。绝大部分是根据兴趣爱好而形成的松散型组织。”

因为在 30 年后，“你是哪个单位的？”可能是一个很无趣的、不招人待见的问题。

毫无疑问，互联网是 20 世纪人类伟大的顶级发明，其对世界原有体制、组织、秩序、技术的冲击是巨大的、根本性的、不可逆转的。

在伟大的顶级发明中诞生的新技术，会逐渐侵蚀和替代原有领域中的业务形态，并最终让老的技术和行业消失。例如，基于互联网的很多应用已经说明了这种趋势：电子邮件，让纸质信函邮件大量减少，因此邮差已经几近失业；电报现在已经成为了古董技术，基本上没有人用了；传真的使用量也在急剧下降，停用是早晚的事情；网店已经成为了新兴的行业，对实体店造成了巨大的冲击，销售额早已经超过了实体店很多倍；伴随网店兴起的是物流配送与快递行业。

根据现有统计，互联网已经对十多个产业产生了巨大的冲击，如大家熟知的新闻、出版、电视、电影、广告、零售、批发、制造、物流、宾馆、旅游、餐饮、通信、金融、保险、医疗、教育等领域。冲击还在持续深入和扩大中。各种形态的互联网产业已经在孕育和发端之中。

未来，恐怕受影响最大的是中国的制造业。众所周知，制造业强，则国家强，军事强，经济强。互联网将会给中国的工业界带来前所未有的冲击波，互联网＋传统制造，正在逐渐走向智能制造。再过20年，或许制造业将是如下场景。

分散的工作方式

从第一次工业革命所形成的人员、设备的集中生产方式，将变成设备集成而人员分散的生产方式，即工人的工作地点、操作设备与工厂或车间完全分离，工人可以在任意地点、任意时间实现对设备的操作——例如，在庭院里，在沙滩上，通过手持终端设备，对车间内的设备的生产情况随时进行查看、监控和调整。员工基本上不用去工厂。当这样的工作形式出现后，很多城市病都将得到治理：大部分人不需要乘车上下班，所谓的交通高峰期彻底消失，房价也没有了地理优势的差异，人们也不需要自己购买汽车，等等。

自治的系统管理

在“机器引导机器”的理念下，车间里所有的生产设备和待加工或组装的产品，都可以相互感知和识别。生产设备可以告诉产品我是哪条生产线，适宜生产什么产品；产品可以告诉生产设备我是什么产品，由哪个供应商生产，适宜采用哪套生产工艺来装配，并将与哪些零部件组装在一起。当生产节拍发生问题时，生产设备和产品都会彼此协调，做出最恰当的决策，自适应地调节生产节拍，达成最佳的生产过程。

主动的维保模式

因为关键的数据和信息都可以提前预知，并且能获得最佳对策，因此所有的设备和产品维保都是智能的。一台设备在正常工作中，可以通过终端设备提前告知设备的主人：主轴轴承即将到维修时间，推荐的维修方案是 ×××，在 24 小时后可以开始执行这个方案，如果该方案不奏效的话，我的生产厂商有妥善的置换方案，需要置换的话，点击“是”按钮即可，生产厂商马上会派人上门解决全部问题——事实上，即使该设备主人没有点击“是”的菜单，生产厂商也会主动询问，因为他们拥有所有的设备运行数据，并且在几公里的范围内就有备件，这些零部件根据附近的设备的运行情况，用无人驾驶汽车提前运到了备件库。

安全的交通物流

在公路和车市道路上，交通事故已经基本上销声匿迹。因为所有行驶的车辆都安装有智能驾驶系统和无人驾驶系统，驾驶车辆已经不再是必需的技能，而变成了乘客的一种乐趣选项，因为车辆并不一定需要人来驾驶。在智能驾驶系统的支持下，所有的驾驶行为都是最恰当的，行驶路线都是优化的。物流服务可以在合适的时间、合适的地点，把正确的产品，送给最需要的客户。

模糊的组织边界

互联网带来的最大改变，是冲击了原有的企业组织秩序。早期工业革命时期的机器很笨重，毫无智能可言。而且，改造机器特别困难，面对是投巨资研发让机器变得更智能，还是让工人用自己的智能去适应笨重机器的操作，资本家一定会毫不犹豫地选择后者。因此三百年来，企业必定以大规模的组织形式存在。而今天，对改动一台设备的功能已经变成了只是换个软件，甚至只是修改几段软件代码，而且这种修改可在任何时空随时进行。因此，人员在某个场所的聚集已经不再重要，组织与生产的关系已经不再密切，构建和维持大规模严密组织的必要性逐渐降低，组织的边界正在逐渐模糊或消失，依附于组织的大多事物都将被逐渐瓦解，既有的生产关系发生革命。尽管这个过程可能很缓慢，但是这是全社会范围的，不可逆转的，每天发生的。

人员更加分散，交互更加频繁，从属取决于兴趣。生产力特别是生产关系的根本变革，源自互联创新。异质要素互联，既是实现创新的形式，也是走向智能的路径。

物质世界中的要素联接正在所有的领域内和领域之间发生。“互联网＋”，为三体互联打开了方便之门，为异质要素跨界融合实现创新、走向智能树立了可操作的模式与样本。互联网＋正推动智能社会大步向我们走来。

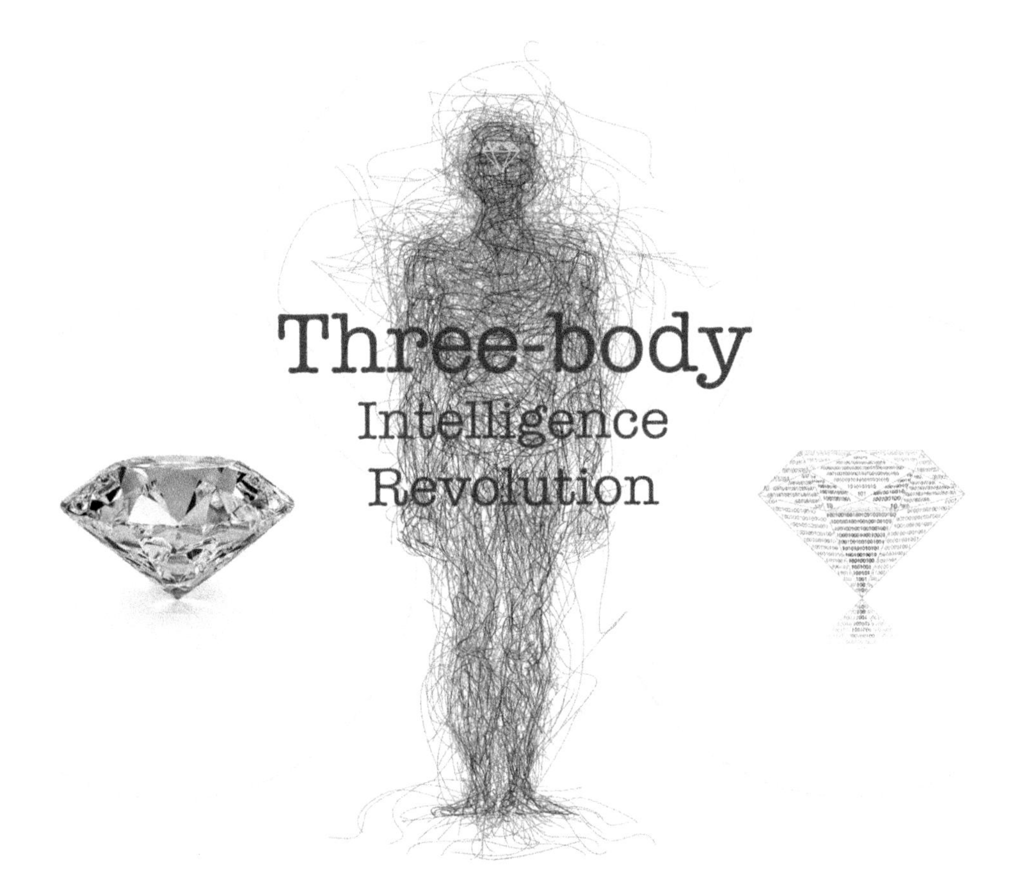
Three-body
Intelligence
Revolution

Chapter 8

第八章　设计未来

设计并不仅仅是产品看起来或感觉起来是什么样子，设计更重要的是产品如何运作。（Design is not just what it looks like and feels like. Design is how it works.）

——乔布斯

展望未来我们即将置身的世界，最令人着迷的是，假如数字世界的人造智能可以为我们设计世界的样子，会有什么样不同的选择？哪怕只设计一天。

——本书作者

智能为谁服务?毋庸置疑，是为人。如果说正在到来的智能生活是一座全新的殿宇，那么这座殿宇的设计师无疑将具有顶级的智能。他不仅要了解每一位生活其间用户的不同需求与喜好，通晓建筑风格如何与周边环境相得益彰，还要懂得什么样的建筑格局、什么样的浏览与活动路线可以让人们对这座建筑心生惊叹、并甘之如饴。

关于未来我们需要怎样的智能?人们习惯于谈论的是各种智能技术，今天我们更愿意聊聊设计，聊聊设计与技术如何紧密地发生作用，才能将智能生活更好地呈现给世人。

设计师的故事：因为互联，所以智能

互联网多强 你就有多强

作为本书最年轻的一位作者，1998 年，本章笔者说服自己的父亲花了 1 万多元购买了一台联想天琴系列电脑。笔者迫不及待地插上电话线，伴随着速率只有 33.6K 的 Modem（调制解调器）发出的滴滴答答拨号声音，以资费 10 元/小时的上网费用，连接成功！ 打开 Windows98 系统自带的 IE 浏览器，在地址栏敲入 www.yahoo.com，千万公里外的网站如同魔术般呈现在眼前，一切都是那么不可思议，就这样，笔者平生第一次登陆互联网。从此，认识与连接世界的方式发生改变，那时笔者读初二。

20 世纪 90 年代末，了解与学习互联网知识的渠道非常有限，面对昂贵的上网费用与为数不多的中文网站，传统的图书、杂志、报纸成为学习运用互联网的好方式。兴趣使然，每周一期的《电脑报》坚持购买了 5 年，摞起来估计都有一人高了。作为互联网的新移民，首先学会使用搜索引擎，在浩瀚的互联网大海中搜寻出自己想要的内容，教给爸爸怎样找到最新股票资讯，教给妈妈如何搜索日常菜谱。智能化的搜索引擎，让效率事半功倍，比如关键词与空格、加减号的搭配，让全家都能轻松遨游互联网获取知识。然后学会怎样注册一个电子邮箱，这如同在互联网世界里拥有了私人信箱，可以与全球任何一个地方的人进行通信，还可以订阅资讯信息。之后又学会了申请 ICQ（即时通讯软件先驱，QQ 的效仿对象），用蹩脚的英语与地球另一端的好友即时聊天，还学会了使用“网络蚂蚁”等下载软件，来提高下载速率，以及如何把《三角洲特种部队》这款游戏接入全球服务器，与天南海北从未谋面的战友们一起并肩杀敌！ 当然，每月400多元的上网费用也是没少挨老爸揍。

曾几何时，互联网成为中小学老师眼中的“洪水猛兽”，沉迷网络成为社会中的热门话题，被看作影响学习成绩的主要因素。同时也有了解互联网的老师开始使用互联网与同学进行课堂外的互动交流，让大家通过互联网去搜索学习课外知识。同学们都纷纷申请了QQ号，上网聊天成为时尚潮流，游戏成为普及互联网的又一生力军，大多数80后、90后接触互联网是从玩网游开始的。2001年的时候，笔者通过易趣网（ebay）竞拍了一款容量仅为32M的MP3播放器，首次体验网络购物。世纪交替时，智能互联网的大潮已汹涌奔腾而来，无法阻挡，人们的生活方式也正在慢慢发生改变。

出于对艺术的感悟与制造美好事物的浓厚兴趣，笔者考入了山东工艺美术学院，主修工业设计。在中学阶段打下了良好的计算机与互联网应用知识，自然而然地成为了大学同学眼中的“电脑高手”。大学生永远是科技新潮的追随者，那时预装有Symbian系统的诺基亚智能手机可是风靡校园，智能手机如同电脑一样下载各种软件，听歌、手机QQ、玩游戏、看电子书，真是无所不能。此类手机还可以用蓝牙联网玩游戏，同学们讨论最多的是又有什么Symbian系统的新游戏出来了。我也没有经受住诱惑，拿着在电脑城打工赚来的工资，买了平生第一部智能手机——诺基亚N-GAGE。这如同把一部连接世界的终端装入了口袋里，那感觉真是好极了！

工业设计是一门不断升温的综合性学科，直观理解是解决产品美观与易用性的问题，包含了艺术、机械、营销、心理学等诸多学科的内容。作为未来的设计师，笔者很早就意识到，设计师未来的技能不仅仅是会画画会做结构分析，绝大多数能力都需要与电脑和互联网紧密相连。笔者通过搜索引擎找到工业设计国内外专业的网站与社区论坛，了解到工业设计的发展趋势并收集了大量前沿设计资料，还自学了Rhino、 Pro/E等智能化计算机辅助设计软件，成为伴随一生的工作技能。更重要的是通过互联网结识了国内外众多工业设计从业人士、专业学生。大三暑假就通过互联网找到了在上海的工业设计实习工作。工作中的领导，也是通过工业设计专业论坛中认识的。

在互联网大潮推动下，笔者有意无意间将意识空间与数字空间快速接轨，为自己本来就高度活跃的大脑插上了数字化翅膀，在青春期慢慢张开的智能一发不可收拾，从此梦想跨越时空，天地任我驰骋。

“我是谁？你看不见我”

通过本书一位作者成为设计师的经历，人们不难看出，未来的智能工作者必然要将自己的能力与互联网全面相连。事实上，另一个完全相反的过程同时也在发生。我们每个人的信息都正在被各种智能系统大规模采集，这些系统会自动搜寻人们在互联网上的行为痕迹，根据关键字和不同的算法模型分析出人们的喜好、年龄、身高、体重、婚否、健康状况、喜欢的女孩类型等信息，甚至是潜意识。这就意味着，数字空间里正在建立起与每一个消费者不同侧面相对应的数字模型。这些模型，就是“三体智能”反复提及的数体的雏形。

这些模型的出现，让以下的智能应用变为现实。当你与太太用不同的电脑同时打开同一网站，映入你眼帘的为蓝色基调的网页风格，网页内容大多是汽车、创意、金融等你感兴趣的内容。而你太太看到的是浅粉色主题的网页，网页内容则更多是美容、时尚、旅游类。家里的智能空调，会根据你的位置信息，在临近到家的时候提前自动开启，而且温度是你最喜欢的。

换句话说，我们每一个个体都将部分或全部“移民”到互联网世界，数字空间将出现无数数字化的“我”，互联网将更加“懂我”，与互联网相连接的产品也将更加“懂我”。

“我是谁？你看不见我。”——这是国内某知名 IT 企业的广告语。今天以及未来，无论是工作还是生活，我们将会被智能化设备、智能系统、智能物品包裹着。智能手机已经完全融入了生活中，成为我们日常生活的枢纽。不只是手机，未来人们的生活中身体上的传感设备也将成倍地增加。传感器，摄像头，输入设备，它们会按照特定的功能在我们身体的特定位置发挥作用，侦听我们的反应，并根据我们的反应来发出不同的回应；同时，这些传感器也会根据我们周边环境的改变，做出相应的回应。而手机屏幕小的弊端也会因为更多大型显示设备和投影仪等设备的普及被解决，因此更多清晰和精彩的内容会展现在我们眼前。伴随着更多的大型显示设备的普及，全新的、更多的交互操作方式——触摸操作、手势操作、声音操作将会层出不穷，通过这些交互手段的不断使用，这些数据将被记录下来，我们在做什么，我们在哪里都可以根据数据进行预测，这将在很大程度上改变人们的生活消费习惯。

与此同时，汽车的未来将“失控”，它正在向着智能化、自动化迈进：自动泊车、自动巡航模式下的自动监测周边车速、甚至自动控制行驶方向。与人身的智能监测传感器异曲同工的是，车辆自身的传感器加上人工智能的发展，车辆将像人一样，更具有自我意识。互联网——这一让我们连接彼此、探索世界的渠道，是否会成为我们新的驾照？也许汽车未来并不再是它曾经的样子，现在它是从A处到B处的一种自由形式，与智能手机所象征的自由形式也不尽相同。汽车的自动驾驶技术也在飞速发展，谷歌的创始人谢尔盖·布林称，到2017年，“谷歌的自动驾驶汽车将出现在每家人的车库中”。这听起来或许很难实现，但它并非虚幻。特斯拉品牌的新款Model 3汽车，已经从硬件上支持自动驾驶功能了。因此，越来越多的国际化传统汽车集团，例如宝马、通用汽车、沃尔沃、大众、梅赛德斯-奔驰、凯迪拉克都已经开始竞逐自动驾驶技术。伴随着日益成熟的技术和日趋完善的基础设施，自动化的脚步可能比预期的更快，智能化产品将无处不在。

设计的历程，产品智能之母

设计　意识人体高级智能

人脑意识空间的智慧，由“隐性智慧”与“显性智慧”组成。人类很多伟大的创新都来源于想象，让想象成为现实的方法就是设计。优秀的设计师都具有出色的手绘表达能力，用手进行绘制、记录、推理、交流设计方案，是最快的思维想象表达方式，也是从隐性智慧到显性智慧呈现的过程。

有研究者说，隐性智慧主要是指人类发现问题和定义问题从而设定工作框架的能力，由目的、知识、直觉能力、抽象能力、想象能力、灵感能力、顿悟能力和艺术创造能力所支持，具有很强的内隐性，因而不容易被确切理解，更难以在机器上进行模拟。“隐性智慧”能推断出相对模糊的信息，感受到细腻的情感。举个例子来说，一位经验丰富的设计师可以通过造型、颜色、肌理等信息大致推断出设计眼前这款产品的设计师的个人阅历、年龄段。也可以从某种生物体特征获取灵感，演变成为建筑形态。这种能力，是计算机难以企及的。

显性智慧主要是指人类在隐性智慧所设定工作框架内解决问题的能力，依赖于收集信息、生成知识、策略并转换为行动等能力的支持，具有较为明确的外显性，因而有可能被逐步理解并在机器上模拟出来。每天，我们都会创造惊人的信息量。我们创作诗歌、记录笔记、拍摄照片，在社交媒体上发布状态。传统编程式计算机已无法完全解读这些信息和数据，以新近推出的 IBM Watson 为代表的认知技术却在改变这一现状，这也让我们有机会战胜从前无法完成的挑战，克服曾经无法逾越的阻碍，例如在病症出现之前就确定病因，在潮流出现前就预测到它即将流行，在问题提出前就给出答案。业界通常把人类智慧中比较容易理解和比较可能在机器上模拟的“显性智慧”专门称为“人类智能”，一般意义的“人工智能”，通常被视为理解和模拟人类显性智慧的科学技术，而本书提出“人造智能”概念，通过三体智能的交互促进，将诞生接近人类隐性智慧的智能数体或智能物体。

感知你当前的状态，并为你启动服务，以当前的技术，显性智慧就能够做到。当你步入自家楼道，灯光自动开启，你会感觉到些许温暖。如果灯光还能根据你的心情变换出不同的颜色，你的心里会不会泛起一阵涟漪？具有声控或者红外感知功能的楼道灯早已不再稀奇，而“知你心意”“七彩迎宾”的楼道灯才是真正智能的灯具。从感知后启动，到理解后启动，这就是智能技术在小小灯具产品中的体现。显然，智能时代的设计师，若继续停留在传统的造型设计、功能设计层面就落伍了。

设计的演进 从质量到品质

19 世纪的“德国制造”曾经也是粗制滥造的代名词。为了使德国商品能够在国际市场上与英国抗衡，继而成为工业时代的领袖，1907 年，在政府的鼓励下，德国的企业家、艺术家和技术人员组成了全国性的组织——德意志制造同盟（Deutscher Werkbund），目的在提高工业制品质量以达到国际水平。同盟提倡艺术、工业、手工业相结合，主张标准化下的批量生产，让人们用上物美价廉的产品，并以此作为设计艺术的基本要求。德意志制造同盟的理论实践以及由此诞生的世界上第一所设计学院——包豪斯设计学院，为德国和世界的工业设计奠定了基础，更成为德国工业崛起与发展的永动机。现代工业设计由此诞生，一种结合心理学、营销学、美学与工程学的设计思维方式应运而生。如今以我们熟悉的西方形式发展和演变成与现代工业进化论平等的一门独立学科。自此以后，设计就与各种风格的工业以及多年来受艺术、建筑、工程和工业影响的时尚领域联系在一起。

在 20 世纪最后的几十年间，新产品的开发主要强调通过工程学和科技来提高，并迭代改进产品的可用性和可靠性。这也导致人们认为产品的质量和竞争力最能显示其性能和可靠性这种普遍观念的产生。消费者会理性和实效地根据“我到底需要什么？”来选择产品，厂家投资去开发一件产品则大部分根据客户的需求。公司透过强调产品的功能和性能来为产品做广告。人们将产品视为具备某种功能的科技产品一样，以最佳方式，准备完成既定任务。几乎只根据力量、速度和使用寿命这些测量功能的参数来进行质量检查。

生产厂家各方面的注意力——从管理到 R&D（研究与开发）、生产质量监控到市场与广告——都关注在产品的技术和功能质量上。以工程师为主体的研发部则努力为产品的可用性和可靠性提供最好的技术解决方案。生产部门寻找技术解决方案让生产更有效率，同时减少开销。设备资源充足的质量监控部门监测产品的功能和可靠性。 生产厂家几乎将所有注意力都集中在产品的硬件特性上——那些主要影响了产品功能和可靠性的特征，这些特征可以利用客观的测量工具来进行测量（如校准器、磅秤和容积式流量计）。那时，我们耳熟能详的索尼、松下、诺基亚等消费类电子品牌巨头可谓是风光无限，如图 8-1 所示。

图 8-1　曾经风光无限的诺基亚手机

例如，基于产品是根据其功能多少来鉴别档次这一点的理解，20 世纪 80、90 年代，消费类电子的厂家制造出带有无数功能和选项的录像机。厂家通过对录像机添加大量功能企图在市场领域进行竞争，完全忽视了大部分用户不知道该如何使用这些新增功能这一点。过多的选项会让用户感到混乱和挫败感，有时会直接导致他们完全放弃了这种产品。在这期间的工业设计也仅仅与产品的视觉外观和装饰效果这些方面有关。

在产品供给极为丰富的时代里，消费者不再满足于产品的功能与质量，开始寻求一种产品附加值。一件既迷人又富有创意的产品，不仅具备精良的外观设计、愉悦的使用过程，还能为用户提供积极的体验。而这些就是产品智能化的几乎全部方向。

完美的智能产品不可能像天上掉馅饼一样突然降临。在产品所需的底层技术逐步成熟的同时，即使你的公司笼络一大批才华横溢的设计师也很难设计出一件既能主导市场又能卖出高价的产品。那么企业家首先应当怎么样做呢？把智能化当作公司上上下下的一致目标，并嵌入到公司战略中去。在此前提下，再引入最了不起的设计智能。

设计师引领的智能产品时代

近几年来，我们目睹了一场真正的消费品世界革命，这次革命导致了品牌、设计和用户体验粉墨登场，技术和性能则置于次要地位。如果说在过去合格品对产品功能水平的要求极度重要的话，如今的市场需求正在发生变化。厂家明白虽然产品性能和可靠性在市场领域来说非常重要，但还远远不够，因为如今消费者期望产品在满足使用性和可靠性的同时，还能提供一种使用满足感和全面的用户体验。

设计的基本指导原则之一就是为了解决问题而设计，智能则是解决问题的好方法之一。在没有智能技术前，家中的防盗只能通过纯物理的方式解决，工业设计师通过前期的用户需求调研与分析，提出在防盗锁产品中加入了面部识别、指纹识别等技术，并可以通过互联网与小区物业、个人手机相连接，确保万无一失。然后技术部门根据功能设定再论证整体技术可行性、成本等。这样的研发过程让产品更贴近用户的实际需求，解决实际问题，让智能科技的应用有的放矢。智能让用户的体验感更加愉悦，“读”懂人心，“知人意”从而更好地“遂人愿”。

这些市场趋势为研发中的产品标准和厂家的市场观念带来了改变。用户成为厂家关注的焦点，工业设计则有了进一步的延伸——交互设计、用户体验设计、服务设计等，对产品的设计美学和装饰领域发展成了研发新产品的基础指导力量，而通过研究用户群，然后对产品的使用体验的设计将成为新产品成功与否的决定力量。工业设计从研发和生产领域迈向了公司顶层战略的层面。领头的公司学会了从设计中获取优势，如今设计占领了商业舞台中心，同样也变成基础工具，因为工业设计领域是产品特性和其用户体验所依赖的领域，美国苹果公司是最成功的例子。苹果公司设计的智能手表界面如图 8-2 所示。

如果过去的习惯做法是工业设计师为一件技术产品披上设计外衣，那么现在这种情况则正好相反，工程师必须修改他们的计划来顺应设计的要求。乔布斯说

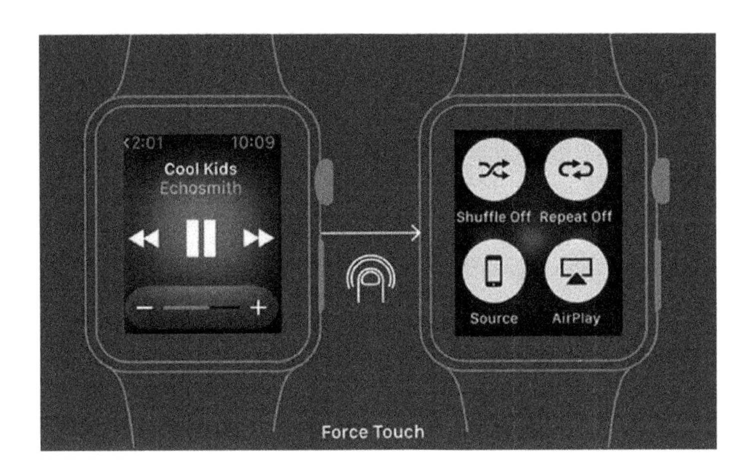

图 8-2　苹果公司设计的智能手表界面

过："Design is not just what it looks like and feels like. Design is how it works（设计不仅仅是它看起来或感觉起来是什么样子，设计是它怎么工作）。"如果要用互联网中的哪个职位来类比工业设计师，可能"产品经理"的角色比较相近。一位有着很多年工业设计经验的前辈说："工业设计是前期植根于产品策略、公司策略的东西，是唯一与市场、硬件、销售、成本、交付共生共存的东西。"他还指出，工业设计需要整合各种资源，推动硬件达到一个完美状态，必须对周边资源有清醒的认识以及拥有很高的话语权，每一个硬件巨头，比如苹果、小米、联想，都有设计师担任副总裁，这体现了从公司架构层面重视工业设计的重要性。

乔布斯是卓越的企业管理者（他讨厌"企业家"这个称谓），又是个伟大的工业设计师。1976 年，乔布斯创办苹果公司，这家在车库里孕育的公司在未来的 30 多年中创造了改变世界七大产业的世界奇迹；个人电脑、音乐、移动电话、动画电影、平板电脑、数字出版和连锁商店；iPod 改变了音乐产业、iPhone 改变了通信产业、iPad 改变了个人电脑产业及媒介。

用他自己的话说，"我并没有发明我用的语言和数学。我做的每一件事都有赖于我们人类的其他成员以及他们的贡献和成就。""用我们的专长去表达我们对前人所有贡献的感激，去为这股洪流加上一点儿什么。那就是推动我的力量。""那些疯狂到以为自己能够改变世界的人，才能真正改变世界（苹果广告）。”因此，对时间的珍惜和对自己残酷的要求，这种“疯狂”是他创新的源动力。

站在艺术与科技的交汇处整合各类资源。乔布斯没有直接发明很多东西(虽然他拥有200多项专利)，但是创造了这一切的是源于其将理念与艺术和科技融合在一起。他说：“我们笃信，是科技与人文的联姻才能让我们的心灵歌唱。”

因此，苹果对各类资源的整合是其最核心的优势，乔布斯将这种优势称为“深度合作”和“并行工程”，即将产品的生产过程同时进行，不再是像流水线一样一步一步地进行。乔布斯称：“我们的方针就是开发高度整合的产品，这也意味着我们的生产过程也必须是整合和协作完成的。”这种整合从不同层次做到一体化，十分可贵。

用户体验作为产品设计的起点和终点，是乔布斯一直非常重视的，所以其一直将简单作为其最根本的设计策略。他崇尚“至繁归于至简”，追求简洁而不忽视复杂性，追求完美，不忽视任何细节，要使“我们的产品看起来纯粹且浑然天成”“让人能直观感觉到它的简单易用”。可以说是工业设计催生了乔布斯和苹果，从而集中地展现了工业设计的诱人魔力。

设计智能三步进阶

工业设计是一个广泛和多样化的领域，是一个多元规律的领域——一方面与艺术世界相互联系，另一方面与工程世界相互联系。设计过程是复杂的、多维的和非线性的。在开发新产品的过程中，设计始于调研、明确目标和市场需求，止于生产和市场渗透。设计过程所需要的智能要与各种各样的领域联系起来，比如美学、经济学、材料选择、生产过程、用户体验和科技，以上只是其中的一小部分。只有同时关注产品软硬两方面属性的设计过程，才能生产出创新且富有吸引力、并具有高感知价值的产品——这种产品在获得高利润的同时又巩固了品牌形象，还拥有与市场对手相互竞争的能力。

设计是一个典型的意识人体的智能工作流，可以分出3大关键步骤。

感知信息阶段

信息阶段包括策略、市场目标、调研和产品描述（见图 8-3），其本身就包含了定义和表达产品的目标和需求（软硬两方面）。同样也与各种各样的使用者和市场有关。

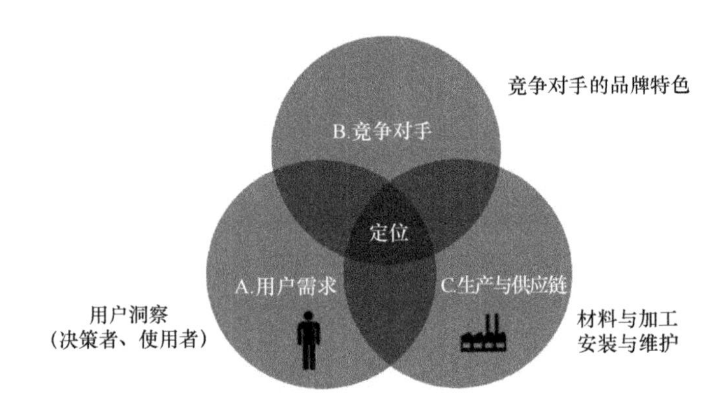

图 8-3　信息阶段包括策略、市场目标、调研和产品描述

在信息阶段的目标是：洞察客户、获得信息、产生见解并尽可能精确地描绘产品特性和刻画用户轮廓，使其吸引到市场部门为其定位的目标市场。在决定设计策略时，信息阶段也许是设计过程中最重要的阶段。如果对市场和对客户需求等信息了解不深刻，而是靠企业家拍脑袋自己决定，然后强行加入消费者根本不需要的功能模块，很容易造成决策错误，而方向错误则全盘皆输。

为了在研发过程开始就准确表达出新产品的特性描述，在此之前必须做好产品综合调研、分类和目标市场的定位。调研包括定量研究和对现有信息材料做一次彻底检查，其中主要包括用户体验调查，该项调查研究的是不同参与者（顾客、用户、操作者、服务提供者等）和将产品置于多种场景内之间产生的互动。调研包括贯穿、提问和关于产品和竞争产品所做的物理实验。在策划产品描述的准备过程中，用户体验调查在总结意见方面具有非常重要的价值。厂家拥有大量关于自身产品以及市场的定性统计资料（数量、价格、趋势等），但却甚少知道各种使用人群的用户体验。左撇子和右撇子的用户是否存在不同？产品的外观适合女士还是男士？消费者是否知道该如何正确使用产品？当用户遇到问题时他们会做何种反应？产品过了有效期该如何处理？在信息阶段必须要回答诸如此类或者更多的问题——问题必须转化为产品特征描述的信息点，这些信息点会通过重要的方式影响用户体验，如图 8-4 所示。

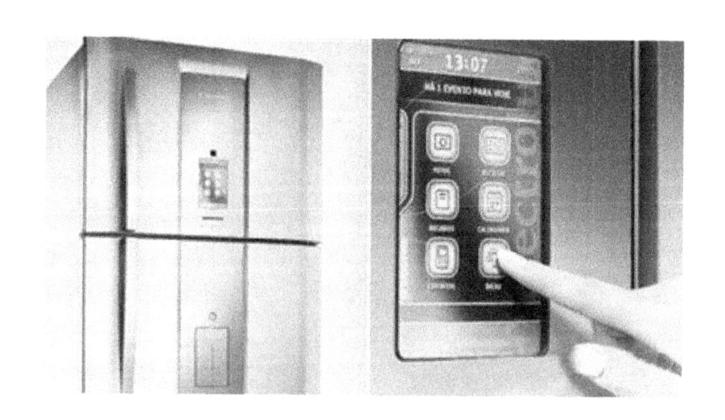

图 8-4 用户体验决定了产品销路

当今互联网高度普及，前期信息收集与用户体验调研的方式也发生了巨大改变，有价值的关键信息散落在互联网的海量大数据中，设计师需要善于使用智能搜索引擎以及收集 B2C 网站中的信息（如竞品信息、成交数量、成交额、客户评价等）来进行综合判断，当然，智能化的软件工具也将起到事半功倍的作用。在如今世界市场和经济价值越来越大的情况下，大部分厂家知道该如何描述产品的硬属性，但很难精确描述其软属性。所以，工业设计师在信息阶段做出的贡献对产品的市场成功尤为重要。

新知建模阶段

每一个设计作品都是新的认知模式或者新的知识创造的成果。这一成果凝聚了设计师对同类作品的消化、吸收与扬弃，也或多或少体现了对产品的功能、材料、形式、色彩等方面全新的理解。最重要的是，设计师能够解释为什么要这么去理解，为什么要这样去做。这就是乔布斯所谓的“HOW IT WORKS（它怎么工作）”。在这个阶段，产品设计师会通过画草图、渲染和模拟的方式将产品描述从文本转化成可视的效果图。与工程师通力合作，确定产品的结构与生产工艺，继而加工成型。当灵感成型，创意变成产品时，设计的魔法就完成了（见图8-5）。这一阶段的主要挑战是，设计出的产品要能够满足产品描述中提到的所有要求，同时要让用户产生一种难以捉摸的兴奋感。这就对工业设计师的经验与天赋提出了非常高的要求。

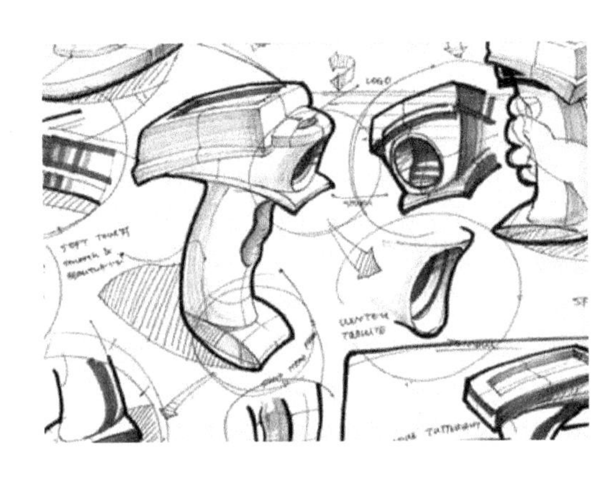

图 8-5　产生阶段的草图和渲染

大部分的工作，包括该领域的专业人士，认为设计师主要负责设计的产生阶段。他们的印象是设计师仅受限于绘制漂亮的草图、构建模型和规划产品；他们还未察觉到在近几年，工业设计的眼界已经逐渐扩大，已超出产品生产范围。设计和设计师们如今作为知识生产者为产品的信息、测试和评估阶段做出巨大贡献。未来，人人都将成为设计师，我们通过动作捕捉技术与 VR 技术相结合，在空气中如捏泥人一般，把期望的设计在虚拟空间中“捏”出来，并可以 3D 打印出实物。智能更是让人类这种高级造物者如鱼得水。

评估修正阶段

在这个阶段，设计师会对设计结果进行评估并对未来发展方向提出看法。每个参与者将他或她的个人观点带入讨论，坦率地说出“我喜欢（不喜欢）”这个方案。在有效过程中，解决方法应该根据产品描述和目标市场用学术方法来评估。直觉拥有大量重要信息，且必须用于设计过程，但不能把直觉作为唯一工具。举个例子，10 个超过 50 岁的男人在会议室讨论一项完全不涉及他们范围的专门为女孩设计的产品，这群男人的直觉又会准确到哪里呢？同样，我们也可以利用互联网思维去解决这些问题，近年来流行的产品众筹模式就是显著代表，产品开发者把还未量产的产品公布在网上，消费者如果喜欢，可以支付定金并提出个人想法与建议，产品开发者会根据众多反馈意见进行不断的设计优化，直至成品的交付。

这三个设计阶段的工作流程存在显著性差异，众多事实表明第一个阶段供应信息给第二个阶段，第三个阶段反过来测试和评估前面两个阶段的结构。第一阶段是“问题”阶段，在这个阶段调查者努力理解和定义产品需要的内容。第二阶段是“解决”阶段，这个阶段会提出解决问题的意见。第三阶段是“评估”阶段。第一阶段既封闭又开放式——其中有些信息是静止不变的，有些则是在后来的过程中更新的；第二阶段是开放式；第三阶段是封闭式。从信息阶段转向产生和生产阶段之间的过程，从哲学上讲，是精神和物质、计划与实现、问题与解决方式奇妙的连接，是造物的艺术。

近 30 年来，设计已经成为工业领域和世界经济最强的经济增长点之一。设计经历过一次由执行工具向市场和策略工具的转变。一家渴望成为行业领袖并希望从令人虚脱的价格战中解脱出来的公司必须接受这个事实。好的技术和有效产品不再像从前一样会持续停留在市场中。公司为了用比其他竞争对手更好更吸引人的产品来引导市场，必须将投资用在创新和设计领域。设计必将成为公司世界观和策略的主要部分，而不只是单纯地在研发部中充当执行工具的角色。设计好看的产品还远远不够，必须要与目标市场的期望绝对吻合，甚至给他们一个超出想象的新功能新体验的惊喜。毫无疑问，投资在设计这方面是最明智且合理的，研发新产品的厂家都必须做这方面的投资。

只有商业上的成功才能成就设计的成功，没有单纯设计的成功，一个工业设计师必须要像一个商人那样去思考。能画出完美 CAD 图纸的人很多，但能做出好产品的却寥寥无几，要么是因为设计师本身眼界和思维不够，要么是设计师没有足够的话语权，有非常好的设计方案和认知能力，但执行不下去，最后仍然沦落成一名“美工”的角色。说不清是缺乏商业思维的工业设计师这个问题严重，还是业内缺乏对工业设计的正确认知这个问题更严重。培养设计师的商业思维与培养企业的设计思维同等重要。

智能为研发插上翅膀

本章笔者职业生涯的第一份工作是在外贸型餐具制造企业中做产品设计师，产品主要外销欧美，呈现在消费者面前的精致餐具都是经过工厂一步步基础制造工艺加工而成的。但制造企业层出不穷的工伤让他非常揪心。

比如冲床的操作工，由于冲压过程中的动作重复、单调，容易思想不集中，就有可能造成上下料的手与脚踏启动的配合失误，发生工伤事故。由于我国工业自动化还未全面普及，多数机器仍然是由人手工操作，长期以来，企业通过加强安全生产教育，加大巡视管理等手段来解决，效果并不明显。而作者考察发现，冲床可以加装人体感应保护装置，当工人的手误入危险区时，该装置能够输出信号，使压力设备不能启动或停止运行，这让具有安全隐患的冲床被赋予了安全操作的智能，让它不再是“吃人老虎”。更进一步来说，当车间里的机械加工设备都安装了传感器和数字化设备，可将设备运行的数据读取和记录，并可把机械设备用赛博物理系统（CPS）进行联网，从而形成智能工厂的物理基础。装备运行数据的及时抓取，将对生产管理与决策带来极大的帮助，也正是未来工业4.0所倡导的方向。

智能化设计软件对于产品研发更是至关重要。塑料加工成型时都需要把塑料粉或者粒子熔融，然后经过挤出、注塑、吹塑、吹膜等环节加工成塑料制品。以前最让模具工程师头痛的就是塑料注塑流动性问题。流动性不好，成型大型、薄壁和复杂的塑件时会充填不满、缺料。流动性好，塑料熔体容易充模，能获得大型薄壁和复杂的塑件。但流动性太好，又会出现溢料、塑料物理力学性能差的现象。在没有智能化的设计辅助软件推出之前，模具设计师仅凭经验来确定塑料流动性，在试产的过程中将会有多次模具修改，也导致了从设计到生产的效率难以提高。直至美国某知名结构设计软件推出了注塑模流分析功能，专门用来对塑料制品进行注塑成型计算机模拟与智能分析，如图 8-6 所示。通过智能分析，可以直观看到现有设计在注塑成型中的各种缺陷，使设计人员能在模具设计的初始阶段发现问题、解决问题，并得到可靠、易于理解的加工反馈和信息建议，使模具设计得到完善和优化。重要的是，这为后续的实际生产提供了准确的科学验证，从而提高了生产效率与品质。

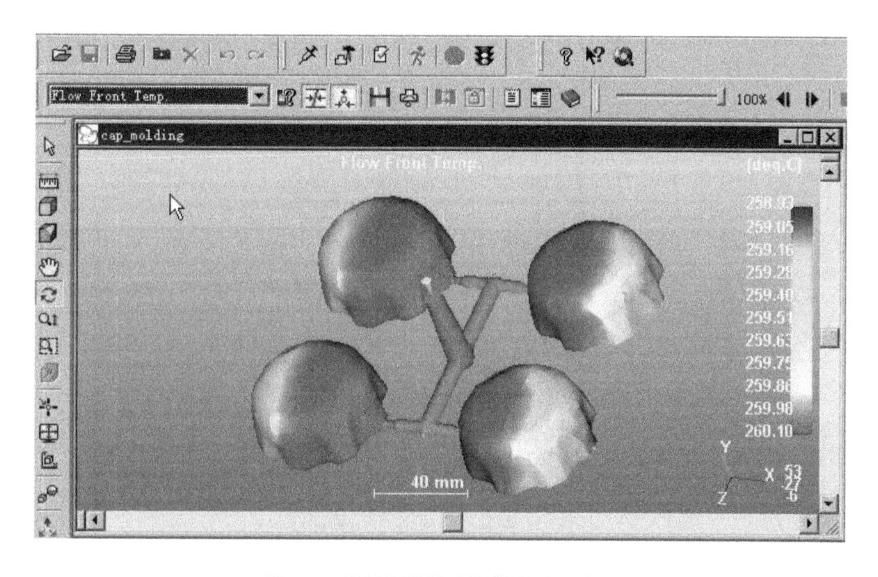

图 8-6　塑料制品的注塑模流分析功能

本章笔者在工作中接触了很多装备制造企业，在整体经济不景气的情况下，一些企业依然逆势而上，他们的共同特征就是将销售产品逐步转化为销售服务，也非常善于对自身产品的智能化进行研发与应用。最近作者与一家专注异味处理的环保设备企业合作开发应用在城市垃圾中转站的除臭设备系统。在设计之初的需求调研中，本章笔者发现全国各地因为气候原因，垃圾中转站的异味等级是不同的，比如华南地区全年平均气温较高，垃圾中转站即使在冬季，也依然散发刺鼻的异味，而北方城市的冬季，异味相对就弱很多。与此同时，分步在城市不同区域的垃圾中转站的异味类型也是不同的，因为所装载的垃圾类型不同，如社区、农贸市场、工业区等。这些问题都可以通过安装在设备里的传感器，进行智能化控制调节。同时，新产品的外观设计也需要符合现代审美标准。但通过深入市场分析，影响产品是否可以成功推向市场的关键不在于此。

设计制作完成后的除臭设备系统在某城市垃圾中转站进行试装，厂家发现了安装周期过长，成本过高的问题。全国各地的垃圾中转站的建筑形式各式各样，这对设备标准化生产与推广将产生较多阻力。企业非常需要制定一套标准化的安装施工方式，如同家用空调、太阳能热水器一样，可以在短时间内安装完成。我提出的一套解决方案就是通过工程设计软件的二次开发，定制一套适应于这款产品的软件。可以预先将各式的垃圾中转站建筑形式进行模板化，导入到定制的软件系统中。企业的客户部门可以根据各地环卫部门提供的垃圾中转站尺寸图微调模型模板，软件将自动识别模板信息，智能匹配除臭设备安装位置，输出安装零配件加工图样。同时把《设备安装规范作业指导书》编著清晰，这样就可以在工厂内预先加工后再到现场施工，此举将会大大缩短安装周期，用智能的研发生产方式为企业创造实际效益。

设计的巅峰　引领体验经济

第四类经济时代的到来

伴随智能计算机系统的发展，很多看似距离我们生活很遥远的东西正跟我们的生活联系起来。

作为农业经济、工业经济和服务经济阶段之后的第四个经济类型——体验经济，可以称之为服务经济的延伸。

“体验”一词指“通过实践认识周围事物，亲身经历”。亚里士多德认为体验是感觉记忆，是由于许多次同样的记忆在一起形成的经验，即为体验。

体验经济的到来有其特定的原因。过去，只有王公贵族、富商大贾才能在生活的方方面面注重周围物品的细节，享受招之即来、挥之即去的高度便利。而随着技术的进步，可以让普通人无须付出高昂的代价，就能获得更加舒适的体验。比如一些电商网站已经打出 VR 虚拟现实购物的旗号，足不出户，可以试穿内衣。手势一挥，可以更换家具陈设。体验经济的产生，使看得见摸不着的设计变成可触可视甚至可感受的设计，花钱买感觉成为一种可能。体验是创造难忘的经验，生活条件的富足让想象变为可能。

体验经济的故事可以回溯很久。有这样一个故事，“20世纪60年代，丽贝卡的妈妈过生日时，丽贝卡的奶奶亲手烤制生日蛋糕，她购买价值0.1～0.2美元的蛋糕制作原料。20世纪80年代，丽贝卡过生日时，妈妈打电话给超市或当地的面包房订生日蛋糕，这种定制服务将花费10～20美元，而许多父母却认为定制蛋糕很便宜，毕竟这样做，他们可以集中精力于计划和举行画龙点睛的生日聚会。21世纪，丽贝卡的女儿过生日时，丽贝卡会把整个聚会交给‘迪士尼俱乐部’公司来举办。在一个叫纽邦德的旧式农场，丽贝卡的女儿和她的14个小朋友一起体验了旧式的农家生活。他们用水洗刷牛的身体，放羊、喂鸡，自己酿苹果酒，还要背着干柴爬过小山，穿过树林。丽贝卡为此付给公司一张146美元的支票。丽贝卡女儿的生日祝词上写着：‘生日最美妙的东西并非物品。’”

在产品经济（又称为农业经济）时代，产品的功能决定市场，世界处于对物质的极大需求时期，产品处于短缺期，是物质满足生活需求的时代，对消费者来说产品必须实用耐用。商品经济（又称为工业经济）时代，产品的形态美观决定市场，随着工业化的不断加强，商品不断丰富，当所有商品都能满足人们的生活需求的时候，人们开始要求工业产品形态美观，所以这个时期的产品设计是形式与功能相结合的时代。在服务经济（从商品经济分离出来）时代，是以人为本、以服务人们生活为宗旨的时代，人们对个性化和生活质量的要求越来越高，这个时期的商品越来越便宜，而服务越来越贵。设计解决的不仅仅是产品美观，更是对整个服务流程进行再优化再设计。在体验经济（从服务经济中分离出来）下，是要求用户与产品交流的时代，人们的精神感受和心理感受在设计中起到主导作用，追求顾客的满足程度，重视消费者使用过程中的自我体验感受是设计的核心方向。

体验经济在日常生活中的例子可谓俯拾皆是，比如我们所熟知的虚拟现实VR技术，早在1996年，加利福尼亚的某公司就已经建成实验中心，在这个中心，人们可以和虚拟产品进行实时互动，而现在的VR技术更是一日千里，比如电子娱乐产业在多重感知（Multi-Sensory）方面的拓展。如今的玩家早已不再满足于键盘加鼠标式的原始体验了，VR 头盔、DTS 立体声定位等无疑使视觉与听觉感受更上一层楼，然而越来越多的游戏正在朝其他感知领域迈进。诸如力觉感知、触觉感知、运动感知，甚至味觉感知和嗅觉感知等都将在不久的将来成为游戏的佐料。力回馈手柄和方向盘玩家都已十分熟悉，而在一些街机筐体游戏如《微软高尔夫锦标赛》中，玩家挥动手中实实在在的球杆，游戏中那只虚拟的球就会按你击杆的角度和力度综合其他因素飞入空中，这类游戏更是综合了触觉、运动与力觉感知而尽显 VR 神韵。不久的将来，玩家会面对更先进的 VR 设备，如数据手套可以将你手指的动作信息通过光电转换为计算机所识别处理的数据，而数据衣更是能对人体 50 多个关节的信息进行处理，头部再戴上 VR 眼镜，那时候再玩《古墓丽影》之类的动作游戏，可谓是身临其境，惊险刺激，这将会大大地改变数字娱乐业的版图。

交互式设计让体验更美

“交互”一词源于英文“Interaction”和“Interactive”，意为相互作用和交互感应。随着计算机信息技术、数字媒体的发展，“交互”泛指人与自然界一切事物的信息交流过程，表示二者之间的相互作用后给人感官或心理上产生的情感感受的过程。交互设计涵盖了物质设计与非物质设计两方面，也就是硬件与软件，交流与服务。美国著名认知心理学家唐纳德·诺曼认为“交互设计是界面设计从设计的本能层上升到行为层乃至反思层的飞跃”。交互设计的多学科交叉的特点，决定了关注的不仅是实体产品本身，而且也重视情感化的交流与服务。

交互设计产生于 20 世纪 80 年代，它是由 IDEO 的创始人比尔·莫格里奇在 1984 年的一次设计会议上提出的。交互设计的要素是人、物和环境，交互设计就是这三者之间所产生的联系和行为。传统的设计学科主要关注的可能是形式、内容和内涵，而交互设计则是规划和描述行为方式，注重一系列行动的反馈，直到完成一件事情为止，交互的过程才终结。它是解释动作，而非产品。交互设计中包含传统设计，借鉴了可用性以及工程学科的理论和技术，它具有特殊的实践和方法，有传统设计的部分却又不同于传统设计。互联网行业在交互设计方面的发展非常迅速，我们生活中有很多交互设计的行为。比如说人与人的相遇，看似一秒钟面部的沟通，其实可以看作人与人交互的一种形式。我们使用的触屏类的手机交互比按键手机有意思，我们和手机互动，通过屏幕可以知道要找什么东西，按照上面的指示可以一步一步操作和反馈最后完成命令，得到最终想要的。在21世纪初，诺基亚的塞班系统手机操作界面简洁，任务单比较流畅和直观。但是今天的苹果和安卓系统，无论界面还是操作步骤都明显比塞班系统好很多，而且还有千万种可以运行的手机App，满足不同年龄、国籍、职业用户的需求，苹果与安卓系统占据主流的现象也不足为奇了，好的用户交互式体验总会带来大批的簇拥者。

交互理念可以描述不同类型的设计，它可能是方法和灵感，可以对不同类型的任务做一对一的反应。比如在人机交互过程中，人总是处于主动的地位，机器则是被动的，但是就目前来讲，智能机器的出现开始使它自身变得主动起来。交互理念的重要性在于使设计从传统的设计物转变为设计行为。设计不再只是告诉消费者这是什么，而是从人的心理情感及接受度出发，关注对行动和动作的设计，更多地考虑人和环境的关系。

交互理念使设计更理性、合理，体现人文关怀。现代设计中很多具有针对性的设计方向已经体现出人文关怀的气息，比如老年设计、残障设计等一些特殊设计。比如我们常用的聊天交友软件QQ，除了给正常人带来很好的用户体验之外，给特殊人群，比如中老年人、盲人、自闭症儿童，他们如何使用，如何给他们带来很好的体验？现在很多盲人通过互联网增加与外界的联系，获取信息和知识。盲人在上网的时候可以没有显示器，比如使用QQ，通过读屏软件传达和反馈信息，互联网给了他们从未有过的体验和快乐。这就是设计师通过关注这一部分人的需求来帮助他们实现想法和表达的权利。在这种时代背景之下，关注交互，关注体验成为设计领域所关注的重要组成部分，设计的创新就是设计思维的创新，设计思维的改变才能促发新的创意的产生。

同样地，另一个恰到好处地诠释出体验经济妙处的案例当属交互式娱乐了。无论是电脑游戏、还是交互式电影，它们区别于传统艺术形态的最根本特质在于它的交互性。电脑游戏，归根到底是人机交互，游戏网络化其实质也就是以计算机网络为媒介的人人交互。交互性之于娱乐而言并非一个具体要素，而是全方位地贯穿于娱乐整个过程，达到真实与虚幻水乳交融的至高体验。虚拟商业、交互式的网站、交互式娱乐、3DCG 的电影、虚拟现实在更为强大的加工能力的需求感召下不断发展，更为投入的体验牵动着消费者对于商品和服务的需求。

交互性已经成为数字交互产品的重要特性之一。数字交互产品最为突出的特性就是在现代信息社会中的人机相互作用与影响，人们在互动的使用过程中得到信息的反馈，情感的交流，从而满足功能使用与情感体验。数字交互产品的交互性可以看作一种如何让产品更加易用，让用户使用更加愉悦的特性，通过对产品界面和行为进行交互设计，让产品和使用者之间建立有机的联系，从而有效地达到使用目的。2010 年 10 月微软推出的 Kinect 是体感产品周边外设的正式名称，它通过 3D 摄影机即时的动态捕捉、影像识别等功能让玩家使用肢体控制游戏，并使得其可以与互联网玩家进行互动、分享等功能。Kinect 这款数字交互产品集中体现了当前交互技术的一些发展成果，交互性在这款产品里得到了很好的体现，它突破了简单的人机交互，而是使交互性有了一定的智能化和实景化的使用感，使交互性在操作使用过程中得到了更大限度的发挥，手势交互更加贴近用户本身，在增加自身体验感的同时，交互的空间感也得到了极大的扩展。近两年兴起的 VR 沉浸式虚拟现实设备（见图 8-7），更是将交互性发挥到极致，VR 游戏由于其硬件的特殊性，可以产生如同置身真实世界的沉浸感，因此所构思的任何世界都可以通过 VR 游戏真实地展现在玩家面前。此外体感外设、跑步机等设备也能够帮助玩家更直观地和游戏世界交互。玩家不但可以看见，还能够用直观的肢体动作与虚拟世界中的各个元素进行互动。HTC Vive、Oculus Rift 和索尼 PS VR 并成为现阶段最好的三个 VR 产品。

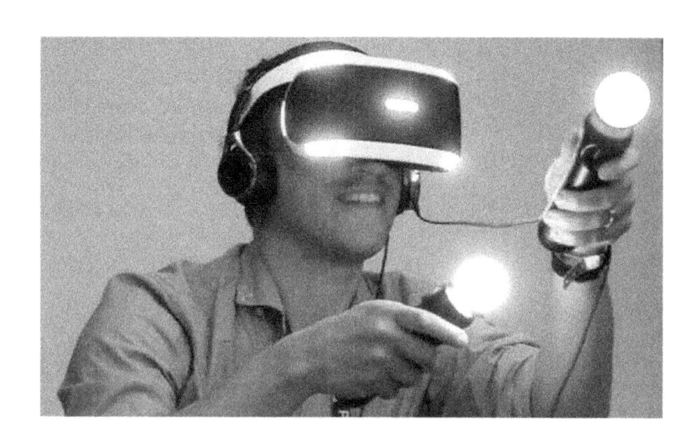

图 8-7　VR 沉浸式虚拟现实设备

定制式设计迎合个性需求

体验经济呼唤制造商们将他们的商品体验化，个性化定制堪称是一种积极的促进这一过程的捷径。我们知道，无论对于产品还是服务来说，互联网都是迄今为止人类所知的商品化的最大推动力量。在消费者日益觉得时间的可贵、商务活动日益受效率困扰的当今世界中，互联网逐步将产品及服务的交易，转变成为一种虚拟现实的运作方式。大量不断涌现的新公司基于互联网并正在将消费者与企业和企业间的业务逐步推向商品化。在体验经济推动下，今后的企业——我们称为一个体验策划者——将不再仅仅提供商品或服务，而是提供最终的体验，它充满了感性的力量，给顾客留下难忘的愉悦记忆。因为个人化作为体验本质的特点，所以当体验者在使用虚拟现实设备时，设备所反馈的信息使其情绪、体力乃至精神都达到一定量的水平时，即可产生一种美好的虚拟体验。同时，因为人与人之间的不同，导致没有人能达到同样的体验经历。

由此不难看出，个性化定制必然是下一阶段公司业务变革的核心要件之一。这里又牵涉到前阶段随着工业 4.0 热潮而热起来的“个性化经济” 这个概念。所谓“个性化经济”，就其最根本的含义而言，是根据我们每个人的世界观(观念体系)而开发出来的经济行为的总体。社会越是发达，生活越是丰裕，社会里面的个人的价值观念就越是凸现为个性的、特殊的、与众不同的。权威机构调研发现，很多

90后、00后年轻人认为适合自己的着装才是时尚，而不是盲目追求国际品牌，随着消费者成熟度的提升，消费观已经慢慢地由“别人有什么我也想有什么”转变为适合自己的才是最好的。

设计将是个性化经济中的主导力量，将贯穿从产品个性化模块设定到定制流程体验（如操作界面）的全过程。从本质上来看，个性化是相对的，消费者只不过是可以选择产品中预先设置好的模块，比如在著名运动品牌耐克推出的定制服务中，消费者可以自由选择定制篮球鞋的表面材质与颜色，还可以在鞋跟处定制绣上自己的名字（预先已设定好的字体），这一切的一切，都需要设计的助力。

根据美国心理学家马斯洛在20世纪50年代提出的需要层次学说，追求精神的满足和个人价值的实现是人们最为热衷的高级心理需要，这方面的需要是无限的，故此为我们新经济的发展开辟了无限的可能性。而体验经济所追求的最大特征就是消费和生产的“个性化”。从产品经济到服务经济，再到体验经济，这是一个必然的过程。因为客户要求服务质量的提高，导致服务业的要求被提高，即服务经济内部蕴含体验经济的萌芽，一旦互联网将成本降至最低，个性化定制时代将转化为大规模量身定制时代，这一切都在我们的眼皮底下发生着，问题的关键是谁能够抓住这一系列变革所带来的机遇。

设计的未来　数体时代的革命

无论是德国工业4.0、美国工业互联网，还是中国发布的“中国制造2025”与“互联网+行动计划”，对于企业界都意味着一个共同的趋势：制造业正在走向智能！对于《三体智能革命》而言，走入智能的首要，就是加速向数体空间移民，拥抱方兴未艾的数体智能。

尽管数体智能才刚刚起步，一个无远弗届的数字空间刚刚向人们展现她的曼妙。但工业各行业、各领域的聪明人已经开始抓住新兴的黑科技，转变产品模式和商业模式的设计，力图收获第一桶金。

增强现实改变设计模式

对于传统的工业设计而言，从产品企划到确定设计方案这个阶段，工业设计师要不断地对其设计方案进行修改，设计师要不断地绘制草图和效果图，以便与客户进行交流改进，达到客户需求，其过程是极其烦琐的。但是随着增强现实技术的发展，这些烦琐的过程可以有效地得到减少，也会更多地节省设计师的时间，极大提高设计师的工作效率。

2014 年，位于旧金山的增强现实开发者——Daqri 公司推出了工业设计专用的增强现实（AR）智能头盔。这款智能头盔配备了 4 个摄像头，用户可以 360° 查看周围的环境。头盔还配有一个深度摄像头，可以感知位置、显示信息。另外，头盔内部有一个负责追踪定位的测量装置。内置的信息可直接在佩戴者的视野范围内显示，就跟平时在手机和平板电脑上看到的一样。该款智能头盔的出现给工业带来了新的发展可能，也为增强现实技术在工业领域开启了一扇应用之门。

那么增强现实技术是什么？它又能为工业带来什么呢？增强现实是一种集成计算机视觉、图像处理和虚拟现实等计算机技术实现的，可以将虚拟的信息应用到现实世界的高新技术，其将真实的应用环境与虚拟的模型目标实时地叠加在同一个画面中，再通过硬件和软件系统的协同操作，使用户犹如身临其境，具有很强的应用价值。目前已经在教育领域、机械操作领域、军事领域及工业设计领域，得到了广泛的应用。增强现实的最主要的特点是高度交互性，其应用于工业设计，主要表现为一种交互性的虚拟操作，通过手势的自然识别等交互技术，将虚拟的产品模型展现在设计者和用户面前，可以让用户在设计师指导下，在虚实融合的环境中协同操作，共同设计产品。增强现实工业设计依靠计算机虚拟仿真技术，将工业设计、模型装配和维护修改等建立成一套完善的系统，大大地改善了传统工业设计的弊端。

基于增强现实技术的工业设计在应用过程中具有以下三个优势，分别是良好的交互性、设计过程的高效性和产品模型可视化。

良好的交互性

基于增强现实技术的工业设计过程，可以通过各种输入设备如输入标记、自然手势等，以及输出显示设备的配合操作如立体眼镜、显示头盔等，将现实和虚拟目标叠加在一起进行渲染模型，使得客户在工业设计过程中亲自感受各个设计方案的优劣，客户不仅能看到设计对象，并且能够进行交互，真切地感觉到对象的存在，发现自己真正需要的方案，为设计师的工作提供各种设计意见（见图 8-8）。另外，设计师也可以在虚拟的设计环境中自由地发挥想象力和创造力，不断地改动设计方案，达到客户的要求。通过客户与设计师的交互协调，基于增强现实的工业设计可以准确地获得客户需求和确定设计方案。20 世纪 90 年代初，波音公司在飞机制造中加入增强现实技术，在这套系统的帮助下，毫无经验的工人都可以进行设计操作，从而大大缩短了员工培训周期。

图 8-8　增强现实交互操作

设计过程的高效性

传统的工业设计过程中，工业设计的实物模型以及样品的制作需要花费大量的人力、物力和财力，对产品的更改完善更是重复上述过程。基于增强现实的工业设计过程中，所有产品的设计以及修改等都是在虚拟的环境中进行的，可以省去各种制作材料的购置费用。在工业设计的各个环节中，设计师和用户共同参与，消除了二者之间的沟通障碍，可以很明了地获取用户需求，有效地缩短工业设计的周期，大大提高设计效率。另外，基于增强现实的工业设计不仅能够对产品进行仿真设计，还可以让设计人员和用户在虚拟的环境对产品进行测试，提高其可靠性，从而缩短设计周期，降低生产成本。2003 年德国成功研制了 Starmate 系统和 Arvika，展示了 AR 技术在复杂机电系统维修、装配领域的巨大应用潜力。Starmate 项目由欧洲共同体资助，由六个公司和一个德国研究所共同实现，Starmate 系统主要有两个功能，即帮助使用者实现组装和维修程序以及培训使用者。Arvika 项目由德国资助研究，鼓励其技术在工业中的应用。其针对飞机、汽车的布线问题的解决成为其经典案例。工人可以轻松调取计算机的提示信息，从而轻松完成装配工作。空客公司利用该系统进行了“干净水系统的转配”和“配电盘连接”的装配工作。

产品模型可视化

基于增强现实的工业设计可以让设计师设计的产品模型在 360° 的范围内可视化观察，使得客户可以任意角度实时观察产品的各个部位，用户还可以基于增强现实的交互性特征进行点击产品模型，在虚拟设计环境中进行移动和拖放，还可以全方位观察产品的各个功能演示，犹如看到真实的产品一样，逼真地表现出增强现实的优越性，让客户身临其境，从而更加容易确定产品的设计方案（见图 8-9）。2015 年 11 月，现代汽车公司设计了一个解决方案——现代虚拟指南 App，结合了增强现实技术，车主只需一台智能手机或是平板电脑就可轻松操作汽车。沃尔沃汽车集团与微软公司达成合作，计划明年把 Hololens 应用到汽车展厅进行功能演示、车辆改装甚至试驾。

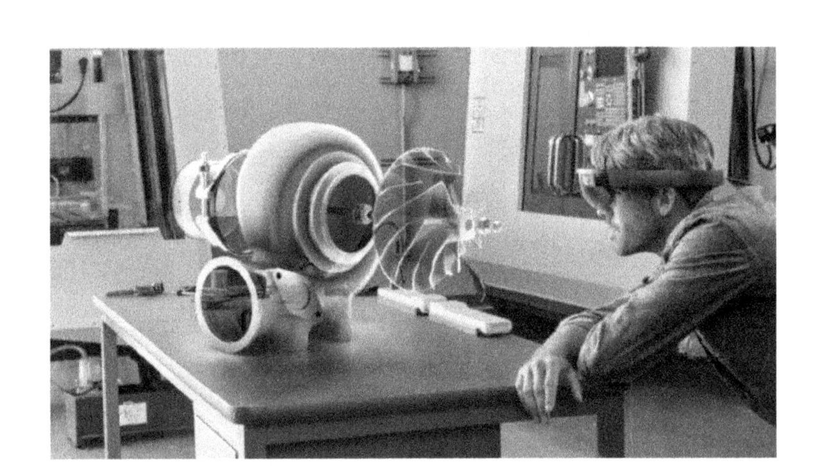

图 8-9　产品模型可视化让客户身临其境

随着增强现实技术相关学科理论的健全，其快速发展必将导致大规模地应用于生产生活过程中，尤其是在需求量大、要求高的工业设计领域，基于增强现实技术的工业设计模式可以集成市场需求分析、工业设计确定、产品制造以及销售于一体，工业设计必将应用得越来越广泛，目前已经有诸多的基于增强现实技术的工业设计系统诞生。Verlinden 等人利用增强现实技术直接将计算机生成的虚拟目标图像投影到汽车上，或者是按比例生成的油泥模型，利用系统包含资源供用户和设计选择材质、表面贴花和颜色，这些零部件放在一个旋转台上可以进行定位和评审；Jin 等人基于增强现实技术开发了一套零部件展示系统，通过自然手势识别，使用手指进行跟踪，实现设计师与用户和产品的交互，可以将不同的组件有机装配在一起，达到用户需求；著名的飞机制造公司，波音公司的工程设计部门在生产制造过程中，基于增强现实系统的交互作用协助缆线束进行装配；Halttunen 等人基于增强现实技术开发了一套 WebShaman Digioop 系统，该系统可以在增强现实环境下对产品的功能、性能测试和装配结构进行设计。

智能分身改变服务模式

设计是系统性创新过程，同时也是个人主义发挥的舞台。百年来，服装、建筑、产品等行业的设计大师成为推动社会发展的重要一环，请设计大师为自己服务是很多人的梦想。让一个和自己一模一样的人来帮自己干活也许是人们对于未来科技的最淳朴设想，未来的科技如果为设计大师们创造很多分身，那么，请菲利普·斯塔克（Philippe Starck）为你设计新家，请乔治·阿玛尼（Giorgio Armani）为你设计西装，请王薇薇（Vera Wang)为你设计一套完美的婚纱就不再是梦。

未来，人们通过量子计算机对大脑的完美同步，可实现对大脑的数据化，并上传至云端——包括记忆、思维习惯、价值观，甚至是IQ和EQ，即在云端再建一个“设计大师”，这采用了量子纠缠技术：让读脑器同大脑建立量子纠缠，以此实现对大脑信息的复制和同步。量子纠缠是一种量子力学现象，一旦两个粒子建立纠缠态，即使相距遥远，一个粒子的行为也会影响另一个的状态。在和读脑器建立量子纠缠后，以后无论身处何地，当你思考时，大脑中的粒子状态发生变化，在量子纠缠作用下隔空驱动读脑器内同等数量级的粒子做出同样反应。计算系统记录这些粒子的反应，就相当于同步了你的大脑。设计大师们也将在互联网中拥有无数分身，服务无数的人。

苹果公司在乔布斯过世后并没有推出革命性的产品，很多人认为这款手机的一些造型设计语言偏离了乔布斯的设计理念。试想，如果在未来边界模糊的三体世界中，通过对乔布斯在世时所产生的大数据进行智能认知，或许“设计大师乔布斯”将成为最火爆的App，把你的设计需求讲给他听，他就可以为您量身定制设计产品并与智能工厂进行联动，第二天就能拿到独一无二的乔布斯大师作品，这将是多么美妙的一件事情啊!

从今往后，我们将以设计、智能机器、交互行为作为出发点，探讨什么样的未来产品能更加自然协调地与人、与机器、与世界优美的互动，更多的是以心理学、社会学，以及哲学家的角度在分析设计，分析我们的思维，因为在作者看来，与其说是未来产品所要达到的智能，不如说是一种人与人的反思而形成的深度设计过程，是人的反思促进了人的设计的发展，因为不论是什么样的产品，都是由人创造所形成的。这样的思考与探索迫使设计者们必须从更加质朴的角度去从事设计工作，从行为本身，从心理需求本身出发而不是以表象出发，才能产生伟大的适用的产品。

预测未来最好的方式是创造未来。我们要有敢于创造未来的勇气，也应该承担起创造未来的责任，因为未来一定是属于那些敢于挑战和创造的人。当下的全球，日益革新，人类在不断的前进中创造着各种神话，中国也早已开始了大国崛起之路。中国产业链比较完备，但创新能力滞后，后劲不足。在供给侧改革的大潮下，设计创新成为中国制造走向智能的制高点，影响着中国工业企业的命运。作为产业界的一分子，无论是设计工作者，还是从事着其他任何行业，我们每一个人身上都肩负着为个人、家庭、企业乃至国家设计更加美好未来的历史责任。

Chapter 9

第九章　智能溯源

在此我首先声明一点，即我不打算探讨智力的起源，如同我没讨论生命的起源一般。我们要探讨的，仅是相同纲动物中本能的五花八门和另外的精神能力的多样性的问题。

——达尔文

生命天然具有的复杂性与合理性充分说明，智能是生命的重要属性之一。即使在没有任何生命存在的时候，宇宙的"智能"就已经通过各种方式显示出来了。

——本书作者

当我们欢呼人造世界正在走向智能的时候，反过来看看我们人类自身，作为自然界最伟大的智能体已经存在了上百万年。一直以来，智能被认为是人类独一无二的天赋，是大自然赋予人类的最高礼物。智能的表现非常复杂，可以表现为信息的获取、认知，知识的推理、表达、存储，以及情感的欢喜、厌恶，甚至高级的人格、爱情、想象等，不胜枚举。尽管智能有着如此五花八门的表现，但在本质层面，智能的原理非常简单。人类的智能在很大程度上，与其他动物，乃至单细胞生物相比，有层级之别，无本质差异。

在今后很长一段时间里，人类本身的智能仍然是人造系统模仿和研究的对象。对生命智能进一步探源让我们开始想象：在生命系统出现以前，还有没有什么系统是可以称之为智能的呢？本章将深入到生物体内部和物质材料的内部，去看看怎样奇特的性质可以让人对“造物主”的鬼斧神工顶礼膜拜。

从本能到智能

感应规律　系统本能

何谓智能？作为一个古老而崭新的问题，一直萦绕在人们的脑海里。从古至今，众说纷纭。在信息化高度发达的今天，研讨智能的文章俯拾皆是，坊间帖子数不胜数，但是，对于智能的基本定义仍然显得不是那么全面和充分。

如本书开篇所述，一个生命体必然是智能的，因为它/她/他具有感知、决策、执行的智能特征。但是，一块石头有智能吗？一座大山有智能吗？一条河流有智能吗？一个星球有智能吗？所有关于“第一体”，特别是自然界的物理实体的智能，是一个少有论述、尚无结论的领域命题。

砖石有智　生命有期

本书作者为了让三体智能模型更加全面地概括事物的本质特征，有意涉足这个难题，尝试给出一个广泛适用于三体的智能定义：

智能的本质是一切生命系统对自然规律的感应、认知与运用。

本文在此所指的生命系统，是广义的生命系统，泛指一切有生命周期的系统，地球上的一切，宇宙间的一切事物，都包括在内。因此，作者提出的生命系统，包括了诸如自然界中的一切物理实体，即本书开篇所定义的“第一体”。

狭义的生命系统，泛指由有机物、水和无机盐构成的一个或多个细胞组成的一类具有稳定的物质和能量代谢现象（能够稳定地从外界获取物质和能量，并将体内产生的废物和多余的热量排放到外界）、能回应刺激、能进行自我复制（繁殖）的半开放物质系统。生命个体通常都要经历出生、成长和死亡，有着完整的生命周期。

诺贝尔奖获得者埃尔温·薛定谔在《生命是什么》中写道，生命中一些最为基础的砖石，必定会像肉眼看不到的放射性原子一样，是一种量子实体，具有反直觉的特征。薛定谔较早提出生命体“负熵”论，认为是“新陈代谢”使得有机体成功地消除了当它自身活着的时候产生的熵。

诺贝尔奖获得者普利高津后来提出了“耗散结构”，指一个远离平衡态的开放系统（力学的、物理的、化学的、生物的、社会的等）通过不断地与外界交换物质和能量，在外界条件的变化达到一定阈值时，就有可能从原有的混沌无序状态过渡到一种在时间上、空间上或功能上有序的规范状态，这样的新结构就是耗散结构。普利高津试图用耗散结构解释一个远离平衡态的非生物的开放系统也可以从环境中交换物质、能量和信息，从而实现该系统熵的减少，从无序达到有序。

宇宙创世　自然生焉

“爸爸，以前是怎样的？再往前呢？”孩子们常常这样追问大人。如果你告诉他：“再往前就没有了”，孩子一定会非常迷茫。然而，事实正是这样：大约150亿年前是时间的起点，再往前就没有时间了。“为什么呢？”孩子一定还会追问。在此之前没有太阳、没有地球，甚至没有任何物质——我们又能拿什么来衡量时间呢？没有物质的世界，一切都是静止的，时间也只能是停滞的。那时不仅没有时间，也没有空间，因为没有物质也就没有东西做成尺子来衡量其他物体的长度。但是，就是在150亿年前，一个人类无法理解的事件发生了：宇宙从一个无穷小的点上轰然爆裂，并迅速膨胀开来……这就是宇宙大爆炸。从此以后，物质世界产生了，有了时间，有了空间，有了秩序，有了规律。

老子说“有生于无”。过去，人们总认为物质是不生不灭的，把老子的这句话当作唯心主义观点加以批判。但随着宇宙大爆炸理论的确认，人们却突然发现：老子的观点居然是对的。

此时，无主客体之分。经过亿万年冷却沉淀，宇宙物理系统星系与微观物理系统粒子诞生，广义生命系统生成。即使在宇宙洪荒，没有任何第二体——生命体诞生时，所有的第一体都可以在物理和化学效应的支配下，遵循自然规律，感应外界信息，交换物质能量，有序耗散运行。此为第一体智能。

根本规律　系统把握

古老的东方哲学《易经》认为，宇宙的根本规律是易，即变化。变化，是宇宙诞生以来颠扑不破的自然规律。

自然界一切变化都是以物质、能量的增减为前提的。原始系统内部或者相互间，以任何形式增加或减少了物质、能量，就产生了信息。信息是系统间或系统内部物质、能量相互作用的表征。物质不灭，能量守恒，信息恒生恒变，遵循自然规律，这既是系统本能，也是第一体智能。

物质是否具有智能，关键是看其是否构成了耗散系统。任何耗散物理系统，都存在着与外界的物质、能量、信息的交换。物质、能量一旦恒定，则属热寂状态，没有信息，没有变化，没有规律。

信息在系统中的作用，就是体现变化，反映规律。感知信息，是手段，感应规律才是目的。耗散系统天然是有生命冲动的，内在具有对热力学第二定律的抵抗，这个定律指出：一个封闭的系统会逐渐趋向于均匀、无序的状态。例如，将两个温度不同的物体放在一个绝热的密闭空间中，它们的温度将会趋于均匀。而系统就是从信息中把握规律，延缓灭亡（热寂的命运）。这是一切高级系统智能之本源。

系统有大小，生命有周期。广义生命系统虽有生命周期，但还不是哲学意义上的主体，更不是生物意义上的生命，只是规律的绝对承载者，不是规律的认识者或者利用者。

认知规律　智能演化

那么，与无机物质世界的耗散系统相比，生命具有哪些更复杂、更深刻的意义呢?

答案是智能。智能是**有机的生命系统区别于无机系统**的根本特征。有很多学科都对智能的来历和原理进行了解释。进化论探究了生物如何从低等到高等的演化轨迹，脑容量以及脑在动物身体的占比的提高是一条重要线索。分子生物学发现了 DNA 双螺旋结构，让人类对蛋白质和基因带来的生物活性与遗传密码有了透彻的了解，智能又是一个信息复制和传递的过程。心理学将人的生物本能与社会智能分开，并重点研究了后者。随着生命科学和信息技术、物理、化学、工程技术等领域的交叉融合，人们不仅能够更加深刻地解释智能的来源，还能通过新技术，比如基因测序，干预未来的生物智能进化。

一切具有生命周期的系统都有延续存在的本能，而有机的生命体由于拥有更强的外部世界感知能力，以及对所感知到的外部信息更强大的认知能力，演化出更强的反应和变化能力，强化了这一生命的本能，使得“物竞天择，适者生存”成为对生物世界的智能演化最好的注脚。

认知是动物个体认识客观世界的信息加工活动，通过一定的神经或脑活动来获取对外部世界某种规律的认识，以便在生存中获取某种优势。例如：对工具的使用，并非人类的专利——乌鸦可以弄弯细铁丝，来钩出瓶子内原本吃不到的食物；啄木燕可以把细树枝截成长度合适的工具，长期叼着它飞行，用它来拨弄出树洞中的虫子；鹦鹉会用鹅卵石研磨贝壳或敲碎贝壳，然后啄食贝壳粉末、颗粒来给自己补钙；猩猩可以学会使用长杆取物，用长杆试探水深。2015 年底，泰国的一只猩猩居然学会了打结，用毯子给自己做了一张吊床!

在经典动物学中，一般把自然界的动物分为无脊椎动物和脊椎动物两大类。由于脊椎动物的脊索被脊椎代替并有效地支撑了身体，所以通常人们认为脊椎动物的地位比无脊椎动物要高。人类作为高等动物，尽管与其他脊椎类动物的能力相比较并不具有任何优势，无论在速度、耐力、嗅觉、协调性、适应性等诸多能力上都不是最强的，但是人类在地球生物链上占据了绝对的主导地位。究其原因，正是因为人类发展出最为强大的认知能力，并将每一代的认知成果记录下来成为知识代代相传。

作为最聪明、最具智慧的动物，人类在残酷的自然选择中，是唯一正确地迎接了智能突变的物种——十万到七万年前的某一天，人类突然开始用有声分节语言彼此交流，获取了极大的协同与发展进化优势，也是大自然发展的必然结果——人类借助语言，不断认知，对自然界事物（信息）进行反思，并对各种现象背后的规律进行揣摩与归纳。于是，高等动物群体中率先出现了主客观分离。人类以主体“我”的姿态，傲然行走在蛮荒的大地上，开始以更积极的态度、更有效的工具（手段），改造（生产、建设或摧毁）地球与生存环境。

本书认为，区分高等动物和低等动物，应该依据对自然界的认知能力来划分。这样的划分依据，比按照是否是脊椎类动物来划分要更务实一些。

认知，产生了主体与客体，形成了主客观分离。善于认知的高等动物，在进化的路上，可以走得更远、更完善。

总结规律　开创文明

人与自然界打交道，始于自然信息。自然信息，是人观察到的自然界所有的事实和现象在意识人体中的基本反映。于是，人就有了对事实的记录、描述、分析、判断和推理，提炼出了数据，产生了表述信息，综合成了知识，激发出了智慧。这就是经典的 DIKW 金字塔知识体系的演化路径。

在图9-1 中，早期的智人通过自己的感官，观察到了各种各样的基本事实（自然信息）：蓝天、白云、阳光、雨水、小溪、土壤、青草、兔子、狼等。由这些自然信息的彼此关联，智人也形成了最初的知识：天是蓝的；白云是流动的；太阳东出西落；雨来自云端；大地遍布青草；兔子吃草；草长在土里；狼吃兔子等。在长期的观察和认知后，智人更是学会了把知识与知识关联，形成了一定的智慧（洞察力，关于知识的知识），即“如果我杀光所有的狼，兔子将吃光所有的草，土壤就会被水冲走，以后这个地方就再也没有兔子了，那么我也就没有兔子肉吃了！”

图 9-1　人对自然界的认知——信息-知识-智慧

可以说，在感知并获取外界信息，个体、群体间彼此交流信息的基础上，人积累了海量的实践经验，实现了规模化的知识生产。这是人加快进化速度、形成人类文明的重要基础，也是激发、传承、提升人类智能的基本途径。

通常，人感受、认知和使用到的信息有三种：

- 自然信息：在第一体中客观存在的所有事实，即物质、能量、信息的形态和变化。
- 表述信息：在第二体中由人发明的符号系统，如语言、符号、图形、文字、手势等。
- 数字化信息：上述两种信息被数字化之后进入第三体（如计算机、手机等），变成可由机器处理的信息。

知识生产、积累与应用，是人类智能的重要特征。人类把对规律的认知上升到知识的高度，并在群体间分享，代代传承，确保了种群在竞争中的领先性，由此而绵延数百万年，发展至今。随着电脑、手机等数字体信息处理能力的高速发展，人造智能开始崛起。但是，和生命体处理信息的能力相比，这些人造物的智能仍然很低级。IBM 制造出的电脑沃森战胜了人脑，获得了电视百科知识竞赛的胜利，但沃森在处理信息的时候消耗的能量是 100 千瓦，而人脑只消耗了 20 瓦。资料表明，沃森预计到 2016 年才会“进化”出大约 60 项认知方面的能力（API），其中包括文本识别、语音识别、自然语言交流乃至通过语调对情绪进行识别。而人类的智能已经经过了数百万年的演变，若要细分成某些方面的能力简直不胜枚举。

很多未来学家预测，电脑智能会和人脑智能汇合，或许人类进化的下一步就是智能机器人。但无论如何，生命本身是大自然智能的产物。任何人造智能，从其产生起就是在模仿生命，并向最高级的生命——人类致敬。

从生物智能到人类智能

当我们谈论早期宇宙物理系统的智能时，其实更多是一种猜想，或者哲学探讨。从概念框架的角度，我们不妨将其定义为系统感应外界变化而产生的各种科学效应。而在生命系统出现之后，智能已经演化为生命系统最根本的属性与特征。

从生命产生的那一刻起，就面临恶劣的自然环境和严峻的生存竞争。能够生存下来的个体和物种，必须具备体察自然规律以适应环境变化的能力。生物体最重要的智能包括对外界信息的处理能力，对身体的控制能力，以及超越本能的自我意识与学习能力。这三类智能的产生和发展，对人类研发智能终端、智能应用、智能装备、智能工厂以及机器人等新型智能体，都有很好的启示作用。事实上，生命现象本身为人造智能树立了榜样和标杆。

从感知、认知到知识

作为生命基本特征之一的“应激性”，就是生物体对外界各种刺激所发生反应的能力，本质上就是一种“状态感知”的智能，而只有到了更高级的生物，进化出更发达的器官，特别是发达的躯体器官和大脑，“自主决策、精准执行、学习提升”等更高级的智能特征才得以问世。

在初中生物课本中，人们就了解到，往培养皿中倒入少量牛肉汁，草履虫会趋向有利刺激向牛肉汁靠近。倒入稀释过的酸或碱，它会逃避有害刺激远离这一区域。

生物的应激反应有多种类型，如趋风、趋水、趋光、趋温、趋压等。这些反应证明了生物感觉器官的存在以及感知外界信息类型的丰富。能够接受外界光线、温度、声音等信息的部位和细胞后来对这些信息越来越敏感，能够获取的信息量也越来越大，最终演化成了后来动物身上专门的信息收集器官，如眼睛、耳朵、鼻子等。这些器官的进化是为了对外界信息了解更充分，反应更有效，从而提高自己的生存能力。

经过几十亿年的演化，地球的生物体型越来越大，维持生存所需要的营养增加了，需要识别更多对自己生存有利的食物来源，识别更多来自环境变化的危险。于是乎，一种比感知更为高级的生存技能——认知诞生了。

认知是一个用来表征较高级的生物（或人类）对外界信息理解加深的名词。它与原始生物简单的应激反应，或者低等生物的反射行为是有区别的。比如对于细菌来说，它们感觉不到冷热酸碱，因为即使感觉到了类似的不利环境，它们也没有足够的能力逃走。有专家认为，认知与动物从神经系统发育出专门的脑器官紧密相连。在动物进化史上，从环节动物开始进化出了“脑”，但很原始，只是一个很大的神经节；软体动物、节肢动物、棘皮动物、半索动物、尾索动物、头索动物等，有的脑比较发达，有的又退化成神经节或脑泡了；直到脊椎动物，脑才越来越发达。

脑发育的“拉锯战”充分说明，早期动物生活的海洋环境比较单一，进化出专门的信息处理器官来增大生存概率的意义不大。但从两栖动物开始，陆地生活带来更复杂的环境变化，势必需要更加发达的信息系统和信息处理器官。于是，动物脑的发育与认知能力同步进化了。

研究人员报告说，鱼类能够将详细的空间关系在脑中整合成一幅地图，甚至一些种类的鱼有复杂且灵活的学习和记忆能力。绵羊具有动物界中超乎寻常的记忆力，它们可以记住50只其他绵羊两年以上，可以准确辨别“熟羊”的面孔。红毛猩猩能制造工具，把虫子从树洞穴里掏出来；用树叶做雨帽或餐巾，卷折起来当枕头。研究表明，海豚可以计划、分析、解决问题；会用回声定位系统去捕捉猎物；也会用类似笛子声或者口哨声来彼此交流。

当动物认知能力发展到一定程度的时候，就出现了“认知结构”，研究人员将之称为“顿悟”，或者说是将外界信息与某种特定规律建立联接。

克勒在《猩猩的智慧》一书中提到了黑猩猩打香蕉的实验。黑猩猩拿不到置于高处的香蕉，对情境的知觉是混乱的。当它看出几根短棒接起来与高处香蕉的关系时，它便产生了顿悟，学会了连接几根短棒以取得高处的香蕉。之后，举一反三，进一步利用一根竹竿探取笼外手臂所不能及的香蕉；将两三个箱子叠起来借以摘取悬在笼顶的香蕉等。

托尔曼、罗森塔尔等著名学者有关白鼠走迷津等经典试验中，动物通过不断感受复杂通道的结构，调整和改进自己的行为。随着训练次数的增加，条件反射逐渐建立，以至于在大脑皮层形成记忆，并进一步形成了认知地图。在本书看来，认知地图就是从感知到的外界信息中，初步提炼出的某种对规律的把握，具有一定的抽象能力，包括对环境、学习目标的位置，以及如何达到目标的途径和手段的认识。简而言之，动物认知的不是动作，而是意义。

认知是知识的前身，反复的认知就会形成知识。实验中，猪要接受研究人员的训练，用嘴巴移动屏幕上的指针，并用指针找到它们第一次看到的涂鸦。结果显示，它们完成这项任务所需的时间居然与黑猩猩差不多。章鱼是最聪明的海洋无脊椎动物，它们可以在几分之一秒内改变颜色。它们可以像猎人一样熟练而有计划地寻找食物，会借助工具比如触角捕捉食物，它们不仅拥有学习能力和使用工具的能力，还拥有如人类一样的好奇心和无聊的感觉。

人类智慧的一个重要体现是可以形成各种抽象的概念。抽象就是对事物共性和本质的认识。通过抽象，人类可以发现事物的规律性，并用来预见未来。这样，智慧就产生了。动物尽管具备一定的认知能力，但大脑中没有多余的资源来承载抽象的概念，也就无法对规律产生认识。这就导致了人脑和动物大脑的本质差异。

人类的智能之所以远超任何生物，不仅仅因为我们认知的范围、深度是后者所无法比拟的，更因为我们从认知中总结出知识，并将之外化表达，通过语言、文字以及其他载体进行记录。人类能够通过文字、音乐、计算机软件、声波、电波等信息载体把获得的知识和经验储藏在外界环境中，再以学习的形式把这些信息转化为储存在大脑中的记忆并加以利用。如今，来自数体世界的新型认知体已经初步具备主动学习的功能，是否能够建构起独立的知识体系，人们拭目以待。

从控制身体到控制物体

物竞天择，在亿万年的生存竞赛中，生命进化出更复杂的身体结构和更高级的器官，不断进化出更高级的智能，不断提高对身体控制的灵敏度，是其中一个重要的方向。

随着智能制造热潮的到来，能够有效地实现物理对象的协调运转的 CPS 概念逐渐成为热点。CPS 起源于对动物智能的考察。CPS 学术的鼻祖，美国数学家维纳恰恰是通过观察动物的行为提出了控制论。其名著的全名是《控制论——关于在动物和机器中控制和通信的科学》。事实上，一个活生生的动物，就是一个高级的 CPS。物理部分就是动物的身体，如运动系统的各个器官；眼、耳、鼻、舌、身等获取信息的感觉器官、传递信息的神经系统和处理信息的大脑则构成了赛博系统。很多动物的协调能力，是现有人造的 CPS 系统所无法企及的。在我国青藏高原等地生活着一种叫岩羊的动物。只要有一脚之棱，它便能从悬崖峭壁攀登上去；人类的近亲猴子，能在树丛中上下穿梭，灵巧得像长了翅膀的鸟儿一样。而它们之所以能如此精确、高超地驾驭自己的身体，是在严酷的自然环境中生存竞争的结果。

具备身体控制能力的动物智能至少包括两大前提，一是遗传基因赋予的身体结构，二是进化出控制身体的专门器官——大脑。而人类在这两者基础上还演化出一个重要器官，可以灵活控制各种实体并制造工具的双手。

从本质上说，生物的生长发育、生老病死是 DNA 内预定的程序控制的。DNA 内的控制程序是终生不变的，外部的干扰却是常常出现的：如食物类型、所含营养的变化万千，常常面对营养不足或过剩等。尽管如此，动物还是能够基本正常地、按照预定的节奏生长和发育。来自基因的强大控制机制令人叹服。

动物有很多器官，每个器官都有特定的功能。越是高级的动物，信息收集的器官、处理信息的器官越发达。而大脑是高等生命的神经中枢与中央控制系统。人类祖先之所以可以超越昔日的同类朝着更加智能的方向发展，一个极其重要的原因就是“脑手并用”，通过双手的劳动转化成利用工具乃至制造工具的能力，从利用工具开启新一轮智能爆发。

多数动物没有灵巧的双手，有双手的动物没有用它来做复杂的控制行为。这样，即便动物有智慧，也难以转化成现实的生存能力，智慧的回报就小于成本的付出，于是，自然界就没有让它们进化出人类的智慧。

在麻省理工学院的校徽上（见图 9-2）有两个人，分别拿着铁锤和书；它的校训是“Mind and Hand”，意思是既要动手又要动脑。由此可见，知行合一，才是人类产生智慧的真谛。恩格斯说，劳动创造了人，说的也是这个道理。

正因如此，让机器人也拥有一双灵巧的手成了许多科研人员的目标。20 世纪

图 9-2　麻省理工学院的校徽

80 年代末，我国就开始了灵巧手的研究与开发，最初研究出来的 BH-1 型灵巧手功能相对简单，但填补了当时国内空白。随后又不断改进，可以用它来抓取鸡蛋，既不会使鸡蛋掉下，也不会捏碎鸡蛋。灵巧手有三个手指，每个手指有 3 个关节，3 个手指共 9 个自由度，微电动机放在灵巧手的内部，各关节装有关节角度传感器，指端配有三维力传感器，采用两级分布式计算机实时控制系统。

2016 年 1 月，“世界上第一款自动化厨房”在美国 2016 消费电子展上走红。这个被称为 Robotics Kitchen（机器人厨房）的机械手配有 129 个传感器，20 个电动机，24 个关节，能完全模仿人类手臂的动作。只要你提前备好食材，打蛋、开瓶、翻炒、拍蒜、切丝都难不倒它。在做和女朋友的约会餐时，它还会贴心地画上一颗爱心，最后还会把厨房收拾干净。你甚至可以请一位真正的大厨来做菜，因为机器人的视觉系统会捕捉大厨的各种动作，并模仿生成一套新的做饭程序。其创始人马克·奥雷尼克（Mark Oleynik）对公众表示，将在两年内生产面向大众的版本。

从自我意识到社会智能

在很长一段时间里，自我意识一直被认为是人的专利。比如伊索寓言中嘲笑过一只狐狸，当它在湖里看到了自己的倒影，“误以为”是“另一只”狐狸嘴里叼着食物，然后就想得到。这个案例试图说明，贪婪的狐狸不知道那就是它自己的影子。

自我意识是对自己的觉察，意味着主客体彻底分离，将作为认知主体的自己与作为认知对象的外部世界区别开来。很多深入的研究表明，某些高等动物从复杂的认知能力中已经进化出了比较显著的自我意识。

当动物出现大脑，并且能够用它根据所收集信息指挥身体做出合适恰当的反应之后，最为简单的自我意识就产生了。因为在其做出反应的过程中，已经可以把自己和周围环境区别开了。

科学家对多种动物进行过照镜子测试，包括猫、狗、大象、鸟、海豚，还有

20 多种猿猴。能从镜子里十分肯定地认出自己的只有黑猩猩、大猩猩、猩猩和海豚。为了明白发生的变化，类人猿需要几分钟到几天不等的时间，有快有慢。宽吻海豚每一次在身体被做上记号后，就赶紧游到水下的一面镜子前去检查一下自己的形象。而鸟类则不然，鸟类把镜子里看见的自己的影子当成跟自己一样的“鸟友”。

出于对动物福利的关注，近年来，一些组织和学者开始研究鱼类是否有处理痛苦的智力、牲畜在被宰杀时是否会害怕或悲伤等动物感受和自我意识的问题。猪似乎是一种比较笨、不爱干净的动物。然而，猪可以根据不同的处境产生强烈的情绪反应。 这使它们在被切掉尾巴的过程中感到痛苦，并分泌大量对人体有害的物质。动物可以学习手势、语言、视觉和嗅觉的鉴别，除此之外，还有社会学习和记忆的能力。

随着进化的发展，动物获取外界信息的能力越来越强，大脑分析处理信息的能力也越来越强，动物自身做出的反应也越来越有效，而这些都使得动物越来越认识到自己和周围环境的关系。自我意识的崛起，对于生命而言是又一次重要的智能爆发。其意义在于，自我意识使得动物具备向外界和其他同类学习的能力，使其生存的技能在动物本能的基础上获得升级。

随着进化的发展，动物的身体结构变得越来越复杂，动物的技能也在不断增加，在捕食方面尤为明显。这就对动物的大脑提出了更高的要求，自我意识得到了空前的加强。动物的主动性开始出现，技能掌握越多的动物更加聪明，因为这些复杂的技能组合要运用更多的对自身与猎物相对位置的判断、时机的选择等。这些技能由于过于复杂，同时与临场的经验有关，因此不可能通过 DNA 写入遗传基因。动物基因可以遗传的只是以身体构造为基础的原始本能。对于那些远远比本能更高级的求生技能，只能靠动物自身后天的摸索，以及向父母和伙伴的学习获得。

在跟随父母的过程中，后代可以通过模仿来学习那些基因里无法携带的复杂技能。随着自身技能的提高和动物领地活动范围的扩大，对外部世界的认识加深，自我意识日益强烈，认知与学习能力也极大地增加。而在群居动物中间，分工与协作进一步提高了后天技能的效率，生存能力就会大为提高，再一次大大增强了动物的自我意识，同时交流沟通能力也应运而生。诸多的条件成熟之后，真正的智慧型生命——人类诞生了。

与人类相比，动物自我意识的高度受制于生物本能的约束。对于人类而言，自我意识越强，就具有越大的主观能动性。人类自我意识是生物智能和社会性智能进化到高级阶段的产物。心理学研究表明，人类的自我意识分为自我认知、自我体验和自我调节等不同的能力。

心理学一般认为，不到8个月的婴儿还没有萌发自我意识。在一周岁前后，婴儿可以将自己的动作与镜子中的动作相匹配，也热衷于扔玩具。这些说明，他把自己视为活动主体，并能把自己与他人分开。两岁左右的婴儿已经能够意识到自己的独特特征，能从照片、录像中认出自己的形象，能用“你、我、他”称呼自己和他人。从儿童开始，自我人格不断形成，并学习自我控制，比如喜欢听“你真棒”等表扬。青春期后，少男少女们特别关注自己的相貌、体态，注意仪表风度，通过对其他人评价的过滤，对自我的认识迅速提高。而到了成人阶段，人们开始学习更加丰富的自我体验，包括自信、自卑、自尊、自满、内疚、羞耻等。

日益增强的自我意识，以及社会交往与学习，使人类智能快速超越历史上所有的竞争者，最终造就了辉煌灿烂的人类文明。

从文明历程看智能演进

能够使用工具和创造产品是人和动物的根本区别，这一区别就体现了两者智能的高下。人可以认识规律进而运用规律创造大自然原本不存在的事物来改善自己的生存和生活，而动物却最多只能认识规律或者顺应规律。据此，人类确立了作为“万物的灵长”在地球上的统治地位。

所有人造物的发明，都是智能的结晶。通过对各种工具、产品的创造，人类不需要长期进化即可适应世界上各种各样的环境。没有尖牙和利爪来打猎，人类发明了长矛、弓箭。没有厚厚的皮毛，人类制作衣服来御寒。人的奔跑速度有限，但可以创造出汽车、飞机、轮船。时至今日，人类正在发明着各种智能设备、智能终端。人造智能处于爆发的前夜。

回溯人类文明的前世，才能步入人造智能的今生。

认识自然　智能之基

人类智能的第一个跃迁是对材料形态的转化。人类早期的石器时代，对物理实体的转化极其简单。首先是从石头等材料的几何形状转化开始。比如把石块打磨成尖锐的石刀石斧。后来慢慢发展出了组合式的材料工具，比如石头装上木柄，就成了石矛。这样的劳动锻炼改变着早期的人脑，使得其加快向智能人体发育。

人类智能的第二个跃迁是对能量的掌握与转化。比如通过对雷电引发的森林野火的观察，学会用火来烧烤食物。人类学会用火，就第一次驾驭了自然力。长期的熟食加快了人体和人脑的发育，使得“意识人体”真正成为地球生物中最具智能的主体。

人类智能的第三个跃迁就是对信息的理解和转化。在与大自然和其他种群的漫长搏斗过程中，人类创造了语言和文字，把共同的需要、感受以及劳动过程中的成果记录下来、传播开来。有了语言就有了抽象的思维和意识，个人的实践经验可以被更多人乃至后代所利用，这极大地加深了人类的群体智能。文字的产生和使用使信息的内容定型并符号化。

以上三个方面的跃迁，即构成了人类智能的起源。几千年来的人类活动表明，人类认识自然、改造自然，其对象无外乎三种东西：物质、能量、信息。迄今为止，人类掌握的主要技术都同这三类有关，比如材料技术（含加工制造）、能源技术、信息技术。

冷兵器时代的材料智能

人类的智慧和文明，往往通过技术凝聚在武器和材料之中。

在远古的时候，人类只会用石块、兽骨、木头这样的天然材料制造简单工具，故而被称为石器时代。石制工具可用于狩猎、农耕和战争等人类活动。石头很容易得到，却有个致命的缺点：韧性差、易于损坏。故而石器有很多毛病：用石头做成的刀具薄了就容易损坏，厚了就不锋利；石器用起来很费力气、影响劳动效率。 所以石器时代的生产力发展很慢，人们迫切需要找到更适合制造工具的材料。还好，人类聪明的祖先学会了从矿石中提炼出金属的技术。

铜是人类最早生产和使用的金属材料之一。殷墟的考古发现表明，我国在3000 多年前就已经学会了火法炼铜。这个方法是将含铜的孔雀石与点燃的木炭接触。于是，孔雀石首先被分解为氧化铜，进而再还原出金属铜。伴随着铜冶炼技术的产生和发展，人类告别石器时代，进入了青铜器时代。铜的冶炼相对容易，但在自然界中的含量却较少。自古至今，铜一直都是相对贵重的金属。在青铜器时代，铜主要用来制造武器、贵族的生活用品和部分生产工具。《墨子・非攻》中曾记载：墨子假装要送给鲁班十斤铜，请他帮忙杀掉自己的仇人。铜在当时的贵重程度可见一斑，自然也就限制了它在农业生产上的大规模应用。

考古人员在尼罗河流域考察时，发现了一个 4000 多年前的古迹，在这个古迹中，居然发现了一把铁合金做的匕首。铁的韧性非常好、强度又高，适合制作各种生产、生活工具。铁元素是地壳中含量最多的元素之一，但化学性质活泼、易于氧化，单质铁很难在自然界中长期存在。现在，人类用的铁几乎都是通过高温冶炼得到的，熔化矿石的温度一般要高达 1000℃以上，4000 多年前的工艺水平根本无法达到这样高的温度，怎么会有铁做的匕首呢？其实，4000 年前打造铁器的用材基本上来自于陨铁。陨铁中往往含有一定的镍元素，而镍元素是制造不锈钢的重要成分，因而那时的铁器可以保存数千年之久。远古时期，陨铁是人类用铁的唯一来源，铁被当作一种非常神秘、贵重的金属。但单靠上天的恩赐，显然不能满足人类的需要。

自然界中铁元素的含量非常丰富，其力学性能更适合打造各种生产、生活工具。所以，当冶炼技术发展到一定程度、冶炼温度足以熔化铁矿石之后，铁器就开始大规模应用了。由于农耕是当时最主要的生产活动，当铁被大范围地用于制造农具后，极大地推进了当时的生产力发展，进而推动了人类社会从奴隶社会走向封建社会。

“犯强汉者，虽远必诛！”这句豪言壮语，发自2000多年前的西汉名将陈汤之口。他曾经向皇帝上奏折：一个装备精良的汉兵可以打得过五个胡兵。精良装备的背后是高超的钢铁材料冶炼和兵器制造技术。

机器时代的能源竞赛

工业革命爆发以来的300年，是人类科技发展最快的时期。工业革命导致机械动力工具大量出现。这使得与能源相关的技术变得重要起来。

长期以来，煤炭、石油成为机器动力的主要来源。它们支撑了人类由农业社会转型到工业社会、进而进入了现代文明。随着社会的发展，能源需求量和重要性也与日俱增。近年来的页岩气革命，使页岩气成为有经济价值的新能源，美国有望从能源输入国变成输出国。这一技术的出现，使国际原油价格一路下滑，以至于今天的油价尚不及最高价时的“零头”。由此可见，能源的改变足以对世界的政治和经济格局产生重大影响。由于能源的影响重大，相关技术进步也显得重要起来。比如，为了减少对石油的依赖，需要开发电动或混合动力车。为了提高电池的效率，就要研发新的材料。最近石墨烯成为世界关注的热点，其储能能力强是最重要的原因。

随着化石资源的日益枯竭和环保压力的日益加重，人们开始重视可再生资源。这也离不开材料的贡献。例如，要将太阳能转化成电能，就需要有高效的光伏材料。再展望一下更遥远的未来：为了让核聚变成为具备经济性的清洁能源，一定会需要各种新材料。

19世纪末以来，电气设备的广泛应用，也深入地影响了人类技术发展的进程。 期间，材料的应用自然不能缺位。大家熟知的爱迪生发明电灯的发明过程，就是一个寻找合适材料的过程：为了找到适合做灯丝的材料，他进行了6000多次的实验，最终取得了成功。再如，用电安全也促进了塑料和橡胶等绝缘材料的广泛应用。

信息技术引领现代文明

20世纪60年代以后，人类各项科技发明之中，信息技术逐渐成为引领者。时至今日，新一轮科技革命和产业革命，仍是以新一轮信息技术革命为核心。信息技术将人造世界的智能，推到了一个新的高峰。

古人结绳记事，就是把绳子当作承载信息的材料。但结绳很难记录复杂的信息，先人就发明了文字。祖先常把文字记录在龟甲兽骨或竹简上，记录和保存的“成本”很高。所以，我们阅读先秦的文字时，通常感到头疼：古人“惜字如金”，太简化了。随着蔡伦造纸技术的发明，信息存储的成本大大降低了，文化发展和传播的速度就加快了。

现代信息技术是计算机技术推动的。最早的计算机是机械式的，运算速度很慢，使用起来也不方便。在第二次世界大战期间，冯·诺依曼（Von Neumann）等学者就意识到：要提高计算性能，必须使用电子计算机。

要制造电子计算机，当时最合适的器件是电子管。第一台电子计算机发明时，用了18000多个电子管。电子管体积大、耗电很大，以至于每次开机时，整个城市的用电负荷都会受到影响。更糟糕的是：电子管平均15分钟就坏一个，疲于奔命的工程师们只好手中拿着电子管，不停查找和更换新的电子管。不但质量如此糟糕，这台计算机的性能也很差，每秒只能计算5000次。

这样的计算机会有未来吗？很多人都是持有怀疑态度的。幸运的是，新材料的发现和使用挽救了电子计算机的命运，也改变了人类的未来。

1947年，美国贝尔实验室的肖克利（W. B. Shockley）等人研制出一种点接触型的锗晶体管。晶体管让人们能用一个消耗功率低、体积小的电子器件，来代替体积大、功率消耗大的电子管。晶体管技术不仅让肖克利获得了1956年的物理诺贝尔奖，同时还带来了一场划时代的信息革命。晶体管发明后不久，计算机就开始用晶体管了，但初期的效果也不理想。

改革开放初期，浙江大学的科技人员从上海买到4kB晶体管做的内存。为了减少路途中的颠簸，特别雇了一辆轿车，让一位老师抱着返回杭州。回到实验室以后，却痛苦地发现：内存已经损坏了一半。

要解决这类问题，就要依靠集成电路技术。集成电路就是把一定数量的常用电子元件以及元件之间的连线，通过半导体工艺集成在一起，使之成为具有特定功能的电路。杰克·基尔比（Jack Kilby）和罗伯特·诺伊斯（Robert Noyce）在1958—1959年期间分别发明了锗集成电路和硅集成电路。

制造集成电路的载体称为晶元。晶元一般都是用硅制造的。硅有一种奇特的性能：它的导电性介于导体和绝缘体之间，故而被称为“半导体”。人们可以用半导体制造出各种电子元器件和线路。从某种意义上说，人造世界的智能，就是基于这种材料的。不妨把人造世界的智能称为“硅基智能”。

谈到芯片的发展历程，人们常提到英特尔（Intel）的创始人戈登·摩尔（Gordon Moore）。1965年，他提出一个重要的说法：“价格不变时，集成电路上可容纳的元器件的数目，约每隔18个月便会增加一倍。”后来，人们称这一说法为“摩尔定律”。摩尔定律提出时，他并没有意识到这个规律能够延续多长时间：10年还是20年？但出乎人们预料的是：按这个规律持续发展了50年。这种翻倍的发展模式非常惊人：连续翻10次会增加1000多倍；翻20次，则会增加100多万倍。我们看到智能科技突然发力，恰恰是这一定律持续有效50年，半导体技术从量变到质变的结果。

摩尔定律的延续，也推动了互联网的发展。最近几年，互联网，尤其是移动互联的高速发展让人类揭开了通信技术新的历史篇章。网络的迅速发展，同样也离不开材料的支撑。令人兴奋的是：这里还有华人科学家的贡献。

2009年，华人科学家高锟获得了诺贝尔奖。在学术界，高锟被称为“光纤之父”“光纤通信之父”。1964年，他提出在电话网络中以光代替电流，以玻璃纤维代替导线。1965年，他提出以石英基玻璃纤维做长程信息传递，带来了一场通信革命。事实上，正是有了光纤，才有了今天互联网的迅猛发展。

前面我们多次讲到，在早期人类的演进历程中，智人战胜尼安德特人，靠的是会说话这种通信能力。同样，在未来的人造智能世界里，把人类连接在一起所产生的智慧将会远远超过个人的智慧。于是，人类走向智能社会的曙光出现了。

通向人造智能的路径

当我们欢呼人造世界走向智能时，对于自然界早已存在的千姿百态的智能不能熟视无睹。按照构成这两种智能的最基本的材料属性，我们将其划分为“碳基智能”和“硅基智能”两大阵营：以碳元素为特征的有机化合物，组成了生物世界的物质基础；以硅为主体的晶元，则是人造世界中数字信息的承载者。包括人类在内的生命体中的智能，可以视为“碳基智能”，而人造世界中的智能，我们称之为“硅基智能”。

随着科技的发展，人造世界的“硅基智能”开始模仿生物体的“碳基智能”。然而，两者的发展逻辑却有所不同。现在的物种是从大分子有机物进化而来的，人和高等动物的身体也都是由一个微小的卵细胞发育长大的；支撑人类智慧的物质基础，起始于微观的分子结构。而人造世界的智能体是设计的结果，往往是由宏观的零部件组装而成的。这意味着，人造世界中智能的发展，可能是多路径的。

路径一：CPS 打通机器智能“阴阳两界”

“机器替人劳动”的实质性进展发生在工业革命时期。此后，自动化、机器人、无人工厂、人工智能等技术都曾声称要机器代替人的劳动。时至今日，人工智能技术已经非常发达。可是，人们却发现，即便是端茶倒水这样简单的工作，机器都做不好。有人甚至提出一种“人机悖论”：“人容易做的事情，机器不容易做；机器容易做的事情，人不容易做。”那么，应该如何理解人和机器的差异呢?

《控制论》之父维纳早在20世纪40年代就深入思考了这个问题。他发现，人和动物的能耐在于协调。要协调物质世界中的动作，就要有获得信息、处理信息的能力。

在电视剧《大染坊》中，主人公陈寿亭把鱿鱼放入正在加热的染缸中。当他看到鱿鱼爪很快打卷了，就指挥工人把棉布放入染缸。

在这个例子中，要把染缸加热和放入棉布协调起来。协调两件事的温度信息是通过“鱿鱼爪打卷”获得的，决策是在陈寿亭的脑子里进行的，而动作是工人执行的。这个例子其实具备了“控制系统”的所有要素：鱿鱼本质上是个“传感器”；陈寿亭则充当了“控制器”的角色；工人则是“执行机构”。但这个“控制系统”是人工完成的、不是自动控制的。实现自动控制，是要排除人的介入的。

蒸汽机转速控制就是个自动控制系统（见图9-3）：蒸汽机速度增加时，飞球升高导致气阀开口减小，蒸汽机的速度随之降低；反之，蒸汽机速度降低时，飞球下降使气阀开口变大，蒸汽机的速度便随之提升。依靠这样的机制，蒸汽机速度就能自动保持基本恒定。

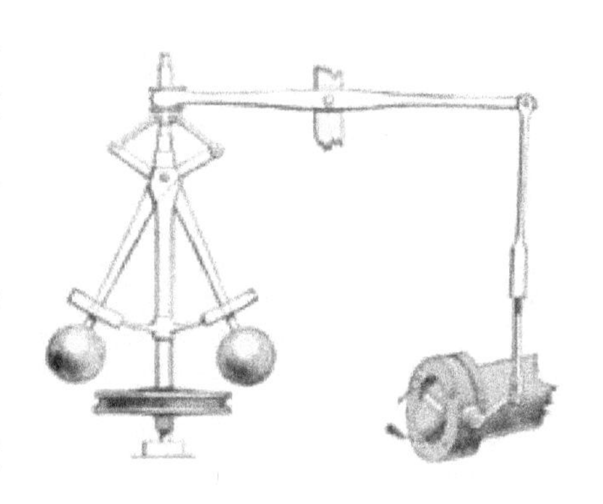

图9-3　蒸汽机的转速控制系统

在这个例子中，获取信息、计算和执行三个要素都是由机械结构来完成的。但是，人们在惊叹瓦特的匠心之余，也会感到困惑。用机械完成的控制机构虽然巧妙，但很难推广到一般性的场合。比如，在陈寿亭的故事中，机器能看到鱿鱼打卷吗?

数字世界和物理世界就像“阴阳两界”，要实现自动控制，就要让它们联系起来。为此，我们需要一种媒介，它就像《西游记》中的孙大圣，或《聊斋志异》中的崂山道士，能在物理世界和数字世界中自由穿梭——这个媒介就是“电”！ 电既可以表示信息，又可以加以变换，成为驱动物理设备运转的能量。

把物理世界的信息转化成电信号的装置一般称为传感器。常见的传感器包括：热敏传感器、光敏传感器、气敏传感器、力敏传感器、温度传感器、湿度传感器、声音传感器、磁敏传感器、味觉传感器等。当然，这些传感器的制造，也离不开材料的贡献。把传感器安装在机器上，机器就像长了眼睛和耳朵，逐渐变得聪明起来了，距离人造智能世界的距离就越来越近了。

对多数控制系统来说，电信号取来之后不是直接使用的，而是要经过复杂的计算和变换。变换之后的输出仍然是微弱的电信号。这些电信号虽然微弱，经过放大以后却足以驱动开关和电动装置，进而驱动其他各种功率强大的动力设备。而设备执行情况的信息，又可以进一步转化为电信号，被反馈回来。这样，信息和物理世界的“阴阳两界”就紧密联系起来了。

在蒸汽机的例子中，人们很早就发现：如果有关参数设定不好，蒸汽机的速度不但不能稳定，还会产生剧烈的震荡。直到 1868 年，才由麦克斯韦尔给出了解释并给出了理论上的解决办法。他的这一发现，至今仍被编入自动控制的教材中。

在复杂的自动控制系统中，输入和输出之间的关系是非常复杂的。要做出正确合理的决策，通常需要从多个渠道、获取多个时间段的信息，并同时驱动多个物理设备或装置。这样，控制问题就会变得非常复杂。控制理论就是为解决这些问题而产生的。经典的控制理论非常美妙：控制信息、控制对象和控制器都由统一的频域表示，控制系统的设计就非常方便。做到这一点，是基于控制器和控制对象都能用线性常微分方程组来描述。现在大学控制论专业中讲授的控制理论，很多来自于这个时期。

然而，随着人们对控制系统的期望越来越高、应用范围越来越广，人们发现越来越多的对象难以用线性常微分方程描述，经典控制理论的弱点暴露得越来越多。要突破这些约束，必须用更广泛的办法描述控制对象和控制算法。显然，这样的使命需要由计算机来承担。

有人可能想当然地认为：自动控制就是靠计算机来实现的。其实，早期的控制器是用常微分方程组描述的，这种控制电路可以由电感、电容等电子元器件搭成，而且性能稳定。与之相比，早期的计算机性能相当不稳定、经常出现宕机。当时有权威人士断言：计算机是只“瘟鸡”，不适合用于工业控制。

事实上，钢铁等大规模流程型行业早在 30 多年前就开始尝试计算机控制了，随着时间的推移，计算机在控制系统中的应用越来越广泛。但是，直到10多年前，人们还会发现：计算机描述的控制对象的模型，通常过于简化，甚至违背已知的科学原理。 这又是为什么呢？究其原因，还是因为当时计算机的性能不理想。为了能满足实时控制的需求，人们只能对对象模型进行大刀阔斧地简化，有时候甚至简化到“变态”的程度。

幸运的是：随着“摩尔定律”的延续，信息的存储、计算、传递能力上的制约逐渐消失了。现在的计算机可以实时计算相当复杂的数学模型了。在这样的背景下，CPS的概念骤然升温、人工智能和智能制造再次成为热点。与传统的控制系统相比，CPS内嵌复杂的模型、加强了对外部环境的感知和识别能力，故而能够应对复杂多变的外部环境，体现出更强大的灵活性，成为人造世界中真正体现智能的技术。德国学者更是指出：CPS的广泛使用会引发第四次工业革命。

这样看来，在人造的世界中，智能化的春天真的快要来临了。

路径二：非生物方式合成人工生命

有关人造智能，可分为人工智能和人工生命两大领域。人工智能的研究，有机器人、深度学习等，最引人注目的是20年前的“深蓝”和今天的阿尔法狗。人工生命的研究，包括进化算法、遗传算法、遗传编程、群体智慧、蚁群优化、人工化学合成、智能体等。

人工生命最令人惊叹的是探索以非生物方式制造生命的方法。

未来的人类或许能制造出生命。但要制造生命，先要制造生物身上特有的材料。前面已经提到，科学界曾经有种理论叫作“活力论”，认为有机物只能由生物细胞在“生命力”的作用下才能产生，不可能人工合成。如果这个理论成立，生命和非生命之间就会隔着一条难以逾越的鸿沟。

然而，德国化学家弗里德里希·维勒“无情”地打破了这种理论。1828年，他用无机物合成了尿素。虽然尿素是一种非常简单的有机物，却打破了有机物和无机物的界限、让“活力论”的说法彻底破灭。

我们知道：对生物来说，蛋白质是构成生命的基本物质。常规蛋白质分子往往比尿素分子大上百倍，结构也复杂得多。所以，人工合成蛋白质的时间要比合成尿素晚了100多年。值得我们骄傲的是，中国科学家在这一领域做出了杰出的贡献。

1958年开始，王应睐等人开始探索用化学方法人工合成胰岛素。他们把合成工作分成三步：第一步，先把天然胰岛素拆成两条肽链，再重新合成为胰岛素；第二步，在合成了胰岛素的两条链后，用人工合成的B链同天然的A链相连；第三步，把合成的A链与B链相结合。1965年9月17日，他们完成了结晶牛胰岛素的合成。这是世界上第一个人工合成的蛋白质，意义非常重大，可谓人类科技史上的创举。可惜的是，由于各种非技术方面的原因，这一成果与诺贝尔奖擦肩而过。

与合成蛋白质相比，大批量制造DNA的意义是不大的。但是人们可以通过利用和改造DNA来改变世界。

《西游记》里的美猴王有这么一个本事：拔下一撮猴毛，迎风一吹，瞬间变成上百个美猴王，一人一根金箍棒，把妖怪们打得四散奔逃……。在很多神话故事中，人们梦想着造出一批与自己一样的人，帮着自己做事情。科技不发达时，这些想法只能停留在幻想的阶段。但随着科技的不断发展，遥不可及的幻想和神话开始逐步走入现实：1996年7月5日，世界上第一个克隆动物多利羊（见图9-4）诞生了。多利羊没有父亲，用的是母羊体细胞中的DNA。

图9-4 多利羊

基因技术不仅可以用来复制生命，还可以用来产生新的物种。基本原理是：把某个生物DNA上的一段基因“剪”下来，装到另一种生物的DNA上。经过这样的手术，新的物种就产生了。于是，生物就有了新的遗传密码，表现出新的特性。用这种办法，可以创造出符合人们需求的物种和生物产品。转基因的农产品，就是用这种办法得到的。转基因的应用前景十分广泛，但潜在风险也是非常巨大的。

2015 年 10 月，一群科学家在华盛顿的国家科学院讨论一种叫作 CRISPR 的基因编辑方法。用这种方法，能让动物身上长出适合人类移植的器官。在过去的几年，这一技术发展非常迅速，以至于许多科学家都在呼吁限制其潜在的用途。如果技术应用到不合适的地方，可能会对社会伦理产生极大的冲击，甚至会威胁到人类的生存。最近，美国国家情报总监詹姆斯·克拉珀（James Clapper）在一份评估报告中，将“基因编辑”列入“大规模杀伤性与扩散性武器”清单中。

路径三：仿生设计获取智能材料

如前所述，生物体的精妙之处，往往体现在一些复杂的结构上。这些结构使生物体的局部也具有一定的“智能”。这种智能让生物体的功能更强大、材料投入更“经济”，从而提高生物的生存能力。

这样的思路，也给人造智能提供了样板和参照。其中，智能材料就是这样一个研究方向。智能材料的最初构想来源于仿生学，目标是研制出具有类似于生物功能的材料。其方法是利用多功能复合材料进行仿生设计，使之具有感知环境刺激并进行适度响应的智能特征。

电池板对准太阳才能获得最大的能量，而太阳的不断移动会让电池板的效率变低，能不能让电池板像向日葵一样，自动跟踪太阳的方向呢？美国密歇根大学的研究人员研制出一种特殊的智能材料，实现了这个梦想，如图 9-5 所示。

智能材料虽然迷人，但个性化很强。要解决每一件事，都需要找到特殊的解决方法。有没有相对通用的解决方法呢？这时，3D 打印出现在了人们的视野中。3D 打印可以使用不同的材料，随心所欲地打印出人们所希望的各种复杂的微观结构，如动物的心脏（见图9-6）。

图9-5 可扭转的太阳能电池

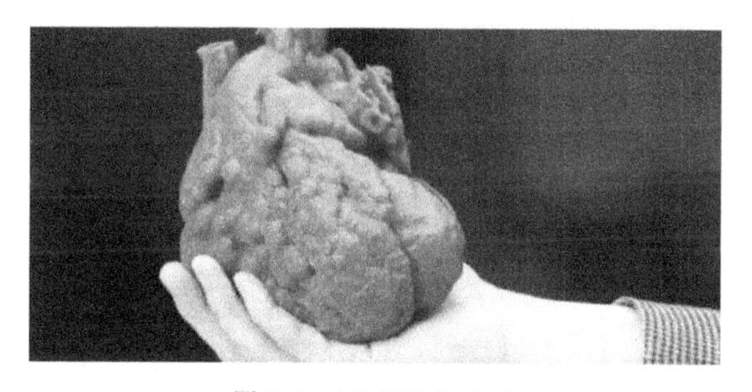

图9-6 3D打印的心脏

三体融合引领人造智能革命

人是自然界中最高级的智能体。在人造世界中，智能的发展过程，或许可以看成模拟人的过程。但是，人造世界的发展速度却要比人类的进化快得多。电子计算机的出现只有短短几十年的时间，却能打败世界上最优秀的国际象棋冠军。我们没有理由证明，人类拥有的智力是宇宙中的极限。失去了“人”这个标杆，未来人造世界的智能会走向何处?或许会走向融合：把“碳基智能”和“硅基智能”融合在一起，制造出智力高于人类的智能体。如果是这样，人类自身又会走向何处?

真的还想再活500年

“流光容易把人抛，红了樱桃绿了芭蕉”，人们常用优美的诗句感叹时光飞逝、人生短暂。人生七十古来稀，科技不发达的时候，人的寿命很短。随着科技的发展，人们或许能像歌中唱的那样：真的还想再活500年。

人体衰老的本质是器官的衰老。把衰老的器官更换掉，是延缓衰老的有效做法。现在常见的白内障手术，就是把眼睛里面的晶体用人工晶体更换掉；义齿就是把损坏的牙齿更换掉。随着科技的发展，这样的手术可能会越来越多。除了用生物方法工业化生产人的器官之外，3D打印技术也将会给人类带来更多的希望。

两岁的艾玛天生患有关节挛缩症（AMC），这抑制了她的肌肉发育，骨头变得僵硬，严重影响了她的运动能力。设计师用3D打印技术给她制造了一个人工关节，艾玛现在可以自由移动她的手臂了，可以玩玩具、开冰箱门，拥抱自己的父母。可以说，这完全改变了她的生活！ 国外一家公司拥有一款生物3D打印机，能把人体活细胞组织打印成一些器官，并具备部分生理功能。

既然能够更换器官，也就能更换更好的器官，提升人的能力。随着科技的发展，人们在学习上花费的时间越来越多。也许将来的某一天，能够在人脑中植入芯片，芯片中蕴含大量的知识、直接和人的意识对接。可以让初出茅庐的年轻人立刻变成学富五车、学贯中西的大学者。而且，芯片中的知识可以通过无线通信进行知识的更新，自动地交换信息。这样一来，人就不是一个生物意义上的人类了。

在电影《超人》中，超人的父母早已去世。但在他们离世之前，将自己的意识存入到水晶当中（见图9-7）。当儿子遇到困难的时候，父母的意识就会帮助他找到办法，渡过难关，就像活着的时候一样。

无论科技如何发达，人的寿命毕竟是有限的。于是，我们会想到：能否将人的灵魂和思想数字化，放在赛博空间中？如果能这样，人们就可以在赛博空间中得到永生，和自己爱的人永远生活在一起。

如果真的能这样，就可能在未来的某一天，将逝者的亡灵装入一个全新的人

图 9-7 科幻电影《超人》

造躯壳，也就可以真的起死回生了。

2014 年，美国人通过虚拟现实技术，合成了迈克尔 · 杰克逊（见图 9-8）。虚拟杰克逊的演唱会门票在拉斯维加斯等地销售，每天每场都有近千人观看，几乎天天爆满。于是，现实世界中的杰克逊去世了，虚拟赛博空间中的杰克逊却得到了永生。

图 9-8 虚拟现实场景中的迈克尔 · 杰克逊

然而，赛博空间中的杰克逊不但没有躯体，也不会思考、没有自主意识。科学家图灵提出了一个叫作“图灵测试”的设想：当人们与计算机交谈时，如果分不清对方是人还是机器，就可以认为机器会思考了。不久前，微软开发的“小冰”就是可与人对话的机器人。北大有位学者认为，小冰已经通过了“图灵测试”。

那么，人的意识能不能被录下来呢？不久前，休斯敦大学研发出一种可以用脑电波驱动义肢的技术。在实验中，科学家让实验者戴上一个特制的头盔，头盔中含有一个检测脑电波的设备。通过对脑电波的分析，机器就知道人的想法了。如果人的想法能够被拿出来，自然也就能存起来了。

本书前面已经提到，美国南加州大学 Theodore Berger 教授宣布，在对猴子、老鼠的实验中，通过人造海马体完成了短时记忆向长期储存记忆“几乎完美”的转换，这项技术可以完成对人脑记忆的备份，并将其复制到其他人的大脑。目前该项试验在八名癫痫患者身上已经试验成功，Berger 教授甚至表示，随着植入硬件的发展，人类的意识未来有望永存。

你想不想在赛博空间创建一个虚拟的自己？永远生活在无垠的数字空间里呢？

谁是终结者

《西游记》里有段真假美猴王的故事。假悟空不仅霸占了花果山，还剥夺了他的工作——保唐僧西天取经。他俩是如此相似，以至于唐僧、太上老君、观音菩萨都难以分辨。

西游记的故事只是幻想。但是，随着智能技术的发展，赛博空间中的“你”可能被复制出来，和与你一模一样的肉体结合。于是，现实版的“真假美猴王”就出现了。那时，你的家人、朋友和同事，可能分不清哪个是真的你、哪个是假的你。如果这样，那个人会不会来霸占你的财产、取代你的地位、融入你的家庭呢？会不会谋财害命、成为你的终结者呢？

在美国电影《终结者》中，施瓦辛格饰演一个拥有高强度合金骨架，但拥有与人类基本一致的肌肉、皮肤和毛发组织的机器人。然而，这个机器人不是来帮助人类的、而是来灭亡人类的。

电影会不会变成现实，机器人会不会是人类的终结者呢？人造世界的智慧将会不断发展。在未来的某一天，机器人可能确实具有灭亡人类的能力。要阻止这样的悲剧发生，就要从另一个角度思考：灭亡人类的动机何在呢？

战争和生存竞争的本质是生存资源的争夺。人类制造机器人的目的是服务于人的。人类竞争的对手其实不是机器人，而是机器人背后的人：让机器人杀人或者让自己变成“机器人”。事实上，通过植入芯片或者改造基因，某些人的智力可以远远超越正常人。其实，这些人已不是真正的人类，而是人和机器的结合体——生化人（Cyborg）。这种人所需要的资源与普通人无异，可与其他人产生竞争关系，并有能力挑起以消灭其他人为目的的战争。

由此可见，近年来霍金、马斯克等国际知名人士提出对生物技术和人工智能技术的应用加以限制，从长远看是有必要的。

爱 超越自我

在未来的智能世界里，我们有张真正的王牌，能避免人类灭亡的悲剧。那就是“爱”。

在非洲草原上，狮子扑倒了一头牛犊。见此情景，母牛奋不顾身地跑来与狮子搏斗，最终救下了牛犊。母牛能够做到置生死于度外，这就是爱的力量。“爱”其实是对自我的超越，有爱的人就是将自己融入他人。

爱，可以激发生物体（人、动物、植物）产生高度灵敏的状态感知，瞬间的实时分析（甚至省略分析，奋不顾身），完全的自主判断（或者省略判断，不顾一切），然后是决然的、不计后果的行动。

人世间，男女之热恋，多半降低智商；动物界，舐犊之爱怜，激发无限潜能。我们基本有一个共识：爱，左右着人和动物的智商和能力；爱，是三体世界中的终极控制力量。

在爱面前，自己的生命和得失已经变得不重要了。其实，没有这种爱的力量，人类就不会延续到今天。在智能世界，人类依然面对各种全新的挑战；要应对这些挑战，最终还是要靠“爱”的力量。

2016年情人节，一张照片（见图9-9）引来无数网友的转发。一只鹅站在摩托车边上，与另一只绑在车上的鹅吻别。有这样的爱，即便是生离死别，想必内心也是温暖的。

图9-9　吻别的两只鹅

此去一别，阴阳相隔，令人唏嘘不已。很多网友不愿去面对悲惨的结局，编出各种后续故事，盼望它们能有个好的归宿。在这件事上，人们意识中强烈的“爱”其实已经扩展到了动物身上。同时，这个新闻事件也作为中国微信新闻史上的一个与爱有关的标志性事件，被永久地记载在了数字虚体中。

人类有时也是很残忍的，会向自己的同类甚至亲人举起屠刀。但残杀背后的本质原因，是生产力不够发达、需要争夺生存资源。在未来的智能社会，生产力高度发达，人类的爱心会不断增强：从自我扩大至人类，从人类扩展到生物界，从生物界扩展到大自然。那时的人类不是互相追杀，而是互相之间“爱”的付出。

现在回到前面问题：如果赛博空间的你，变成和你一模一样的人，会不会加害于你呢？其实，这决定于你自己了：如果你是个有爱心的人，他也一定会有爱心的；如果你能善待每一个人，他也自然会善待你。所以，在智能世界中，如果你是个有爱的人，你的未来就是光明的。

其实，人类能够体会到的最大幸福，是从爱的过程中得到的。正如一位哲人所说：世界是虚构的，只有“爱”才是世界的本质。爱，不仅让人类超越了自我，也永远地超越了机器。

智 走向自由

“生命诚可贵，爱情价更高；若为自由故，二者皆可抛”。人类创造智能世界，目的就是为创造更多的自由。然而，自由是什么，自由是真实存在的吗？回答这个问题之前，先来做一个“思想实验”：

假如在同一时刻，宇宙中有两个完全一样的平行世界。那么，500年以后，这两个世界还是一样的吗？

如果500年以后，两个世界仍然是一模一样的。这时，人类就不得不接受宿命论的观点：我们现在和将来遇到的一切，包括张张嘴、皱皱眉毛甚至内心在想什么，都是命中注定的。如果这样，人不过是一个事先写好的程序，只会按照既定的逻辑运行、毫无自由意识；我们做的任何事情都是“逢场作戏”，人类不过是自然规律或上帝的玩偶罢了，哪有自由可言？

对于这样的结论，我们显然是不能接受的。

反之，又面临另一个困惑：什么因素会让它们变得不一样呢？如果存在这样的因素，它的发生一定与从前的状态没有因果关系。没有因果关系，就意味着其变化规律是不可知的、完全随机发生的。但是，这种事情可能吗？

在量子世界里，这就是可能的。中国科技大学潘建伟院士最近就量子纠缠、人类和人工智能的关系亮出了自己的观点：“人类大脑里面的思维机制和量子纠缠、量子叠加是紧密联系在一起的。量子测不准原理告诉我们：你是不可测的。‘不可测’就保证了人类和机器人有本质的区别，人类有自由的意识和自由的思想。”

人的思想是自由的，意味着思考过程可以脱离因果约束、不被必然性的物理规律所控制。人类是自由的，人类是自己的“上帝”，而不是上帝造的机器。

以三体构建智能，以自由超越梦想，以大爱激发智慧，以赛博获得永生，是人类未来希望之所在。

“菩提本无树，明镜亦非台；本来无一物，何处惹尘埃。”智者，是将世界的本质看透的人。有人问：怎样让一滴水不干涸？智者答曰：放入大海。一滴水进入大海，是“小我”升华为“大我”的过程。它不是放弃自我，而是获得了永生。人类的大爱就是这样，将个人与人类的命运融合在一起，将获得终极的自由，是最大的智慧。

现在，互联网把人类联系在了一起，数字虚体把第一体、第二体都记录下来，并且一一打通。未来，三体智能网络将物质世界、生物世界和数字世界以前所未有的方式紧密联系起来时，大智慧的年代就来到了。

Chapter 10

第十章　眺望智能社会的黎明

在信息化或者网络化的社会中，信息技术将变成劳动过程的关键组成部分。它会导致出现这样一种新的分工，这就是人类本身主要从事知识和信息的生产，而实际产品的生产则通过生产的高度机械化和自动化由“工具”来完成。

——曼纽尔·卡斯特

如果说工业社会最具革命性的意义在于对人类体力的解放，那么，新一轮科技、产业和社会变革的本质意义恰恰在于对人类智力的解放。

——本书作者

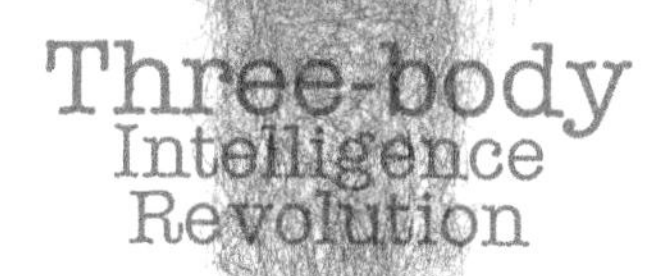

写到这里，我们与读者同行的首期走向智能之旅即将告一段落。

按照此书的初心，我们一直努力把这趟精彩观光的提示牌写得简单又简单，直白再直白，因为我们相信，伟大的智能无一例外都归于极简。

同时，我们又很难做到这一点。我们惊讶地发现，越来越多的学科、专业前沿都与智能科技发展出千丝万缕的联系，从材料工程、流程工业、能源业，到制造业、IT网络技术以及工商管理、美学设计，等等。如此众多的领域，如此丰富的细节之中都在涌现智能，以至于要捕捉到它们共同的脉动，需要大量的跨专业、跨学科的通识。

打住吧。智能不就是大片里、游戏中人们习以为常的耸人听闻的现象，关于机器能不能像人类，能不能打败人类的争论已经跨越几个世纪，似乎无须如此费劲。

必须的。科技日益发达，让我们的身边充斥着太多的人造系统，它们越来越精巧，也越来越复杂。它们未来带给人类的烦恼，将和带来的便利一样多。只有解开智能发生发展的奥秘，我们才能拥有更加美好的未来。

问题：系统日趋复杂

从简单系统到复杂系统，再到更复杂的巨系统，所有的人造系统正在以前所未有的速度增加着复杂性。复杂系统使得信息在系统之间传输时，很容易产生阻隔、截断、变形、失真、消失等现象。由此，在互联网不断缩小全人类信息鸿沟的同时，又产生了新的信息不对称、不透明，极大地提高了社会的沟通成本和商业的交易成本。

早在20世纪70—80年代，科学家们就已经将关注的焦点定位在各式复杂系统之上。一个复杂系统，特别是人造复杂系统的运行通常是由许多或独立或交叉的子系统、因子相互作用而形成的，这些单个的因子在和谐相处的同时，也蕴含并制造了大量矛盾。比如2015年年中的中国股灾，就是复杂的股市巨系统因为种种错综复杂的条件所引爆的系统性金融风险。尽管股灾之后，人们不断地发现各种预警迹象早已发出，但没有任何机构或者个人可以笃定地预见到股灾的发生，乃至预见到其造成的动荡与损失如此巨大。

在消费与生产领域，进入 21 世纪以后，人们对产品提出了更加个性化的需求，这使得制造企业在成本、质量、供应链效率等诸多管理领域都面临高度的复杂性挑战，他们需要新的工具来解决不确定性。此外，癌症、气候变迁、能源、基因组学、宏观经济学、金融系统、物理学等，太多人类想掌握的系统知识正变得极其复杂。如此巨大的信息量让最聪明的人穷其一生也无法完全掌握。那么，我们如何才能从如此庞大的数据量中筛选出正确的见解呢？

在复杂系统构成社会主导力量的背景下，如何让系统的运行更加协调，更加符合社会群体价值观，并满足每个人的需要，这需要高度发达的系统智能。让人造系统乃至全社会拥有足够多的知识或信息来应对和解决复杂问题，成为人类的一种共识。

历史：信息社会的解决之道

从 20 世纪的后半叶开始，信息技术革命促使人类社会发生了一系列深刻的变革。50 多年间，世界各国的社会学者和观察家们不断提出未来社会形态的猜想，其中最典型的，有后工业社会、知识社会、信息社会、网络社会、开放社会等理论与认识。

1964 年，日本学者梅棹忠夫在《情报文明学》中第一次使用了“信息社会”的概念（日语为“情报社会”，英译为“Information Society”，再译为汉语就是“信息社会”）。美国未来学家约翰·奈斯比特于 1982 年出版了名著《大趋势》，该书的副标题是“改变我们生活的十个新方向”，其中第一个方向就是“从工业社会到信息社会”。

率先提出知识社会的，是美国社会学家马哈洛普。1962 年，马哈洛普在《美国的知识生产与分配》一书中，对信息、知识等概念进行了讨论，并首次对美国的信息与知识产业进行了定量分析。受其影响，美国经济学家珀拉德在《信息经济》中专门研究了信息活动在美国经济总量中占比，结论是1967年美国国民经济总产值的46%都与信息活动有关，美国已经发展成为一个以信息为基础的经济实体，“我们事实上已经步入信息社会”。

在美国社会学者贝尔那里，“知识社会”一词与“后工业社会”几乎是同一个概念。1973年，在《后工业社会的到来》一书中，贝尔把人类社会的发展进程区分为前工业社会（即农业社会）、工业社会和后工业社会三大阶段。“如果说工业社会主要以‘能源’为中心的话，那么后工业社会就是一个以‘信息’为中心的社会”。德鲁克在《断裂的时代》中，将与贝尔的后工业社会模型几乎完全相同的社会形态称为“知识社会”。

在很多学者看来，工业化后期出现的新型社会形态，无论叫后工业社会也罢、知识社会也罢，还是信息社会也罢，这一社会的重要标志之一是从事信息活动的人数超过从事物质生产活动的人数。美国学者约翰·奈斯比特认为，美国从1956年开始进入信息社会，这一年，美国历史上第一次出现了从事技术、管理和服务工作的白领工人人数超过蓝领工人人数的现象，美国大多数人从事信息生产活动，而不是物质生产活动。根据这个判断，信息社会的劳动者仍分为脑力劳动和体力劳动，但脑力劳动者已占多数。这是信息社会区别于农业社会和工业社会的本质特征之一。

被誉为“虚拟世界第一位重要的哲学家”的曼纽尔·卡斯特，建构了一个更为系统的信息社会理论。“在信息化或者网络化的社会中，信息技术将变成劳动过程的关键组成部分。它会导致出现这样一种新的分工，这就是人类本身主要从事知识和信息的生产，而实际产品的生产则通过高度机械化和自动化的‘工具’来完成。”信息技术而非信息本身被看作新社会结构浮现的第一推动力，网络信息技术为新社会结构奠定了重要的物质维度——流动空间。他于2000年出版的《信息时代三部曲：经济、社会与文化》预示，21世纪正是一个由网络构建的具有全新意义的社会，21世纪的资本主义精神来自信息技术和计算机空间，21世纪的资本主义应该是信息资本主义。

西方学者们的前沿思想深刻地影响了国际社会。从1996年开始，研究机构

IDC 按国别推出了一年一届的"信息社会指数"排名。10 年后，联合国将每年的5 月 17 日正式确立为"世界电信和信息社会日"。随着国际社会普遍接受了信息社会这一理念，中国在 2006 年发布的《2006—2020 年国家信息化发展战略》中提出了到 2020 年"为进入信息社会奠定坚实基础"的奋斗目标。国内的信息社会研究也正式启动。2010 年，国家信息中心信息化研究部发布第一份《中国信息社会测评报告》，对全国及 31 个省份的信息社会发展水平进行了定量测评。2013 年，第二份信息社会测评报告给出了信息社会的定义，即以信息活动为基础的新型社会形态和新的社会发展阶段。信息社会具有四个基本特征，即知识型经济、网络化社会、服务型政府和数字化生活。报告判断当前中国正处在从工业社会向信息社会的加速转型期，预计 2020 年左右将可以在整体上进入信息社会初级阶段。

应该看到，由农业社会、工业社会，继而发展到信息社会（或知识社会），是一个不可逆转的历史趋势。但是，在科技变革一日千里的今天，我们还能宣称，今天的社会形态与半个世纪之前的社会仍处于同样的阶段、仍位于同样的水平吗？今人对社会的认识理应在前人的肩膀上向前迈出一大步。

反思：那些未被思想照亮的地方

不同年代的优秀学者和思想家在眺望未来的时候，无不是基于当时的历史条件，特别是科技发展水平，必然是有其缺憾的。正如人们所看见的月亮，最多也只有月球表面的 59%，有多达 41% 的月面人们永远无法看到，只能依靠推理和猜想，因此越发令人着迷。

尽管先贤们有关"后工业社会""知识社会""信息社会"的预测充满天才般的敏锐，但由于普遍缺乏技术背景，特别是交叉的技术背景，在概念的建构与运用上也矛盾重重，由此引发的争议充斥了半个多世纪。

比如，在关键词方面，知识社会或后工业社会的看法更注重"理论性知识"，而信息社会、网络社会理论更看重"信息"。在马哈洛普那里，"所有的信息都可以包含在知识当中"。在贝尔的《后工业社会的来临》中，"知识正逐渐成为所有社会的基础……而理论性知识则成为技术革新的母体"。德鲁克也在

《断裂的时代》中指出，现代经济的基础不是科学而是知识。

类似这样的观察与总结，不同程度地描述了信息承载知识，知识驱动变革的规律，但对于信息、知识本身的区分仍然是不严谨的，同时对数字化信息（数据）严重缺乏认识。学者们更多地关注如何在统计上将一些与媒介、传播、文化、出版、计算机与软件、通信与信息服务有关的部门归入一个大类，以证实知识的生产超越了物质的生产，但关于知识、信息和数据如何驱动产业、技术变革，技术及系统如何承载知识大规模爆发的内在机制还缺少研究。更重要的是，这些认识更多地发生在21世纪初以前，这些思想的大牛们对于移动互联网、云计算、大数据等为代表的新一代信息技术，对IT技术与工业技术高度融合的新兴智能化技术，对CPS（赛博物理系统）、人工智能、认知科学等的进展与最新成果的认知严重不足，对于智能化浪潮兴起的内在逻辑认识不足。

本书使用改进的BDIKSW理论，花费了大量笔墨讨论了信息、知识、数据等一系列容易混淆但各有用途的概念，并基于系统演化的历史规律建立了三体智能演化模型。就是为了探求这样的创见——信息、知识、数据等只是构筑起智能大厦的砖石。而“智能”，才是信息、知识、数据这些概念被创造出来的目的，这就是先贤们的思想未曾照亮的地方。

数据是用来构成信息的，信息是用来承载知识的，知识是用来驱动智能的。无论是工业控制领域的“Smart”，还是计算机领域的“Intelligent”，都是对人造技术系统通过数据传输信息、通过信息获取知识、通过知识转化智能的过程或结果的描述，从“耳聪目明”“见多识广”到“灵活反应”“智慧决策”，印证了智能技术的演进发展。

我们认为，智能是以人为代表的高等生物的特有属性。人的智能雄踞已知宇宙的智能之巅。在漫长的进化中，人类成为一个优秀的信息输入者（五官感知各路信息，人脑整合非结构化的信息），同时也是一个优秀的知识创造和学习者，可以借助符号、结构化地表示信息。因此，人脑、人体恰恰是天字第一号智能系统。一切人造智能系统或工具，都是对人特有的智力与能力的全方位模仿，乃至超越。“无人驾驶汽车”“无人值守工厂”“智能机器人”就是其中最典型的例子。所谓“无人”的含义是，机器系统会像人一样做出最合适的决策与控制。

如果说工业社会最具革命性的意义在于对人类体力的解放，那么，新一轮科技、产业和社会变革的本质意义恰恰在于对人类智力的解放。新的知识生产工具正在由人脑大规模转向数字智能技术系统。21 世纪以来，随着全球互联网基础设施的搭建，随着数字空间的计算能力与存储能力远远超越人脑，数字人工智能系统开始在各个领域大规模涌现，这些系统不再仅仅担负将信息、知识进行数字化转化的功能，它们既可以理解人、模仿人，还可以按照新的原理创造数字空间中的新知识，更重要的是，它们可以像人一样做出分析、判断与决策，并控制与指挥着越来越多的物质世界。

趋势：人造智能引发变革狂潮

层出不穷的机器人，让人工智能成为当今时代最引人注目的前沿科技。而人造智能现象，进一步出现在各行各业，包括智能制造、智能材料等，这些领域的新科技、新产品，将极大地改变人类的生产生活。

2015 年 11 月北京召开的世界机器人大会让中国公众大开眼界。除了能聊天的美女情感机器人，人们还看到了能打乒乓球的机器人、会踢足球的机器人、能炒菜的机器人，各种扫地机器人、擦玻璃机器人、送餐机器人、幼教机器人、养老机器人、助残机器人，在语音服务区、智慧生活区、探知未来展区悉数登场。之前，大众对于人形机器人的认知主要来源于科幻类电影、电视剧作品。但在专业人士看来，ABB、库卡、安川、新松、哈尔滨工业大学机器人集团、广州数控等 120 多家国内外知名企业展出的最先进的工业、服务、特种机器人及先进产品才真正代表可以影响未来的技术力量。

人造智能可识别、追踪人类

在熙熙攘攘的大街上，各种摄像头不仅能识别我们的汽车，也能识别单个人的身份，从脸型就可以知道我们是谁，自然也会知道我们从何处来，只要建立足够多的数据库和认知模式，判断我们将去往何处，有何目的易如反掌。

人脸识别早已进入实际应用。2015 年，马云在德国展示了支付宝刷脸付款功能，采用的就是 face ++ 提供的人脸识别技术。人脸识别技术公司旷视科技因 face ++ 人脸识别平台而被熟知。当大规模人脸检测与搜索功能被部署后，“疑犯追踪”已经不是科幻剧情。当你行走在大街上，摄像头能够捕捉到面部图像，并完成检测和特征提取，实时和数据库比对。如果通缉犯出现，第一时间就会被发现行踪。

在 face ++，这种用于人脸识别的智能摄像机已经量产。除了公安级别的应用，在其他人流巨大的场景中还可以开发出广泛的商业应用，售票员、安检员、保安、门卫这类工作将首先被替代。

人造智能可与人类深度交互

2015 的国庆节，在北京一座著名的寺庙里，一个以动漫形象“贤二”为原型的机器小和尚横空出世，与一位可爱的小姑娘展开了一段令人忍俊不禁的“人机对话”。

女孩：贤二，你能回答什么问题?

贤二：不太难的问题。

女孩：你爸妈是谁?

贤二：好搞笑，机器人怎么会有爸妈呢?

贤二机器僧不仅有感知，还能回答一些佛教方面的问题，此外，生活、工作、学习的问题，他也略知一二。贤二被誉为人类历史上第一个“智能机器僧”。贤二的本体，有语音识别、拍照、对话、身体触碰感应、移动等多种功能。

与理解自然语言相比，理解人眼看到的全部信息可能更复杂。2016 年 3 月 31 日，微软的盲人工程师萨基博 · 萨科展示了一款可以帮助盲人“看到”和“了解”他眼前世界的智能眼镜。他滑动镜腿就可以拍下眼前“看到”的景象，而 Seeing AI 则可以识别出景象，并通过语音告诉萨科眼前是什么，例如“一位男人在玩滑板，一个小女孩在公园扔飞盘”。Seeing AI 可以识别出周围人的年龄、性别以及情绪，让他可以像普通人一样参与到真正的对话当中。

仅仅一个月后，美联社称，Facebook 在苹果手机应用中推出 VoiceOver 应用，使盲人及视力障碍者可以像其他用户一样浏览照片。这套系统基于神经网络，通过数百万案例培训出的“看图说话”人造智能技术可以自动识别图像并转换成文字，再通过连接的语音引擎输出成语音信号。照片描述被严格控制在 100 字以内，因此无法描述得非常具体。Facebook 希望能改进这一技术，使其可以提供更详细的描述，甚至可以回答使用者提出的关于照片的问题。

尽管类似的人造智能还谈不上尽善尽美，甚至不能将图片信息链接成一句完整的话，但对盲人而言，哪怕获得图片上 30% 的信息都是一次认知上的飞跃。

机器智力、能力双双逼近人类

让机器可以识别、能够认知是让机器可以与人直接交流的第一步。截至 2016 年，IBM 公司的认知机器人 Watson 将发展出包括关系抽取、性格分析、情绪分析、概念扩展及权衡分析等在内的 50 项认知 API。

在过去的一两年间，机器认知获得较明显突破。过去，计算机是“瞎”的，它不能理解“看到”的东西，不能在非确定的开放环境中处理问题，只能在相对静态的场景中工作，不能在家中工作、不能驾驶或者跟人一起外出干活。现在所有这些难题都被机器学习解决了。我们现在拥有的计算机不仅有“眼睛”，还有“大脑”可以理解看到的东西。这为新的应用打开了许多的大门。

在语义网等新型认知技术帮助下，能够聊天的人造智能，具备自我学习能力的人造智能正在数体空间里加速进化，并已经作为通信公司、银行等机构最新的客服工作人员上岗。2015 年，位于纽约的 Robotbase 公布了一个机器人原型：它可以关灯、管理社交日程表，甚至可以给孩子阅读催眠故事。私人助理服务公司 GoButler 最近宣布将员工替换为使用算法驱动的机器人。

随着科学的发展，现在的人工智能创造出机器智能和机器人，它们越来越接近人的智能水平，在局部领域甚至反超人类，继国际象棋大师卡斯帕罗夫败给深蓝之后，世界围棋冠军李世石败于谷歌阿尔法狗。从计算机模拟神经网络开始，科学家在进一步模仿自然界的生物，创造出人工生命之类的东西。

谷歌、Facebook、微软、苹果、IBM 和许多其他科技巨头们都在如饥似渴地招揽人工智能博士生，在这场最新的科技竞赛中砸入数十亿美元。尽管大部分人工智能系统目前应用范围都很窄，主要是让预设程序的机器去执行特定任务，但只要面临一个新任务，这些单项功能强大的机器立马弱得像孩童。而包括阿尔法狗团队在内的研发者努力奋斗的一个目标是构建首个“通用学习机器”：一套能像生物系统一样学习的灵活、自适应的算法，仅使用原始数据就能从头开始掌握任何任务。

2015 年亚洲消费电子展上，英国 Moley Robotics 公司展示的机器人厨师，可模仿人类动作，在半小时内成功做出 1 道蟹肉浓汤。它不仅拥有两个造价昂贵、动作灵活的机械手臂，还可以通过摄像头记录人类厨师的操作，对其进行模仿。切菜、倒食材、搅拌，最后完完整整地放在盘中。

做饭过程中的一系列动作非常琐碎，为了保证 Moley 机器人“关节”像人类一样灵活，力度和速度都能达到人类双手的标准，研究人员在其体内安装了 20 个电动机、24 个关节、129 个传感器。

在生产领域，机器人能够跟人一起协作。企业家不仅仅可以买到成本低于一个普通人年薪的机器人，更多更便宜、更迅速、性能更好的智能设备也开始和工人一起工作。在 AI、3D 打印进入设计领域之后，企业可以在短时间扩展可以制造的东西。

人造智能正越来越像人

2015 年世界机器人大会上，一位可以像真人一样发声、对话和唱歌的美女机器人 Genminoid F 成为全场的“明星”。

她看上去像一位 20 多岁的日俄混血美女，一头乌黑的直发，身着白色衬衫、黄色毛衣，声音优美，语言流利，能够转动眼球、进行眼神交流，并能识别肢体语言。她由现代机器人教父石黑浩教授制作，刚刚在一部日本话剧《再见》里出演女一号，由工作人员远程控制，与真人演员一起全程演出。

在技术上，这个机器人比机器僧贤二高明不了太多，无法从嘈杂的环境中分辨出人类语言。但比贤二高级的是，Genminoid F 是用柔软的硅胶做成皮肤，且具有眨眼、微笑、皱眉等65 种不同的面部表情。她的眼睛、嘴巴和脖子等19 处可通过气压活动，来呈现各种表情。

中国人研制的高颜值机器人很快追了上来。2016 年4 月，中科大开发的我国首台高颜值可交互机器人“佳佳”走红一时。佳佳身高约为1.6 米，肤白貌美，“皮肤”由硅胶制作，带有柔光效果，拥有一副软体骨骼，动作更加灵活。“佳佳”的创新重点在于人机交互能力，初步具备了人机对话理解、面部微表情、口型及躯体动作匹配、大范围动态环境自主定位导航和云服务等功能。

软体机器人理论上具有无限的自由度，但科技在一定阶段不能去探索所有的面部表情方向，按照中国文化的特点，佳佳被定义为具有善良、勤恳和智慧的个性，并据此发展出了相匹配的形象设计。

佳佳具有很强的学习能力。她不认识所有的微波炉按钮设置，但是只要给她一份说明书，她就可以自己学习后使用；在一个2 万平方米的商城内，只要走上一圈她就能把位置全部记下来，做“导航”带着人走也完全没问题。未来还可以掌握更多的人类常识，并具备一些自行思考的能力，即使之前没有编程，机器人也可以思考之后处理某些情况。

美国机器人设计师大卫·汉森对自己设计的人形机器人进行了问答测试。这个与人类外形极为相似的机器人名叫“索菲娅”。当汉森向“索菲娅”提出关于意愿和信念的问题时，“她”的答案是想去上学、想成立一个家庭，甚至还想毁灭人类。汉森表示，20 年内像“索菲娅”这样的机器人将常见于我们的身边，它们甚至拥有与人类一样的意识。

哥伦比亚大学工程系的教授、机器创新实验室主任 Hod Lipson 认为，Alphago 战胜人类代表机器学习得到了完美的应用，接下来人工智能和机器人领域的最激动人心的挑战是创造具有创造力的机器人，这也是通向机器自我意识的途径之一。长久以来，在机器人和 AI 领域，有时会称其为“C”世界，也就是知觉（Consciousness）。

当超仿真机器人出现后，特别是可以用自然语言方式与人类直接交流后，人们传统上对机器人莫名的恐惧将消失。机器人的持续进化引发人们的童心和好奇心将远远超过恐惧和反感，人们将迎来一个与类似自己的智能主体共同生活的崭新时代。

路径：三体化一迎接智能黎明

当智能化现象在科技、产业、经济、生活等方方面面大规模爆发之后，继续将其简单视为一种“创新技术”无疑将错失历史良机。

进入 21 世纪以后，科技的变革与产品的创新再次以集体爆发的形式显现。在官方术语中，它们有一个高大上的名词，叫“新一轮科技革命和产业变革”。新一代信息通信技术无疑是其中的先驱，包括移动互联网、云计算、大数据、物联网等在内的创新层出不穷，而新一轮浪潮将把人工智能、人工生命、3D 打印、智能制造、智能网络、智能数体、智能机器人等智能科技推上龙头地位，特别是智能数体，将在很长一段时期居于核心地位。

正如一句西方谚语所言：罗马不是一天所能建成的，智能技术系统演进的历史上，陆续出现了计算机系统、网络系统、机器人系统、赛博物理系统、智能材料系统、智能工控系统，它们的大规模普及与发展，构建起一个知识全面数字化，人与机器、产品全面联网化，数字与实体融合的系统，以及产品日益知人心、遂人愿的新型社会，预示着一个崭新时代的到来。

这是继工业革命、信息革命之后又一次重大的变革，按照历史规律，每一次重大变革之后，人类社会都会加速转向一个生机勃勃的崭新形态。新一轮科技革命和产业变革将把我们带入一个怎样的新社会？

2015 年 11 月在北京召开的世界机器人大会，将“协同融合共赢，引领智能社会”作为主题，将智能社会这一有关未来社会发展形态的理念摆在了科技界、工业界和世人眼前。国家主席习近平在贺信中对智能社会给予肯定。与会各界专家提出，智能社会初露端倪，机器人技术是智能社会创新发展的风向标。**继信息社会之后，中国首度在全球提出智能社会新理念**。

事实上，我们的近邻日本对未来社会的敏锐判断绝不亚于我国。日本内阁会议于2016年1月22日审议通过了《第五期科学技术基本计划（2016—2020）》。该计划提出“超智能社会”即将到来，为此应采取一些横向性的措施。这一计划将“超智能社会”定义为：“能够将所需的物品、服务在所需之时按所需之量提供给所需之人，能够精细化地应对社会的各种需求，使每个人都能享受到高质量的服务，跨越年龄、性别、地区、语言等种种差异，是一个充满活力、适宜生活的社会。”

“超智能社会”旨在通过最大限度地利用信息通信技术，将网络空间与现实空间融合，使每个人最大程度地享受高质量服务和便捷生活。在日本人看来，这是继狩猎社会、农耕社会、工业社会、信息社会之后，一个由科技创新引领的全新社会，因此也被称为“第五社会”。

在这样的社会中，信息通信与人工智能技术结合在一起，根据用户多种多样的需求提供定制化的商品或服务，而且每个人都有可能成为服务提供方。

为建成“超智能社会”，日本政府和民间的研发投资总额要占到GDP的4%以上，其中政府投入将占GDP的1%。估算日本政府研发投资总额将达到26万亿日元（约合2288亿美元）。

任何一项面向未来的创新发展战略都需要创新的理论作为支撑。2006年，中国官方正式承认信息社会是未来发展方向，并提出到2020年要为建设中国的信息社会“奠定坚实基础”的奋斗目标。也就是说2020年以前，中国的发达程度还不到进入信息社会的程度。仅仅不到十年，有关智能社会的新社会构想又横空出世。那么，应当如何理解这样一个陌生而美丽的新世界，这需要科技界、工业界和人文学者们共同的思考与回答。

而本书作者以跨界的研究团队，从亲身参与的中国制造业变革的深厚实践中，从亲眼见证的全球顶尖工业和 IT 科技精英的交流激荡中，总结出产业界、科技界正加速发生的“三体化一”（3in1）大趋势。我们坚信，这就是“智能社会”破壳而出前那一抹最绚烂的晨光。

三体化一走向智能理论的核心观点如下：

- **智能是一切具有生命周期的系统对规律的感应、认知与运用。**
- **智能化现象起步于物理世界，大成于生物世界，创新于数字世界，最后将三个世界融为一体。**
- **人是已知的最智能的主体，人造智能以模仿人的智能为目标，数字世界将诞生人类的智能助手，很可能诞生与人类平行的智能主体，这类智能主体或者以纯数字逻辑的方式虚拟存在（数体），或者与物理控制系统相结合（数体控制的机器人）。**

当前人类社会走向智能的主要技术路径可以概括为“三化”——数字化、认知化和互联化。值得注意的是，运用三体智能理论，我们会发现每一“化”与前人理论相比都有着崭新的内涵。

两体数字化——不仅出身于数字世界的“数字化原住民”产品日益增多，越来越多的物理产品也正在成为“数字化移民”。此外，那些原本与数字化毫无关联的生物体，包括意识人体，都将被注入更多的数字化要素。从另一方面来说，每一个物理产品、自然存在物的背后，一定会有一个与其十分相像的数字产品。而每一个意识人体，也将在不同的数字空间留下不同轨迹，并建立多维的数字化对应物。**未来趋势是：数字化一切可以数字化的事物。**

两体认知化——人们已经不满足于使用和消费千篇一律的产品。个性化定制的需求日益增多，从心理需求上来说，每个人都希望能够获得生产厂商的关注与关照，得到一个充分满足自己需求的、与众不同的产品。2016 年，互联网预言家凯文·凯利在《必然》一书里介绍了创新变迁的 12 条道路，其中之一就是“认知化”（中文译本译为“知化”）——赋予对象认知能力，把人工智能置入普通事物之中。按照三体智能理论的预测，认知能力将从数体系统兴起并借由 CPS 掌控物理实体系统。具备认知能力的数体与具备认知和反应能力的物体将不断涌现。

三体互联化——计算机的联接，加速了人的联接与互动。数字化促进了互联化，互联化促进了全球化。互联化的杰出代表是互联网和未来的物联网、体联网（人体甚至人脑联网）。基于各种原理的互联，打通了数字通道，促进了数据在三体大联网之间的自由流动。

我们认为，上述三大变化是人类社会走向智能最重要的前奏和大趋势。所谓“三体化一”（3in1），就是物理世界、意识世界、数字世界的自由连接与深刻沟通。随着“三体”轮转、共轭演进，将涌现出更多更新更酷的智能化现象，一大波远超当今人类想象的“黑科技”正在加速到来。但总体而言，三体之间的连接转化、融合互动会带来一个高度智能化、人性化的人工世界。**系统将变得越来越智能，充分满足人的需要，服务人类，顺应自然**。而人类自身的智能也将从过去数十万年间长期依赖自然力缓慢演进进入到借助人工干预加速演进的新阶段，特别是当脑机接口科技重现摩尔定律，成本大幅下降，引发人体联网和人脑联网狂潮之后。

展望：智能社会大系统

正在向我们走来的智能社会，是一个国家级乃至世界级的大系统，需要有战略级的远见考虑和战术级的系统模块划分。构建智能社会大系统，需要突破既有的行业划分和传统的技术认知定位，例如，智能数据将从较为低层的数据或大数据，跃升为较为高层的“智能数据”。

智能社会一定是建立在数字社会（信息社会）基础之上的，是对数字社会的转型与升级，是对和谐社会的最佳体现，是人类社会发展的未来目标。

智能社会是一个高度复杂的生态大系统，由社会的方方面面构成，形成层次和模块，从上到下依次是国家生态层、产业层、行业层、专业层、企业层、组织层/车间层、总产品层、产品层、组件层、元件层等。系统的层次划分是一项系统化的复杂工作，需要大胆设想，合理推论，谨慎规划。

智能社会大系统的构想如图 10-1 所示。

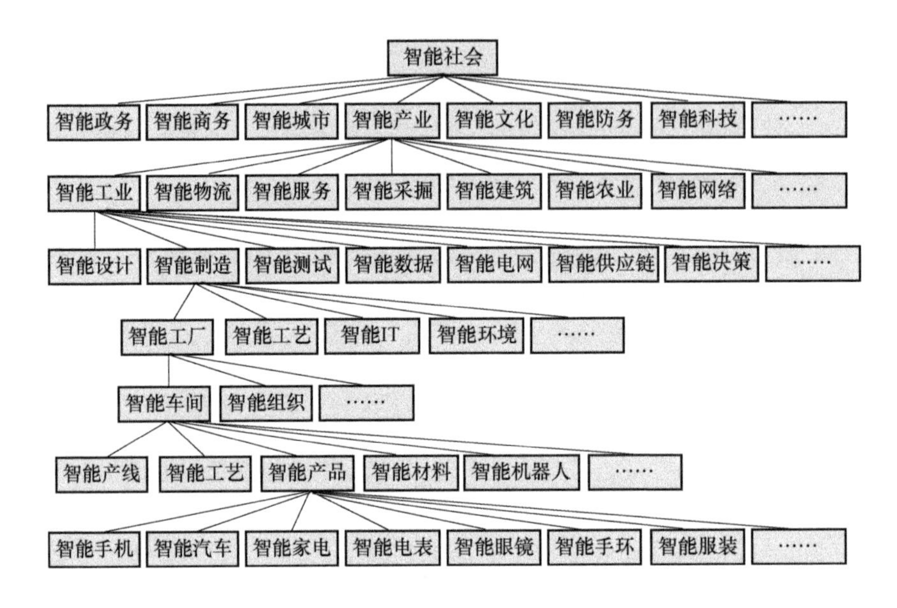

图 10-1 智能社会大系统构想图

中国是一个具有完整工业体系的国家，因此在整个智能社会大系统的构建中，目前工业占据了较大的比重，例如智能制造是“中国制造 2025”的主攻方向。但是，这并不意味着其他体系内容不重要。本书所提出的智能社会大系统中的其他系统，每一个都事关国家的方方面面，都值得组织专门的力量深入研究，甚至都可以展开论述、独立成书。

从刀耕火种到智能社会，人类文明的迭代进步无不浸润着对智慧的追求与对自由的渴望。诸多智能科技及其产业化将改变人类生产与生活方式，并重塑生产与服务的组织方式乃至人机关系。在这些演变中，人类不仅获得解放与自由，其构建的智能社会也将孕育出更为高级的人类文明。

智能社会，犹如一轮喷薄欲出的朝阳，我们已经清晰地看到了它那艳丽的曙光。 整个社会，无论是建筑内、家庭里、工厂中还是手掌上，所有的设备，所有的设施，所有的人工制造物，所有的技术系统，都在附加着智能的要素，都在开启着智能的门窗，都在生长着智能的基因，都在发生着智能的革命。一句话，人类社会正在走向智能。

参考文献

[1] 米格尔·尼科莱利斯. 脑机穿越 [M]. 黄钰苹, 等, 译. 杭州: 浙江人民出版社, 2015.

[2] 张妮, 徐文尚, 王文文. 人工智能技术发展及应用研究综述 [J]. 煤矿机械, 2009, 30(2):4-7.

[3] 钟义信. 高等人工智能: 人工智能理论的新阶段 [J]. 计算机教育, 2012, 18:1-11.

[4] 涂序彦. "人工智能"发展与"智能科学技术"诞生 [J]. 智能系统学报, 2011, 3(2):6-7.

[5] 何华灿. 泛逻辑学原理 [M]. 北京:科学出版社, 2001.

[6] 郑福全. 智能逻辑 [M]. 兰州:兰州大学出版社, 2001.

[7] 任福继. 语言工学·情感计算与高等智能 [J]. 智能系统学报, 2011, 3(2):22-23.

[8] 拉皮罗夫·斯科勃洛. 爱迪生传 [M]. 南致善, 张德浦, 译. 北京: 商务印书馆, 2013.

[9] 航空工业集团. 新航空概论 [M]. 北京: 航空工业出版社, 2010.

[10] 范玉青. 大型飞机研制数字化工程 [M]. 北京: 航空工业出版社, 2013.

[11] 乌尔里希·森德勒. 工业4.0 [M]. 邓敏, 李现民, 译. 北京: 机械工业出版社, 2014.

[12] 范玉青. 现代飞机制造技术 [M]. 北京: 航空航天大学出版社, 2000.

[13] 田富君, 等. 基于模型定义的工艺信息建模及应用 [J]. 计算机集成制造系统, 2012, 18 (5): 913-919.

[14] 余志强, 等. 基于 MBD 的三维数模在飞机制造过程中的应用 [J]. 航空制造技术, 2009 (25): 82-85.

[15] 刘俊堂, 等. 关联设计技术在飞机研制中的应用 [J]. 航空制造技术, 2008 (14): 45-47.

[16] 郄永军. 推动基于模型的系统工程在航空飞机研制中的应用 [N]. 中国航空报, 2013-10- 17.

[17] 郄永军. 体系化推进基于模型的系统工程 [N]. 中国航空报, 2014-06-19.

[18] 赵敏, 等. TRIZ 入门及实践 [M]. 北京: 科学出版社, 2009.

[19] 张新国. 新科学管理 [M]. 北京: 机械工业出版社, 2011.

[20] 菲利普·纳尔逊. 生物物理学: 能量、信息、生命 [M]. 黎明, 等, 译. 上海: 上海科技出版社, 2006.

[21] 斯蒂芬·霍金. 宇宙简史 [M]. 张玉刚, 译. 长沙: 湖南少年儿童出版社, 2007.

[22] 苏姗·格林菲尔德. 人脑之谜 [M]. 杨雄里, 等, 译. 上海: 上海科学技术出版社, 1998.

[23] 林恩·马古利斯. 生物共生的行星: 进化的新景观 [M]. 易凡, 译. 上海: 上海科学技术出版社, 1999.

[24] 乌尔里希·森德勒. 工业4.0 [M]. 邓敏, 等, 译. 北京: 机械工业出版社, 2014.

[25] 杰里米·里夫金. 第三次工业革命 [M]. 张体伟, 等, 译. 北京: 中信出版社, 2012.

[26] 凯文·凯利. 必然 [M]. 周峰, 等, 译. 中信出版社, 2015.

[27] 米格尔·尼科莱利斯. 脑机穿越 [M]. 黄钰苹, 等, 译. 杭州: 浙江人民出版社, 2015.

[28] 赵敏，张武城，王冠殊. TRIZ 进阶及实战 [M]. 北京：机械工业出版社，2016.

[29] 施荣明，赵敏，孙聪. 知识工程与创新 [M]. 北京：航空工业出版社，2009.

[30] 吕宁. 工业革命的奇迹 [M]. 北京：北京工业大学出版社，2014.

[31] 李葆喜. 现代语言起源的化石解剖学和分子遗传学思考 [J]. 南京师大学报（社会科学版），2000（4）：94-100.

[32] 安筱鹏. 制造业服务化路线图：机理、模式与选择 [M]. 北京：商务印书馆，2012.

[33] 尤瓦尔·赫拉利. 人类简史 [M]. 林俊宏，译. 北京：中信出版社，2014.

[34] 尼克·波斯特洛姆. 超级智能：路线图、危险性与应对策略 [M]. 张体伟，张育青，译. 北京：中信出版社，2015.

[35] 曼纽尔·卡斯特. 认同的力量 [M]. 曹荣湘,译. 2 版. 北京：社会科学文献出版社，2006.

[36] 曼纽尔·卡斯特. 网络社会的崛起 [M]. 夏铸九，等，译. 北京：社会科学文献出版社，2006.

[37] 曼纽尔·卡斯特. 千年终结 [M]. 夏铸九，等，译. 北京：社会科学文献出版社，2006.

[38] 信息社会 50 人论坛. 边缘革命 2.0：中国信息社会发展报告 [M]. 上海：上海世纪出版社，2013.

[39] 信息社会 50 人论坛. 未来已来：“互联网 +”的重构与创新 [M]. 上海：上海远东出版社，2016.

与这些人一起，倾听时代的跫音

《走向智能》丛书第一部的问世，从酝酿之初就有着向上一代知识界致敬的初衷。

20世纪80年代的中国社会，有若干堪称改革与启蒙的经典读物，其中四川人民出版社出版的《走向未来》丛书共出74本，横跨数十个人文与科技领域，既有《激动人心的年代》《在历史的表象背后》《让科学的光芒照亮自己》等中国青年学者的原创，还有《第三次浪潮》《大趋势》《看不见的手》《人的现代化》《新教伦理与资本主义精神》等海外名作、译著，那些鲜活、滚烫且不拘一格的思想，铸就了一套“一代青年人生起点的教科书”。

“星汉灿烂，若出其里”。如果说《走向未来》录下了那个志存高远、标新立异、一鸣惊人年代的跫音，那么时隔30多年后，什么是不辜负当今时代的声音，有没有一个崭新的主题可以让人再度血脉贲张、激情跳跃。

这个时代的生产生活，已经深深打上科技文明的烙印，这个时代的人文思想，也被财富经济重重裹挟。当前，世界正处在新科技革命和产业革命的交汇点上，创新、创造，以前所未有的力量驱动着经济社会发展，科技、新知，以十倍百倍于上一代的产量在加速传播着。每一天，人们都面临一波又一波新名词、新概念轰炸。从云计算、大数据到物联网，从移动互联、人工智能到虚拟现实，从消费互联网、工业互联网到互联网+，从工业4.0、智能制造到“中国制造2025”，从智慧地球、智能城市到智能机器人。越来越多的人注意到，这些名词中间，有一条隐隐约约的重大线索将这些新理念、新思潮串联起来——智能。

创见是这个知识爆炸时代最稀缺的资源。我们不仅需要新的知识，更需要关于这些知识新鲜有力的、对创新创造确有实用的见解。本套丛书力图打造一个跨界的研究团队，描绘一幅可以全面勾勒智能科技、智能社会来龙去脉的认知地图。我们在无数次碰撞交流中既仰望星空，探求智能科技与智能哲学的奥妙，更脚踏实地，注意聚焦行业、企业乃至每一个富有创造激情的个体走向智能的路径、方法。

《走向智能》是互联网 + 跨界大脑的产物。从 2015 年 4 月开始，一群来自不同专业阵营的人士从线上转到线下，组建了工业 4.0 北京研究会，召开了一系列的学术沙龙和线上研讨。思想的闸门一旦打开便不可收拾，各行各业的精英不断加入这个虚实结合的智库联合体，从那之后，我们的研究兴趣从智能制造、智能科技一直延伸到整个物理世界、生物世界与数字世界，我们惊讶地发现，智能正在重新定义文明史乃至物理与生物世界的历程。

2015 年 4 月 9—10 日，第一期学术沙龙与海内外学术名家开展对话，聚焦德国工业 4.0、美国工业互联网的战略背景，解读 CPS 系统在美国的成功应用案例。之后发起成立了工业 4.0 跨界研究性民间智库——工业 4.0 北京研究会。

2015 年 6 月 7 日，第二期学术沙龙首次提出工业 4.0 与工业互联网相向而行，交汇点和技术创新重点是 CPS（赛博物理系统）的观点，得到中央网信办、国家发改委、国务院发展研究中心等相关负责人高度重视。

2015 年 6 月 21 日，第三期学术沙龙延聘多位重量级学术顾问，其后提出扩大研究视野，编撰作品推动科技、产业创新的构想。

2015 年 7 月 11 日，第四期学术沙龙研讨畅谈创新驱动战略、方法与中国制造 2025、互联网 +，提出了继承先贤传统，跨界汇聚一流大脑，编撰《走向智能》丛书的倡议。

从 2015 年 7 月到 2016 年 5 月，《走向智能》丛书首部专著《三体智能革命》的主旨历经十余次迭代演进，从“七分科普、两分现实、一分科幻”的新科技时代全民创新读本，演进到“揭示人机共轭走向智能化的奥秘”“传播让人为之一振的科技与产业变革新观念”的写作目标。

2015 年 10 月 31 日，《走向智能》举行第一次编委会议，年龄段从 50 后到 80 后的编委群体从各地赶赴北京彩和坊，对初稿的主题、大纲以及全书创新意义与学术价值进行多角度评估讨论，并留下了拟古代兰亭雅集的作品——《潮江春集序》：

公元二零一五，岁在乙未，霜降之初，会于海淀之潮江春，修书事也。群贤毕至，遗者二人。此间有百年老宅，假山清泉，又有水榭轩窗，曲径通幽。奉几盏建瓯秋茶，列坐其次，虽无高台麦克之盛，一章一节，亦足以推敲把玩。是日也，天高气爽，秋风微瑟。仰观科技之律，俯察产业之潮，所以游思骋怀，足以极智能之变。信领受也。夫人之相交，非重一时。或取诸利害，笑晏一室之内，或结以道义，超脱千里之外。其体验万殊，缘起不同。当其所遇得人，同频共振，怡然自得，不知烦恼何之。及其心心相印，慧从中来，三立仰之也！向之所欣，谈笑之间，去若齑粉，犹不能刻之于怀。况进化之律，绵绵不绝。古人云，朝闻道，夕死可也，不亦快哉。每览前贤遗珠之胜，若合一心，未尝不临文兴叹，莫若继之以道。固知通天人非虚诞，证菩提乃绝学。后之视今，犹今之视昔，幸哉。故列叙时人，录其所感。虽世殊事异，所以兴怀，其致一也。后之览者，亦将有感于斯事斯人。

2016年2月到4月间，《走向智能》编委会反复研讨，不断打磨修改，形成自己的独特理论体系——“三体智能”理论。

4月7日，“三体智能”理论全面构建完毕。信笔留存：

一部三体智能，昨夜已经全证。三体三个空间，各有主体生焉。爆炸走向有序，系统感知物理。物理空间规律，皆为科学效应。物理系统运行，无机有了生命。生物产生意识，有了认知主体。认知空间规律，自成知识体系。知识产生数理，计算系统生焉。所谓计算系统，原本01逻辑。逻辑空间运行，数体智能崛起。数体借助赛博，虚拟要控物理。赛博物理系统，民间就叫天网。此时人类命运，暂且按下不表。真正智能实体，就是打印生命。万物只需定义，性能遂愿生长。三体化一之始，人造智能生命。新的宇宙创世，观察低维生命。

4月19日凌晨，集体创作“三体歌诀”如下：

三体乾坤大，智能岁月长。宇宙创世早，天工开物忙。生命诚可贵，认知价更高。若为自我故，基因皆可抛。意识筑空间，虚构新景象。社群演文明，人脑再加强。自有电脑联，人人得上网。知识零一统，数据兴八方。智能大潮起，数体随风长。万物皆自治，人类得解放。所谓工业智，端赖好儿郎。三体轮流转，数我中华强！

仅仅一个多月后，美国著名未来学家阿尔温·托夫勒走完其人生旅程。他以观察“新技术革命”并预言社会变迁而闻名于世，他对农业社会、工业社会之后的“第三次浪潮文明”的预言与描绘影响了不只一代人。然而，限于历史，他尚未对以智能化为旗帜的智能社会“第四次浪潮”做出观察与预言。斯人已逝，未来又来。第三次浪潮仍旧汹涌，第四次浪潮已狂飙突进。今天，本书以集体瞭望的方式，总结出两体数字化、两体认知化、三体互联化等新一轮浪潮的特征规律，向着几乎触手可及的未来再度出发。谨以此书，向先贤致敬！

本书乃互联网 + 科技 + 产业 + 学术集体智慧结晶，是一次带有深度共识的产业前瞻与科技史考察。全书编委会分工如下。

胡虎是《人民邮电》报社要闻部副主任，工信、IT 领域评论员，工业 4.0 北京研究会秘书长，本书主编，本书最早倡议者与策划执行者，全书统稿人之一，承担第十章主撰与第一章、第三章、第九章的部分撰写。

赵敏是中国发明协会发明方法研究分会会长，两化融合、智能制造与创新方法论专家，本书副主编，全书统稿人之一，承担第一章、第七章主撰与第三章部分撰写。

宁振波是中航工业集团信息技术中心首席顾问，航空及军工领域信息化、智能制造专家，承担第六章的主撰工作。

郭朝晖是宝钢研究院首席研究员，教授级高工，冶金自动化、智能制造专家，承担第九章的主撰工作。

陈志成是北京格分维科技有限公司总经理，计算机、大数据领域专家，人工智能创业家，承担第二章的主撰工作。

朱铎先是北京兰光创新科技有限公司总经理，智能工厂领域专家，学者型企业家，承担第五章的主撰工作。

颜强是企业架构咨询师与软件架构专家，兼具学者气质的实战专家，承担第四章的主撰、第三章的部分撰写工作。

张驰是大驰工业设计创始人，德国 BHA 建筑设计董事，工业设计专家、创新型企业家，承担第八章的主撰工作。

苏明灯是北京合众联恒科技有限公司总经理，信息化专家、TMT 领域创业者，承担第三章部分撰写以及本书市场策划与品牌推广等工作。

另外，信息化百人会成员、信息社会 50 人论坛常务理事安筱鹏博士等名家作为学术顾问，深圳昱辰泰克总经理尹金国等作为企业顾问，对三体智能理论的整体构想提出了宝贵的意见和建议，对本书具体章节的修改完善给予了悉心的帮助，在此一并致谢！

正当此书接近定稿之时，2016 年 5 月 30 日，“科技三会”（全国科技创新大会、两院院士大会、中国科协第九次全国代表大会）在北京召开，吹响了建设世界科技强国的号角。会上，华为公司任正非代表中国最具创新精神的企业家对智能科技革命引发的未来做出大胆预言和展望。

“未来二三十年人类社会将演变成智能社会，深度和广度还想象不到。”“智能社会不是以一般劳动力为中心的社会，没有文化不能驾驭。”同时，任正非还警告说，“若这个时期同时发生资本大规模雇佣‘智能机器人’，两极分化会更严重。这时，可能西方制造业重回低成本，产业将转移回西方，我们将空心化。”

面对走向智能社会带来的巨大机遇与挑战，任正非代表中国企业宣布了一个雄心勃勃的计划，到 2020 年，华为公司销售收入将突破 1500 亿美元，每年研发经费将提高到 100 亿～200 亿美元。同时，任正非也毫不讳言，由于缺少重大科技理论创新，华为公司对产业创新大方向仍深感迷茫。

崭新的时代需要崭新的理论与思想。为落实创新驱动发展国家战略、推动大众创业、万众创新提供理论与思想的燃料，是一代中国知识界肩负的义不容辞的历史责任。 三体智能理论一经问世，即在产业界、学术界引起了强烈共鸣。在有关领导、专家倡议下，本书编委会发起成立了由数十位专家、学者支持的走向智能论坛，力图团结科技、产业、思想理论界广大有识之士，一起来解答中国最优秀的企业所提出的智能时代创新路在何方的重大课题。

《三体智能革命》，仅仅是这样一个伟大时代第一声回响。诚恳地邀请您加入我们，一起来叩问、倾听。

胡　虎

2016 年 7 月

从组织到自组织

《三体智能革命》力图构建一个认识和观察智能社会的坐标系，它从技术产业发展演进的某个历史断面出发，用普通读者能够理解的方式厘清那些关于智能演变的脉络，它自成体系的框架、逻辑和内容处处闪耀着原创性的智慧光芒，引领我们探索未知的智能世界及其未来走向。站在旁观者的角度，从 2015 年 6 月起，我有幸目睹了《三体智能革命》从创意发起、主题凝练、研究撰写、修改完善、编辑出版的全过程。在我看来《三体智能革命》的出版过程是与众不同的，它最大的不同是以“智能”的方式“生产”的，它诞生的过程生动地阐释了知识产品创造过程如何“走向智能”，这种方式的核心是自组织。

《三体智能革命》是互联网时代自组织的产物。《三体智能革命》的九位作者中的绝大多数在一年前还从未谋面，是网络把这一群对智能制造、智能科技、智能社会有着共同研究兴趣的专业人士，从北京、上海、深圳、卡尔加里等城市聚拢在一起，聚拢在一个自发建起的虚拟研究交流平台上。尽管他们的年龄层面跨越 50 后、60 后、70 后与 80 后，他们却像一群意气相投、志趣相同的“同龄人”一样打趣、思考与合作。白天，他们是企业高管、咨询顾问、研发人员、媒体主编、公司董事，晚上他们是智能世界的拓荒者、探路者。他们关心国际技术动态、产业最新实践、意见领袖动向，他们研究一切关于智能话题的来龙去脉，他们探讨所有关乎智能社会的发展走向。这个知识产品的孵化是一个自组织的过程。

《三体智能革命》是基于 O2O 研究模式的产物。在过去的 300 天，《三体智能革命》作者微信群里，已经累积了 60 余万字的发言记录，上千个文件，平均每周每人有数十次以上比较系统、完整的发言。凌晨不是讨论结束，有时仅仅是议题的开始。在他们建立的工作文档云平台上，积累了上百个文件夹，200 多万字不同阶段的初稿，以及 200 多个参考文献。他们在这里搭建了一个新的精神家园，在这里分享知识，寻找灵感，交流心得，寻求帮助。当然，他们偶尔也会从线上走到线下，每个人似乎都很期待，他们期待多少天积累的困惑能找到答案，期待自己独到的新观点新判断能得到认同与响应，新观点、新体会、新判断在一种亢奋的讨论或争论中不断得到升华、认同、提升，每次线下聚会每个创作者看起来好像都收获满满又意犹未尽。

《三体智能革命》是一群理想主义者自我赋能的产物。对于《三体智能革命》的作者们而言，创作是痛苦的，也是艰辛的，尤其是当要重新构建自己的一套解释体系，当用自己不太擅长的表达方式去完成这项工作时，当版本迭代频率不断加快的时候，这种创作是一种煎熬，是对创作者身心的一种考验。而更为重要的，这项研究工作不是组织的安排，没有人会付报酬，没有人来检查考核，也没有领导鼓励，研究过程有探讨、有争吵、有启发、有欣赏。他们创作的唯一动力来自内心的志趣，在一个共同信念指引下完成了自我赋能，他们构造了一种创作讨论文化，这种文化的精髓就是在痛苦艰辛的创作中寻求并享受一种成就感，为了享受这种文化，他们愿意付出、分享、参与共创，他们自我激励、自我驱动、自我督促。

这就是《三体智能革命》通过“智能”方式生产跨界融合类知识产品的过程。

正像《三体智能革命》所说，智能特征的核心是状态感知、实时分析、自主决策、精准执行、学习提升。在我看来，从各个社会的智能化角度来看，智能的核心是自组织。组织是社会的细胞、社会的基本单元，是社会运行的基础。在不同技术条件和生产力基础上形成了与之相适应的生产组织形式。从生物学角度来讲，组织是具有同一功能、形态的细胞群；从系统论角度看，组织是指由诸多要素按照一定方式相互联系起来的系统；从社会学角度看，组织是指人们为实现一定的目标，互相协作结合而成的集体或团体。在人类社会迈向智能的进程中，这种组织形态正在发生深刻的变革，这种变革的核心是自组织化。

从人类社会经济发展的视角来观察，组织是社会化分工的载体，工业革命200多年以来，社会分工的不断细化把“人”不断地分配到了各种社会组织中——企业、学校、医院、政府，这种组织是一种科层结构、目标管理、自上而下决策的“他组织”。信息技术的普及、互联网应用的深度，正在重组整个社会运行的“细胞”，在这个意义上互联网对于社会组织变革而言是一场“转基因工程”，信息时代是自组织崛起的时代，其核心要素是共创、共享、共治，人人都是价值创造者，人人都是价值利益分享者，人人都是规则的制定者、执行者、管理者，他们自主进化、自主生长、自我修复、自我升级。《三体智能革命》的创作过程正好阐释了这样一些特征，这正是我所关心的。

这也促进我从人类社会演进的视角和思路审视这个作为社会运行细胞的“组织”演化。

农业社会的生产组织形式是以有血缘关系的家庭为基本的生产单元，家庭是最基本的组织单元，血缘关系是组织的核心，整个社会按照血缘和地缘关系原则组织起来，金字塔型集权式的权力结构是农业社会宏观管理的基本特征。工业社会形成了以企业为单元的社会化大生产组织形式，股份有限公司的出现是人类社会在组织领域最大的制度创新之一。公司科层制管理体系，也逐渐扩散到了所有的经济和社会领域。毫无疑问，公司是社会结构的重要组织形式，时至今日，大部分的社会成员，不是在这家公司工作，就是在那家公司工作。

在信息时代，传统工业社会的长期雇佣制模式正在受到冲击和挑战。互联网正在改变“公司”，以自组织方式、平台化方式为主的各种社会化协作模式不断涌现。今天，“公司 + 雇员”这一基本结构，已逐渐受到了“平台 + 个人”这一结构的挤压，“互联网平台 + 海量个人”正在成为我们这个时代一种全新的组织景观。一些企业已经开始了探索和实践这种新的组织模式：阿里巴巴的“大中台、小前台”理念，海尔的“企业平台化、员工创客化”发展战略，华为提出的“让听得见炮声的人呼唤炮火”，韩都衣舍在最小业务单元上构建的“责权利”统一的产品小组。我们不知道信息时代自组织到底是一个什么样的新型组织，我们只知道“公司”作为工业时代组织方式正在不断被瓦解。

越来越多的人正在脱离各种组织而成为自由人，一个人作为组织的成员将因时、因事而变，每个人都将拥有多个组织身份，每个组织都将拥有不断变化的人。目前，34% 在美国工作的人是自由职业者，人数大概是 5300 万，全世界预计将在 2050 年有 50% 的人成为自由职业者，越来越多的人将有多个组织身份，你可以是 Uber 或滴滴司机，可以是社交电商，可以是快递员，你将不从属于任何一个单一的组织，你将通过互联网的平台随时加入一个新组织。

《三体智能革命》的成功出版已经说明，这个自组织的时代已经来临，这是我作为观察者最深刻的体会。

安筱鹏

2016 年 4 月

编委会

主　编　胡　虎

副主编　赵　敏

编　委　宁振波　郭朝晖　陈志成　朱铎先　颜　强　张　驰　苏明灯

编委自述

主编 胡虎

工信领域权威媒体《人民邮电》报社要闻部副主任，媒体评论员，跟踪研究通信、互联网、两化融合、智能制造大趋势 18 年。职业、研究、生活，全天候信息为伴；科技、产业、人文，全打通方聚新知。欣逢互联网 + 与中国制造 2025 兴起，遂呼朋引伴，问道智能化原理，追问实业与信息科技携手做强走向智能的中国梦新路。

副主编 赵敏

生不逢时连灾年，上学恰遭文革乱。改革开放春风起，幸运步入清华园。精密仪器机械学，电脑辅助设计全。讲台八年算一站，还想别处去看看。商海游泳学冲浪，外企民企廿五年。忙时应酬闲写作，技术营销来回转。爱跑厂所研究院，解决难题百余件。今逢智造加互联，创新又有新亮点。联手众友欣命笔，三体智能天地宽。

编委 宁振波

崇尚简单生活，做事不讲条件，说话直白实在；四岁进小学，十五岁下乡，种过地，养过牛，扛过枪；做民工修过路，当电工爬过杆；从大学到航空科研院所，永远在数字化道路上摸爬滚打，拿到了国家科技进步二等奖，兼任了西北工业大学教授。人生如画，我从来没有浓墨重彩地画过一笔，也不知道谁在主笔？

编委 郭朝晖

一个不安分的人。在西子湖畔的求是园留连十一年：数学系毕业，却挤到化工系读硕士，最后拿到自动化的博士学位。走出校门，误打误撞地来到了钢铁企业、做起了工程师。此后的二十年，泡在企业的研发一线：搞搞控制、弄弄数据，琢磨琢磨创新的道理。如此这般，跨界到了今天。

编委 陈志成

出生于渠江河畔，玩耍于巴蜀大地，砍柴于崇山密林，耕作于田间地头。不经意跳出农门，迷恋于编码设计，博士后教书创业，践行于三体智能。反省无数有学无价，发起科艺创新联盟，跨界餐饮电影医疗，机器换人走进生活。是谓陈氏之有志者事欲成。

编委 朱铎先

国企培养，外企成长，民企创业，商海冲浪。二十余载见沧桑，两化融合道路长。嗜书如命，码文如痴，累积百篇，虽苦不辍。幸逢智造盛世，同好众多，结识业内良师益友，不时品茗把盏，穷究中外理念，阻则蹙眉思考，通则击掌相庆，同学共进，不亦乐乎？

编委 颜强

企业架构师。清华土著，旅居加国 15 年。毕业伊始，投身 IT，挣扎前行，未敢懈怠；行走多行业，徘徊政企间；做过警员，写过程序，管理过团队，协调过项目，设计过系统，规划过企业。时至今日，恰逢工 4 崛起，互联呼应，中华复兴，欲以智造兴邦。遂携廿载之经验，毅然归国效力。聚志同道合之师友，携手同行，何其幸哉！

编委 张驰

非典型 85 后，互联网的一代，跨界达人。主修工业设计，怀揣设计梦想，赴沪投身制造业。经历 08 年经济危机，转岗奢侈品市场，喜爱时尚，追求极致，历练自我，谙熟营销。时机渐成，出手创业，奋斗在供给侧，服务于制造业，以工业创新带动品牌价值，以独立思考构建智能设计。

编委 苏明灯

IT 创业者，巴蜀人士，北京求学，钢铁摇篮，七年磨剑。材料科学开眼界，通信互联踏征程。销售技术练身手，运营管理累智慧。投身 IT 信息化，跨界科技与文化。创业之路功将成，老实做人平常心。融合创新风潮起，良师益友展宏图。走向智能千万途，敢做先锋把路筑。